U0272740

编写委员会

主　任：赵贵华　杨　韩
副主任：刘　平　吴　晶
委　员：秦振秋　陈国强　刘小铭　陶兴春　高　飞

编辑组

主　编：文勇军　张永明　莫　傲
副主编：任万竹　习白羽　杜树荣
编写人员（按姓氏笔画为序）：

习白羽　王海雁　王翠华　尤俊荣　文勇军　申瀚文
任万竹　刘　鸿　刘　斌　杜树荣　李　娜　李艳芳
杨　川　杨　荣　杨　韩　杨宁柯　杨春富　杨艳平
吴学靖　张　丽　张永明　陈自然　周全波　周志坚
赵英国　赵家全　胡定发　袁国安　莫　傲　夏文鑫
黄　荣　鲜　红

顾　问：胡宗华　莫景林

绿美云南
——云南省退耕还林工程实施成效

云南省林业和草原局
云南省林业调查规划院

文勇军　张永明　莫　傲 ◎ 主编

云南科技出版社
·昆明·

图书在版编目（ＣＩＰ）数据

绿美云南：云南省退耕还林工程实施成效 / 文勇军，
张永明, 莫傲主编 . -- 昆明：云南科技出版社，
2023.11
　　ISBN 978-7-5587-5332-9

　　Ⅰ . ①绿… Ⅱ . ①文… ②张… ③莫… Ⅲ . ①退耕还
林—生态效应—研究—云南 Ⅳ . ① S718.56

中国国家版本馆 CIP 数据核字 (2023) 第 225194 号

审图号：云 S（2024）3 号

绿美云南—— **云南省退耕还林工程实施成效**

LU MEI YUNNAN——YUNNAN SHENG TUIGENG HUANLIN GONGCHENG SHISHI CHENGXIAO

文勇军 张永明 莫 傲 主编

出 版 人：温　翔
策　　划：高　亢
责任编辑：赵　敏　黄文元　陶安桦
封面设计：李　鲲
责任校对：孙玮贤
责任印制：蒋丽芬

书　　号：ISBN 978-7-5587-5332-9
印　　刷：云南灵彩印务包装有限公司
开　　本：889mm×1194mm　1/16
印　　张：13.5
字　　数：380 千字
版　　次：2023 年 11 月第 1 版
印　　次：2023 年 11 月第 1 次印刷
定　　价：128.00 元

出版发行：云南科技出版社
地　　址：昆明市环城西路 609 号
电　　话：0871-64192481

云南省行政区划图

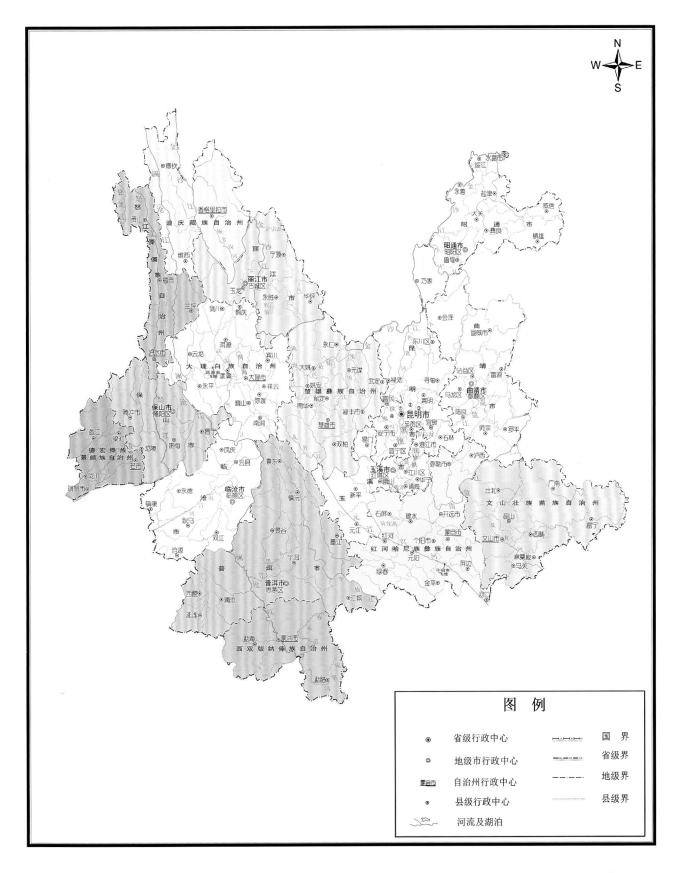

图　例

省级行政中心　　　　　国　界

地级市行政中心　　　　　省级界

自治州行政中心　　　　　地级界

县级行政中心　　　　　县级界

河流及湖泊

云南省地貌图

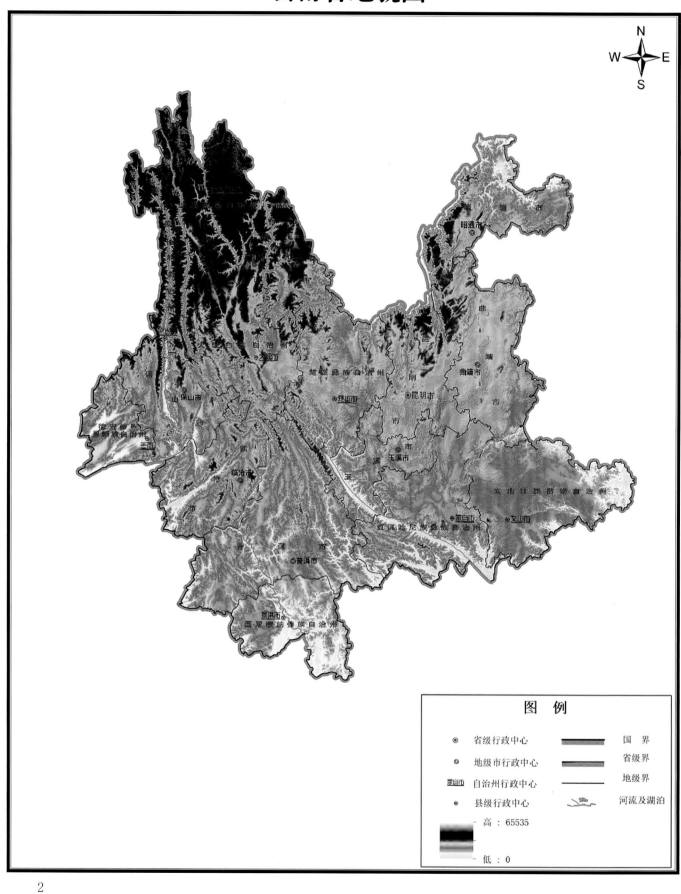

图　例

◉ 省级行政中心		国　界
◎ 地级市行政中心		省级界
蒙自市 自治州行政中心		地级界
◎ 县级行政中心		河流及湖泊

高：65535

低：0

云南省六大流域和九大湖泊分布图

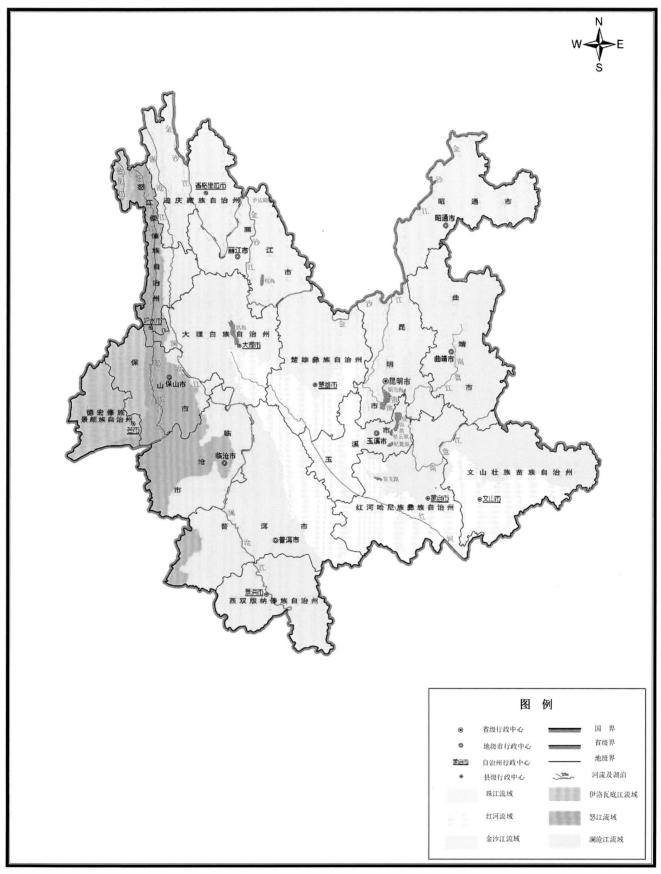

图　例

◉	省级行政中心	▬▬	国　界
◎	地级市行政中心	▬▬	省级界
<u>蒙自市</u>	自治州行政中心	▬▬	地级界
⊙	县级行政中心	🌊	河流及湖泊
	珠江流域		伊洛瓦底江流域
	红河流域		怒江流域
	金沙江流域		澜沧江流域

云南省新一轮退耕还林（还草）工程实施布局图

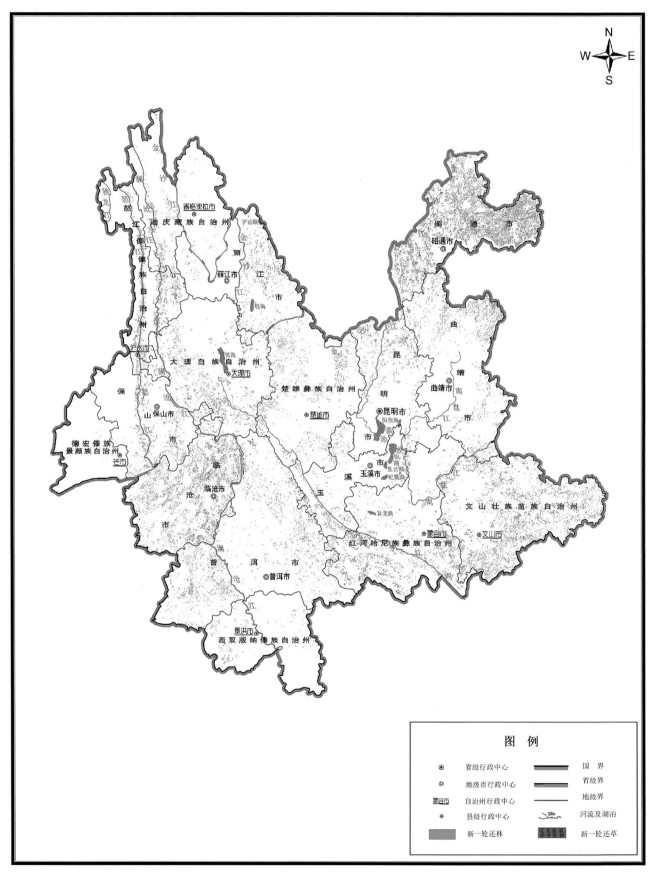

退耕还林工程实施成效专项调研

云南省退耕还林办公室赵贵华主任深入南华县
五街镇石板河村 2016 年新一轮核桃种植地调研

云南省退耕还林办公室刘平副主任到广南县
对退耕还林工程管理和作业设计质量调研

云南省退耕还林办公室陈国强老师到临沧市双江
拉祜族佤族布朗族傣族自治县忙糯乡巴哈村河村
实地指导退耕还林冬桃种植

云南省退耕还林办公室陶兴春老师到楚雄彝族自
治州南华县龙川镇潘龙对退耕还林成效巩固入户
调查

成效调研组深入泸水市上江乡上江村 2016 年新一轮柑果种植专业合作社调研

退耕还林工程实施成效专项调研

调研组与怒江傈僳族自治州和泸水市林业和草原局调研座谈

调研组与德宏傣族景颇族自治州梁河县林业和草原局调研座谈

调研组与迪庆藏族自治州香格里拉市林业和草原局调研座谈

调研组与玉溪市元江县林业和草原局调研座谈

调研组与大理白族自治州巍山彝族回族自治县林业和草原局调研座谈

调研组与保山市施甸县林业和草原局调研座谈

滇西北高山峡谷生态治理区

怒江傈僳族自治州福贡县上帕镇达普洛村退耕还林种植茶叶

怒江傈僳族自治州泸水市六库街道退耕还林种植沃柑

怒江傈僳族自治州兰坪白族普米族自治县金顶镇退耕还林种植杧果，品种：凯特、金煌

滇西北高山峡谷生态治理区

迪庆藏族自治州香格里拉市三坝乡白地村 2015 年退耕还林种植油橄榄

迪庆藏族自治州香格里拉市三坝乡哈巴村第一轮退耕还林种植核桃

迪庆藏族自治州香格里拉市三坝乡哈巴村第一轮退耕还林种植花椒

滇西北高山峡谷生态治理区

丽江市永胜县涛源镇涛源村 2019 年新一轮退耕还林种植柑橘

丽江市永胜县涛源镇涛源村 2018 年新一轮
退耕还林种植柑橘

丽江市永胜县涛源镇涛源村 2018 年新一轮
退耕还林种植石榴

丽江市华坪县 2 第一轮退耕还林种植"核桃+魔芋"

丽江市宁蒗县新一轮退耕还林种植华山松

滇西北高山峡谷生态治理区

大理白族自治州巍山彝族回族自治县五印乡 2014 年新一轮退耕还林种植杧果

大理白族自治州巍山彝族回族自治县青华乡 2015 年新一轮退耕还林种植石榴

大理白族自治州巍山彝族回族自治县牛街乡 2018 年新一轮退耕还林种植柠檬

滇东北乌蒙山生态治理区

退耕还林方竹基地

昭通市镇雄县杉树乡细沙村大坡新一轮退耕还林 方竹种植基地

昭通市镇雄县杉林口乡林口村新一轮退耕还林 方竹种植基地

昭通市镇雄县泼机镇庙山村新一轮退耕还林种植方竹前后对比

昭通市镇雄县泼机镇庙山村 2015 年 退耕还林种植花椒

昭通市镇雄县以古镇花竹山 2018 年 退耕还林种植云笋

滇东北乌蒙山生态治理区

曲靖市会泽县娜姑镇新一轮
退耕还林 2 万亩软籽石榴基地

曲靖市宣威市宝山镇厂房村 2016 年
退耕还林种植花椒

曲靖市宣威市阿都乡第一轮退耕还林种植柏树

曲靖市宣威市得禄乡第一轮退耕还林种植核桃

曲靖市宣威市乐丰乡新一轮退耕还林种植云南松

滇中高原生态治理区

昆明市寻甸清水海 2019 年退耕还林

昆明市东川区红土地镇银水箐村退耕
还林种植云南松

昆明市东川区汤丹镇弯腰树退耕还林种植核桃

昆明市东川区铜都街道岩角村第一轮荒山造林

昆明市东川区拖布卡镇新店房村 2018 年
新一轮退耕还林种植冬枣

滇中高原生态治理区

楚雄彝族自治州姚安县官屯乡马游村新一轮退耕
还林种植油桃

楚雄彝族自治州姚安县弥兴镇小苴村新一轮退耕
还林种植核桃

楚雄彝族自治州姚安县前场镇马鹿塘村 2003 年退耕还林种植云南松

楚雄彝族自治州楚雄市八角镇必达村 2018 年退耕
还林种植美国山核桃

楚雄彝族自治州楚雄市八角镇八角村 2019 年退耕
还林种植金银花

滇中高原生态治理区

玉溪市新平彝族傣族自治县老厂乡第一轮退耕还林种植甜笋

玉溪市新平彝族傣族自治县嘎洒镇新一轮退耕还林种植柑橘

玉溪市元江哈尼族彝族傣族自治县甘庄退耕还林万亩杧果园

元江哈尼族彝族傣族自治县甘庄街道办上一轮退耕还生态林和新一轮退耕还经济林

滇西南横断山生态治理区

保山市施甸县旧城乡大田村新一轮退耕还林种植
的 700 亩澳洲坚果

保山市施甸县旧城乡旧城村 2015 年新一轮退耕
还林种植杧果

保山市隆阳区芒宽乡芒宽村新一轮退耕还林
种植牛油果

保山市腾冲市团田乡弄岭村 2002 年退耕
还林

保山市施甸县旧城乡大田村第一轮退耕还林种植澳洲坚果

滇西南横断山生态治理区

德宏傣族景颇族自治州梁河县芒东镇第一轮退耕还林种植西南桦

德宏傣族景颇族自治州芒市芒市镇中东村第一轮退耕还林种植杉木

德宏傣族景颇族自治州梁河县曩宋乡阿昌族村第一轮退耕还林种植皂荚

滇西南横断山生态治理区

西双版纳傣族自治州勐腊县勐伴镇龙潭箐村
2014年退耕还林种植茶叶

西双版纳傣族自治州勐海县新竜村委会曼新竜下
寨村民小组新一轮退耕还林种植澳洲坚果

西双版纳傣族自治州勐腊县林业站与农户签订
退耕还林合同

西双版纳傣族自治州勐腊县林业站向农户进行
退耕还林政策宣传

西双版纳傣族自治州勐海县勐海镇新一轮退耕还林种植杉木

滇西南横断山生态治理区

临沧市云县幸福镇海东村退耕还林种植"澳洲坚果＋咖啡"模式

临沧市临翔区蚂蚁堆乡遮奈村 2014 年退耕还林　　　临沧市永德县崇岗乡万亩退耕还林临沧坚果基地

临沧市凤庆县安石村在退耕还林工程实施中发展的"核桃＋茶叶"模式

滇西南横断山生态治理区

普洱市景东彝族自治县新一轮退耕还林种植杧果

普洱市景东彝族自治县新一轮退耕还林种植柑橘

普洱市景东彝族自治县新一轮退耕还林种植核桃

滇东南石漠化岩溶生态治理区

文山壮族苗族自治州麻栗坡县八布乡退耕还林种植杧果

文山壮族苗族自治州砚山县阿舍乡新一轮退耕还林种植苹果

文山壮族苗族自治州马关县南捞乡第一轮退耕还林种植杉木

滇东南石漠化岩溶生态治理区

红河哈尼族彝族自治州石屏县新一轮退耕还林
种植桉树

红河哈尼族彝族自治州石屏县新一轮退耕还林
种植云南松

红河哈尼族彝族自治州石屏县宝秀镇新一轮退耕还林种植冬桃

红河哈尼族彝族自治州石屏县宝秀镇新一轮退耕
还林种植金银花

红河哈尼族彝族自治州石屏县新一轮退耕还林
种植梨

前 言

　　森林是水库、钱库、粮库、碳库，是人类赖以生存和发展的自然资源，是确保国土安澜的生态根基，是美丽云南和云南省生态文明建设的基本保障。新时代，我国紧紧围绕建设天蓝地绿水清的美丽中国，把保护生态环境、坚持绿色低碳发展作为基本国策，践行"绿水青山就是金山银山"理念，统筹山水林田湖草沙系统治理，尊重自然、顺应自然、保护自然，持续开展国土科学绿化，积极推进林草生态系统保护修复，不懈坚持沙化土地治理和荒漠植被保护，国家科学有序地推进了两轮退耕还林工程，森林面积、质量功能稳步提高，碳汇能力逐年提升，生态状况持续向好，生态产品供给能力不断增强，林草资源步入高质量发展阶段。

　　为掌握云南省退耕还林工程实施成效，2022年，云南省退耕还林办公室委托云南省林业调查规划院对云南省退耕还林工程实施成效进行总结评价，云南省林业调查规划院通过对云南省16个州（市）退耕还林工程实施情况进行实地调研、入户调查、资料收集和整理，编著了《绿美云南——云南省退耕还林工程实施成效》。

　　云南省实施退耕还林工程从2000年试点开始，2002年全面启动.截至2020年，工程实施覆盖16个州（市）129个县（市、区），云南共实施退耕还林工程3246.66万亩（亩为非法定单位，1亩≈666.67平方米，全书特此说明），其中，退耕还林1830.30万亩，荒山荒地还林1049.00万亩，封山育林 220.50 万亩，退耕还草 146.86 万亩，国家累计安排中央资金 314.48 亿元，使全省森林覆盖率提高了 4.87 个百分点，工程实施生态服务功能评价表明，涵养水源 70.59 亿立方米 / 年，固土 10267.40 万吨 / 年，保肥 174.62 万吨 / 年，固定二氧化碳 341.42 万吨 / 年，释放氧气 1430.47 万吨 / 年，林木积累营养物质 10.34 万吨 / 年，提供空气负离子 1571.02×10^{22} 个 / 年，吸收污染物 34657.36 万千克 / 年，滞尘 449.88 亿千克 / 年。按照 2020 年现价评价，云南退耕还林工程每年生态效益价值量的总和为 1569.98 亿元，其中，涵养水源总价值量为 745.28 亿元 / 年，保育土壤总价值量为 168.35 亿元 / 年，固碳释氧总价值量为 237.23 亿元 / 年，林木积累营养物质总价值量为 17.32 亿元 / 年，净化大气环境总价值量为 100.23 亿元 / 年，生物多样性保护总价值量为 301.57 亿元 / 年。可见，云南省实施退耕还林工程生态成效显著。

云南实施退耕还林工程修复了被损伤的森林生态系统，增加森林面积，提高森林生态系统服务功能，筑牢国家西南生态安全屏障，建设了云南森林文化产业体系，还原了绿水青山。同时，解决了云南山区"三农"问题，传承与弘扬了云南民族文化，弘扬了森林之"五德"，激发了全省民族文化创新与创造活力，用明德引领风尚，让绿色成为云南发展的鲜明底色，建设森林云南和美丽云南，云南省退耕还林工程实施成效就是绿美云南。

"环境就是民生，青山就是美丽，蓝天也是幸福。"绿美云南是新时代云南践行"两山论"和落实"双碳"的具体行动，是美丽中国在云南的建设创新实践，是功在当代、利在千秋的惠民工程，就是让"远眺山峦叠翠，近看碧波荡漾""苍山不墨千秋画，洱海无弦万古琴"等这样的自然美景永驻人间。

本书得益于云南省退耕还林办公室、云南省林业调查规划院和 16 个州（市）各级林草部门的大力支持，尽管本书的酝酿、调查研究和编写时间较长，也是力图尽可能客观评价云南省退耕还林工程实施成效，但编者水平有限，书中存在的错误和疏漏之处，敬请各位专家和读者批评指正。

目录

第一章
工程背景与重要意义

第一节　退耕还林工程背景

一、工程概念

通常，对退耕还林的概念是：为了保护和改善生态环境，降低耕地发生水土流失和土地沙化的可能性，循序渐进地停止耕种，并因地制宜地进行植树造林，逐渐恢复植被的生态补偿措施。有学者认为，退耕还林的定义为：为了防护治理或者减轻自然灾害，以改变破坏式的土地利用方式和改善区域内的生态环境条件为手段，根据各地自然、社会和经济条件以及植被的多种效能，重组已经获得的环境治理成果，在不断退化的陡坡耕地上进行规划和发展森林植被，形成有益于人类与动植物和谐并存的生态环境。

在生态环境脆弱的地区，因地制宜，以生态效益为基础，经济社会效益为核心，生态与社会可持续发展为目的，有计划地将不适宜继续开垦的耕地休耕并采用植树造林、封山育林、恢复森林植被的措施。退耕还林包括两个方面的内容：一种是将陡坡耕地退耕还林，另一种是将宜林荒山荒地封山造林。退耕还林是保持生态环境基本功能、满足人类社会可持续发展的总称。随着退耕还林的进展，退耕还林的形式和手段也发生了变化，但是其适地适树的基本原则和"退耕还林，封山绿化，以粮代赈，个体承包"的政策始终保持不变。退耕还林作为中国可持续发展战略的重要政策地位始终未变。

二、林业的生态觉醒

发现问题靠智慧，解决问题靠行动。生态觉醒，既源于对现实的反思，又源于对未来的责任。通过认识的深化，理念的确立，新的价值体系逐步形成，可持续发展作为人们追求的目标，基础更为坚实。新的行为准则伴随新的理念孕育而生，人们看到了以往行为方式的危险，追求利益和谋划长期发展之间经历痛苦权衡后，理性地选择了转变，选择了向新行为方式靠拢。林业生态觉醒，经历四阶段：

第一阶段：20世纪下半叶，世界林业大会，从第一届到第三届，人们对森林的认识主要反映在木材生产的阶段，会议的主题基本上是围绕木材生产的相关问题进行。

第二阶段：20世纪50—60年代，世界林业大会从第四届到第六届，人们逐渐认识到森林的多种功能的重要性。1954年，第四届世界林业大会的主题是"森林在国民经济发展中的作用与地位"，会上已有人提出水土保持和土地合理利用的问题。到1960年，第五届世界林业大会时，森林的多用途观点已占了优势，并在此次大会上首次提出了森林环境作用和游憩功能。1960年，美国制定出全球第一个国家级的森林多种效益利用法案，标志着森林多种效益经营开始成为主流的趋势。1966年，第六届世界林业大会的主题已进一步关注"林业在变化中的世界经济中的作用"，标志着经营、管理森林不仅仅是林业部门的责任了。

第三阶段：20世纪70—80年代，从第七届到第九届，是人类认识森林与人类社会发展关系的阶段，也可以称为"社会林业"的阶段。印度林学家Westoby在1968年提出"林业并不仅仅是一个关于树木的问题，而是一个关于人的问题"的观点后，社会林业的理论迅速发展，人们开始运用社会科学和现代林业理论来分析林业问题。因此，1972年第七届世界林业大会的议题便倾向于"森林与社会经济的发展"，到了1978年的第八届世界林业大会，其主题已完全转向社会林业。在《雅加达宣言》中，明确提出了"林业从生物的、技术的更多地转向人文的和社会的"方面，到了1985年的第九届世界林业大会，林业已经不仅仅只是涉及社会经济方面，而是发展到涉及整个社会层面了。

第四阶段：20世纪90年代至今，从第十届到第十三届世界林业大会，人们开始认识到森林对人类未来的发展问题，即人类的可持续性问题。这个主题包括森林与人类21世纪发展的所有问题相联系，是地球上的生命源泉。首先，1991年第十届世界林业大会主题是"森林——未来的遗产"，标志着林业可持续发展的思想已初露端倪；1992年召开的联合国环境与发展大会，则是人类可持续发展概念正式形成的里程碑，其中，将森林问题放到了十分重要的位置，认为这关系到人类发展的所有问题。因此，在1997年第十一届世界林业大会上，"森林的可持续发展"就必然地成为大会的主题。在随后的发展中，将森林问题与地球生命源泉和人类平衡发展相联系，更加体现出森林问题关系到人类发展，不仅仅是林业人（从事林业活动的人的总称）的问题了。

20世纪，人们对森林或林业的认识经历了"木材生产—多种功能利用—社会林业—森林可持续经营"这样一个过程。从"木材生产"到"多种功能利用"是人类对林业经营特性认识的深化过程。那么从"多种功能利用"到"社会林业"，则是人类对林业的认识从自然科学向人文和社会科学扩展的过程。那么从"社会林业"到"森林可持续经营"，那是人类开始关注林业对后代人利益的影响，是人类思想史更深刻的发展阶段。退耕还林工程则是实现森林可持续经营的重要途径，退耕还林工程是一场林业的生态觉醒。

三、工程启动背景

（一）前一轮退耕还林工程启动背景

中国是传统的农业大国，长期以来，人口快速增长的压力以及相对粗放的生产方式，致使大量森林、草原、湿地被改变用途，大面积毁林开荒造成土壤侵蚀量增加，水土流失加剧，土地退化严重，旱涝灾害不断，生态环境恶化。根据全国第二次水土流失遥感调查，中国水土流失面积达356万平方千米，占国土面积的37.1%，每年流失土壤总量50亿吨左右。尤其是长江、黄河上、中游地区，因为毁林毁草开荒、坡地耕种，成为世界上水土流失最严重的地区之一，每年流入长江、黄河的泥沙量超20亿吨，其中有三分之二来自坡耕地。

1997 年 8 月，江泽民同志作出了"再造一个山川秀美的西北地区"的重要批示，向全国发出了加强生态建设的伟大号召，为开展退耕还林奠定了坚实的思想基础。

1998 年，长江、松花江流域发生的特大水灾，使全国上下都强烈地意识到，加快林草植被建设、改善生态状况已成为全国人民面临的一项紧迫的战略任务，是中华民族生存与发展的根本大计。

1998 年 10 月，基于对长江、松花江特大洪水的反思和全国生态环境建设的需要，中共中央、国务院制定的《关于灾后重建、整治江湖、兴修水利的若干意见》，把"封山植树、退耕还林"放在灾后重建"三十二字"综合措施的首位，并指出："积极推行封山育林，对过度开垦的土地，有步骤地退耕还林，加快林草植被的恢复建设，是改善生态环境、防治江河水患的重大措施。"

1999 年，国务院主要领导先后视察陕西、云南、四川、甘肃、青海、宁夏 6 省（区），统筹考虑加快实现生态环境建设、实现可持续发展和解决粮食库存积压等多个目标，提出"退耕还林（草）、封山绿化、以粮代赈、个体承包"的政策措施，同年国家在四川、陕西、甘肃 3 省开展退耕还林试点，揭开了工程建设的序幕。

党中央、国务院审时度势、果断决策，2002 年 1 月 10 日，国务院西部开发办公室召开退耕还林工作电视电话会议，确定全面启动退耕还林工程。

（二）新一轮退耕还林工程启动背景

时任国务院总理的李克强同志在 2012 年底视察湖北、2013 年视察甘肃、2014 年视察陕西时，都强调要下决心实施退耕还林，使生态得保护，农民得实惠。李克强曾强调，要"把强化生态环保作为调整经济结构、保障改善民生的重要抓手"。实施退耕还林是促进民生改善和发展方式转变的重要手段，可进一步保持经济平稳较快增长，实现经济社会全面协调可持续发展。

与此同时，党的十八届三中全会对全面深化改革作出总体部署时，也将稳定和扩大退耕还林范围作为全面深化改革的重点任务之一大力推进。

鉴于党和国家领导人情系退耕还林，相关部门积极酝酿新一轮退耕还林方案，2013 年，时任国家林业局局长的赵树丛专门致信汪洋副总理，信中写道，实施新一轮退耕还林，是落实党的十八大精神，大力推进生态文明和美丽中国建设的战略举措，是进一步落实支农惠农政策、推动扶贫开发和全面建成小康社会的必然要求，是增加森林碳汇、应对全球气候变化的重要选择；并分别从退耕还林工程取得的巨大综合效益、实施新一轮退耕还林的必要性和重要性着力，提出了实施新一轮退耕还林的总体思路、政策建议及巩固退耕还林成果的措施建议，并呈上了由原国家林业局研究形成的《关于实施新一轮退耕还林和巩固退耕还林成果的政策建议》。

2013 年，中央 1 号文件《中共中央、国务院关于加快发展现代农业进一步增强农村发展活力的若干意见》要求"巩固退耕还林成果，统筹安排新的退耕还林任务"。

2013 年 4—9 月，国家发展改革委、财政部会同原国家林业局、原农业部、原国土资源部，赴湖北、贵州、云南、陕西、甘肃等地进行调研，发现我国当前仍有数以千万亩计的 25° 以上的坡耕地和严重沙化耕地影响着老百姓的致富步伐，这些地区又恰恰是我国实现"倍增"目标的难点所在。而山地资源、沙地资源、物种资源，特别是木本粮油、特色经济林资源正是这些地区的优势资源，并提出了新一轮退耕还林还草的初步思路和方案。

2013 年 5 月 9—11 日，原国家林业局退耕办会同中国工程院农学部在陕西省延安市开展了"中国工程院延安行延安退耕还林工程咨询活动"，中国工程院院士沈国舫、尹伟伦、山仑、李佩成、戴景瑞、荣廷昭、李坚、喻树迅深入考察了当地退耕还林工程的实施情况后，充分肯定了退耕还林工程对促进农民增收、农业增效、农村发展及社会形态转变的突出作用，称之为我国农村继土地承包到户后的又一场重大变革，在分析、梳理了当前退耕还林工程的优点和不足之后，分别从林业与农业比值构建、水资源可持续供应、水土涵养与保持、生态林和经济林布局以及林业相关产业发展规划等方面进行了阐述，向中央提出了宝贵建议，希望科学规划，尽早有计划地继续实施退耕还林工程；以民为本，及时提高退耕还林补助标准；分类管理，建立退耕还林长效补偿机制。同时，业界和学界均认为，退耕还林工程不仅开创了我国农村大规模生态建设的先例，抓住了我国生态环境恶化的主导因子，也为美丽中国增绿添彩，为中国在国际气候谈判中赢得了话语权。因此，启动新一轮退耕还林工程还具有重要的外交作用。

2013 年 7 月 29 日，中国工程院 10 位院士在全国"两会"期间联名向中央提出进一步推进退耕还林工程的建议，希望国家能巩固并扩大退耕还林成果，加快我国生态建设步伐，促进农村产业结构调整和城镇化建设，为建设生态文明和美丽中国发力，掀起了全民期盼启动新一轮退耕还林工程的高潮。

2013 年 11 月，有关部门组成联合调研组，赴西南、西北地区针对新一轮退耕还林还草补助政策进行了专门调研，实地了解地方自主开展退耕还林还草情况，重点听取基层干部群众的意见；国家发展改革委召开了新一轮重点生态地区退耕还林政策协调会议，讨论了退耕还林总规模和补助标准，明确提出要进一步细化方案，尽快报国务院审批。

2013 年 12 月，相关部门召开座谈会听取了湖北、四川、贵州、云南、陕西、甘肃 6 省政府的意见。在调研和协调的基础上，国家发展改革委、财政部会同原国家林业局、原农业部、原国土资源部研究起草了《新一轮退耕还林还草总体方案》并获国务院批准实施。

2014 年，中央 1 号文件《中共中央、国务院关于全面深化农村改革加快推进农业现代化的若干意见》要求"从 2014 年开始，继续在陡坡耕地、严重沙化耕地、重要水源地实施退耕还林还草"。

2014 年 8 月 2 日，国家发展和改革委员会、财政部、原国家林业局、原农业部、原国土资源部联合发布的《关于印发新一轮退耕还林还草总体方案的通知》（发改西部〔2014〕1772 号），标志着我国退耕还林工作再启征程，成为我国全面深化改革的又一重大突破。

四、中国退耕还林工程实施历程和特征

中国退耕还林工程实施经历了四个阶段：① 1999—2002 年试点阶段。② 2002—2007 年前一轮退耕还林工程全面实施阶段。③ 2007—2014 年巩固前一轮退耕还林成果阶段。④ 2014—2020 年新一轮退耕还林全面实施阶段。

中国退耕还林工程建设是由中国政府投资和实施的林业重点工程，是中国林业建设史上涉及面最广、政策性最强、群众参与程度最高的一项大生态环境建设工程，退耕还林工程不同于其他生态工程，也不同于其他林业工程，退耕还林本身具有自身独特特征，相比于其他生态工程或林业工程，退耕还林工程的特征主要表现为：

第一，生态利益优先性。这是退耕还林与其他林业工程的本质区别。林业工程既有追求生态效益的，也有追求经济效益的。退耕还林主要是为了改变长期以牺牲环境为代价进行经济建设，从而导致生态环境状况不断恶化，自然灾害加剧，生态赤字日渐膨胀。其直接诱因就是于 1998 年发生的特大洪水等自

然灾害，这些自然灾害严重影响到人民群众的生产、生活与社会安定，直接影响到中国社会经济的健康和可持续发展。因此，退耕还林的主要作用是恢复被破坏的生态系统，改善生态环境实行退耕还林，而非追求经济利益。这是退耕还林工程与其他林业工程的本质区别。

第二，政府干预主导性。退耕还林与群众自发的以追求经济效益或生态效益的林业工程不同，退耕还林是由政府统一规划的，范围涉及大半个中国，投入财力巨大的生态工程。退耕还林是以政府行为为主导，对自然与社会资源进行再分配的过程，政府各部门参与的政策性都很强。退耕还林的另一个特征是政府干预主导性。并且国家通过制定法律、法规、政策保障工程的开展，监督工程的进行，调整各主体之间的法律关系。这与受市场经济影响的、出于自发的其他林业工程不同，退耕还林必须依靠政府这只"看得见的手"对其加以干预，保障整个工程的顺利完成，最终实现改善生态环境的目标。这就是退耕还林政府干预性的体现。

第三，区域差异性。相比其他林业工程或生态工程。退耕还林具有强烈的区域差异性。这是因为退耕还林是中国有史以来开展范围最广的生态环境工程。涉及中国北方和西部25个省（区、市）。从最东部的黑龙江省到最西部的甘肃省，从北部的内蒙古自治区到南部的云南省。退耕还林因差异性大，导致各地气候和地形差异大，工程复查程度高。如西部生态环境出现严重恶化，水土流失324万平方千米，沙化面积259万平方千米，分别占全国82%和94%以上，严重威胁该地区人们的生存与发展。此外，地域差异还表现在区域经济发展水平上，各个退耕还林地区彼此之间经济发展程度不一，西部地区与东部地区相比发展程度低。不论是自然环境上的地域差异性，还是经济发展水平上的地区差异性，都给退耕还林带来困难，加大了退耕还林的复杂性。

第四，主体利益冲突性。退耕还林涉及利益主体包括中央政府、地方政府和退耕农户三方面主体。虽然在追求生态环境改善上三者具有一致性。但是，各个主体又有各自利益，彼此之间具有利益冲突性。中央政府更多的是想改善生态环境，将生态环境利益放在首位。地方政府更强调本地方利益，将本地区的经济发展和人民生活水平放在重要位置。农户也视一切行为为首先符合自己的利益，在参与退耕还林中，若私人收益大于成本，退耕农户才会积极参与工程建设。这三个退耕还林主体之间具有冲突性，如何处理好彼此的冲突是退耕还林成败的重要因素。退耕还林是国家通过计划方式对土地资源进行重新配置，是生态建设历史上一项开创性事业，其对区域经济发展、农民收入和保持区域可持续发展能力都具有十分重要的作用。在工业化程度快速发展的时期，对资源的掠夺性开采，造成了很多环境污染问题的出现，不断恶化的自然环境，严重阻碍了不同地区的经济社会发展。退耕还林正是基于有效改善人们赖以生存的生态环境，促进经济可持续发展而提出的。在生态保护体系下，退耕还林成为林业改造工程的基础建设工程，退耕还林有利于防沙、治沙，实现对野生动植物的保护及开展自然保护区建设工程的目标，起到改善生态环境、调整农林结构的作用，具有非常重要的现实意义和历史意义。

五、两轮退耕还林工程比较

（一）两轮退耕还林工程相同

两轮退耕还林工程在实施的基本原则、基本要求、责任落实等方面有共同的地方，新一轮退耕地还林与前一轮退耕地还林的共同点详见表1-1。

表 1-1　新一轮退耕地还林与前一轮退耕地还林的共同点

基本原则	农民自愿，因地制宜，谁退耕、谁造林、谁经营、谁受益
基本要求	生态优先，并与改善退耕还林者生活条件、产业结构调整、农村经济发展、水土流失治理等相结合
责任落实	省级人民政府负总责，县级政府负责实施，乡级政府与退耕者签订合同
基本程序	规划（实施方案）—任务下达—作业设计—实施—验收—兑现
实施土地	耕地
验收办法	原国家林业局制定统一的验收办法
验收制度	国家、省、县三级检查验收制度
公示	建立村级退耕还林公示制度
确权	发放权属证书（林权证、不动产权证），变更登记
配套政策	符合国家和地方公益林区划界定标准的，分别纳入中央和地方财政森林生态效益补偿，未划入公益林的，经批准可依法采伐

（二）两轮退耕还林工程不相同点

两轮退耕还林工程在编制方案、土地要求、实施方式、地块落图、林种、间作、配套造林等方面有不共同的地方，新一轮退耕还林与前一轮退耕还林的不同点详见表 1-2。

表 1-2　新一轮退耕还林与前一轮退耕还林的不同点

不同内容	前一轮退耕地还林	新一轮退耕地还林
方案编制	省、县级首先编制规划，根据下达计划编制实施方案	县级政府登记确认农户申请，汇总退耕还林还草总规模，国家、省级编制实施方案
土地要求	水土流失严重的耕地，沙化、盐碱化、石漠化严重的耕地，生态地位重要、粮食产量低而不稳的耕地	严格限定在 25° 以上坡耕地、严重沙化耕地、重要水源地 15°～25° 坡耕地、严重污染耕地、陡坡耕地梯田等
实施方式	政府主导、农民自愿，自上而下层层分解任务统一制定政策，政府推行	农民自愿，政府引导，自下而上、上下结合，按各地申报的退耕需求上报国家，下达计划任务后实施，种什么由农民自己决定，政府不搞强推强退
地块落图要求	将各年度退耕还林小班绘制到一张地形图上	形成小班矢量图，并落实到土地利用现状图上
林种要求	以县为单位的生态林面积不低于本县退耕还林总面积的 80%	不作要求
间作要求	补助期间禁止林粮间作；完善补助期间在不破坏植被、造成新的水土流失的前提，允许农民间种豆类等矮秆农作物	在不破坏植被、造成新的水土流失前提下，允许退耕还林农民间种豆类矮秆作物，发展林下经济
配套造林	配套荒山造林	无要求
验收方式	补助期间进行年度检查验收，完善政策补助期间逐年对到期面积进行阶段验收	第二、第四年开展县级验收，第三年开展省级验收，第五年开展国家级验收
兑现依据	补助以县级验收结果为依据，完善政策补助以国家阶段验收结果为依据	以县级验收结果为依据
补助发放时间	验收后每年发放	第一、第三、第五年发放
补助标准	按林种、分流域标准不同	中央补助标准全国统一，地方可以在不低于中央补助的标准基础上自主确定补助标准，超出中央补助部分，由地方财政自行负担

第二节　云南实施退耕还林工程的重要意义

一、云南实施退耕还林的必要性

（一）构建国家西南生态安全屏障的需要

云南地处长江、珠江、澜沧江、红河、怒江、伊洛瓦底江等六大水系源头或上游，是东南亚国家和我国南方大部分省（区、市）的绿色"水塔"，是我国乃至世界生物多样性富集区和物种基因库，是外来有害生物、疫病的天然阻隔屏障；虽然云南省不断加大生态工程建设力度，全省森林植被恢复进一步加快，但随着工业化、城镇化加速发展和人口不断增加，生态建设保护工作的压力进一步加大。根据云南省1999年第二次土壤侵蚀遥感调查，全省水土流失面积达14.1334万平方千米，占国土面积的36.88%，每年流失土壤5亿多吨，成为影响生态安全的重要因素之一；云南省25°以上陡坡耕地面积大、分布广，是产生中、强度等级侵蚀的主要场所，小面积滑坡、崩塌、泥石流灾害在全省普遍存在，据不完全统计，灾害点达20多万处，其中有一定规模的近8000处，有35个县城160多个乡镇3000多个自然村、150余个大中型厂矿、400多千米铁路、3000多千米公路受到直接危害。省委、省政府站在构建国家西南生态安全屏障的高度，从云南省情实际和发展需要出发，作出了全面推进退耕还林工程的战略决策，以25°以上坡耕地治理为切入点加强生态建设，必将有效扭转区域水土流失严重的现状，加强自然生态的防灾、减灾能力。可见，云南省实施退耕还林工程是构建国家西南生态安全屏障的需要。

（二）推进云南经济实现全面可持续发展的需要

国家实施西部大开发战略，是深入贯彻"三个代表"重要思想的伟大建设与实践，是全面建成小康社会、确保现代化建设第三步战略目标胜利实现的重大部署，是促进各民族共同发展和富裕的重要举措，是保障边疆巩固和国家安全的必要措施，关系全国经济社会发展的大局。并提出西部开发要以基础设施建设为基础，以生态环境保护为根本。因此，必须把加强生态建设和环境保护作为生存之本和发展目标，毫不动摇地坚持"环境优先，生态立省"战略。在国家继续实施天然林保护、巩固退耕还林、生物多样性保护、防护林建设、石漠化治理、农村能源建设等重点工程建设的同时，省委、省政府适时做出启动退耕还林的决策，多头并举，全面构建以森林植被为主体的国土生态安全体系，夯实生态基础，必将为深入实施西部大开发战略，推进云南经济实现全面可持续发展发挥重要作用。

（三）应对全球气候变化的需要

全球气候变化是当今人类面临的最大威胁和挑战。《京都议定书》把发展林业列为应对气候变化、固碳减排的重要途径。应对气候变化，事关我国经济社会发展全局和人民群众的切身利益，中央高度重视应对气候变化问题，把林业纳入我国减缓和适应气候变化的重点领域。退耕还林工程以增加森林覆盖、加速生态修复、改善生态环境为核心为应对气候变化发挥重要作用。

（四）建设森林云南和美丽云南的需要

党的十六大以来，云南省确立了生态立省的发展战略，并制定了建设绿色经济强省的战略目标。林业是云南省实施生态立省战略、建设绿色经济强省的主体，全省的林业工作会议明确，必须把维护生态安全作为森林云南建设的首要任务。退耕还林是维护生态安全的重要措施，是建设森林云南和美丽云南的重要组成部分，实施退耕还林工程将进一步推进森林云南和美丽云南的建设和发展。

（五）调整优化山区产业结构的需要

云南省94%的面积是山区，74%的人口居住山区。推动山区综合开发、促进林农增收致富，是林业肩负的使命。在林业建设中，云南省一贯以"兴林富民"为宗旨，坚持"生态建设产业化，产业发展生态化"的发展思路，将"浅""瘦""劣"的坡耕地用于发展林业，将有利于优化土地利用结构、强化土地功能的发挥，在改善生态环境的同时，各地特色经济林、速生丰产林、工业原料林等产业发展基础得到进一步夯实，为调整山区产业结构、促进山区群众增收致富作出了积极贡献。云南省山区人口众多，基础设施落后，生产经营条件十分恶劣，贫困面依然较广，贫困人口多，尤其以乌蒙山区和藏区较为突出，退耕还林将进一步加快山区产业发展基础建设，调整、优化山区产业结构，对促进山区群众增收致富作出积极贡献。

（六）促进民族团结，维护社会和谐和边疆稳定的需要

维护民族团结和边疆稳定，始终是我国最重要的政治任务之一。云南省25个边境县分别与越南、老挝和缅甸接壤，国境线全长4060千米，约占我国陆地边境线的1/5。边境25个县的面积占全省总面积的23.47%，少数民族人口占全省总人口的33.53%。边境沿线有111个乡镇843个村委会9559个自然村。边疆民族地区多为山区，特别是在农民赖以生存的农业用地中，陡坡耕地比重大，生态环境恶劣，生产、生活条件差，经济发展相对落后，市场化程度低，群众市场意识差，参与市场竞争的能力较弱。一旦受到自然灾害的威胁，极易带来社会的不稳定。实施退耕还林工程，有利于改变边疆地区群众刀耕火种的传统生产方式，促进结构调整、产业发展和农民增收，保障边疆稳定、民族团结、脱贫致富和全面发展，有效地促进边疆民族地区的社会稳定和边防巩固，是边疆稳定、民族团结、经济发展的现实需要。

（七）改善生态环境的需要

虽然很多地区的经济收入有了一定的提高，但对森林的消费使森林资源遭到严重的破坏，土壤侵蚀总面积在增大，且逐渐贫瘠退化，致使很多农户又重新开挖新的坡耕地，形成了开荒—水土流失—再开荒的恶性循环，从而加剧了生态环境的危害程度，严重威胁着当地人民群众的生命财产安全。退耕还林以造林、还草为主要内容，成林后不但具有涵养水源、保持水土、防风固沙等特殊功能，还为农、牧业稳产、高产提供生态屏障，还可以促进农村经济的协调发展。

（八）云南广大干部群众的迫切要求

云南广大干部群众通过自身实践已清醒地认识到，生态环境的恶化是导致贫困的主要根源，广大群众强烈要求再也不能走"越穷越垦，越垦越荒，越荒越穷"的恶性循环的路子，热切盼望党和政府能够帮助他们早日改善生态环境和调整农业产业结构，走出一条早治理、早受益、早脱贫、早致富的路子。可以说，实施以退耕还林还草为主的生态环境建设工程已成为云南广大干部群众的迫切要求。

二、云南实施退耕还林工程的可行性

（一）云南省各级政府的高度重视

省委、省政府一直高度重视生态建设工作。把退耕还林列为各级政府的重要工作，切实加强对退耕还林工作的领导。一是省、州、县、乡各级政府成立了退耕管理工作领导小组，省委领导小组有关部门

密切协助，发挥职能作用，合力推进退耕还林工程建设。二是落实和完善责任制，省、州、县、乡各级政府层层签订退耕还林目标管理责任状，并每年进行责任考核和奖励。三是加强督促检查，各级领导深入基层调研工程实施情况，切实加强工程督促指导，省委、省政府、省人大等各级领导多次到基层指导和调研退耕还林工程，省人大加强监督，组织退耕还林专题视察。

（二）云南省粮食年产量持续稳定增产

一直以来，云南省认真贯彻落实党中央、国务院关于耕地保护的精神，切实保护、利用好常用耕地，确保粮食安全，全省常用耕地面积一直保持稳定状态。从总体上看，退耕还林工程的实施对云南省粮食生产影响不大。第一，退耕还林减少的耕地大多是粮食产量低而不稳的陡坡耕地和沙化地，对粮食生产的影响比较小。第二，生态环境的改善为现有耕地建立了绿色生态屏障，减少了自然灾害对耕地作物的影响。第三，多年以来，省委、省政府积极推进中低产田改造，加大对高产、稳产农田的建设和农业科技支撑力度，提高了粮食单产能力。据云南年鉴统计，近20年来，全省粮食年产量呈持续稳定增长，其中2000年1467.8万吨，2020年高达1895.86万吨。近20年来，云南省粮食年产量统计曲线图详见图1-1。

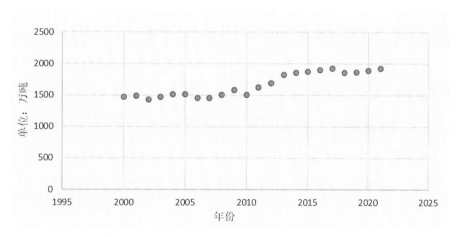

图1-1 近20年来，云南省粮食年产量统计曲线图

（三）具备实施退耕还林的土地资源空间较大

云南省土地资源丰富，土地总面积39.4万平方千米，仅次于新疆、西藏、青海、黑龙江、四川、甘肃、内蒙古等省（区），居全国第8位。其中，大于等于25°的陡耕地90.76万公顷，约占旱地面积的14.54%，水土流失一般都很严重，很难进行农耕，利用坡耕地作为退耕还林的土地资源空间比较大。

（四）农民自愿且积极性高

退耕还林工程根植农村，服务农业、惠及农民，是省委、省政府强农惠农工作的重要组成部分，是迄今为止云南省投入最大的一项涉林惠农项目。通过退耕还林等生态建设工程的实施，改善了生态环境，山区农村经济结构得到了调整，农民从种植的林木中获得收益，看到了特色林产业的发展前景，促进了生产、生活方式的改变，认识到山区坡耕地"广种薄收"得不偿失，是造成贫困的直接根源。促进山区群众增收致富的潜力在山、希望在林已成为全省各级领导干部和广大群众的共识，山区群众发展特色经济林的积极性空前高涨，退耕还林工程已成为各级干部和广大农民的发展愿望和要求。

（五）积累了丰富的工程管理和实施经验

云南省各级林草部门在营造林的生态建设工程的实践中，积累了丰富的工程管理经验，形成了一整套行之有效的管理体系、管理制度和运行机制，为工程的实施奠定了基础。一是领导责任落实，全面实行省、州（市）、县（市、区）、乡（镇）政府退耕还林目标责任制。二是强化管理促质量提升，实行三级检查验收制度，将任务完成率、保存合格率、抚育管护率指标作为衡量工程造林质量的主要指标，实行全过程质量管理。三是积极探索工程建设的运行机制和管理形式，在工程管理、土地使用、投资方式、利益分配等多种机制的创新上取得了突出成效。四是在设计、种苗、质量和检验等关键环节上具备完整的可操作的规程规范。

三、云南实施退耕还林工程的重要意义

（一）是调整优化土地结构的重要途径

退耕还林工程就是要在对土地资源进行适宜性评价的基础上，把那些从前是林地、草地或其他类型的土地资源，特别是25°以上的坡耕地，后来在人口发展的压力下被开垦为耕地，而现在不适宜作为耕地的土地资源，转换土地利用方式，变更为从事林草地生产的系统工程。退耕后的土地资源，要通过科学的管理和合理的利用，种植树木或草类植物，使其发挥最佳的经济、生态、社会综合效益，成为可持续利用与发展的复合的森林生态系统。就是建立土、林、草、药"四位一体"的生产体系，通过集约经营，提高系统的生产水平。这是优化产业结构、改善生态环境、增加农民收入的重要措施。它可以变单一的经营体系为以林草为基础的草、灌、乔相结合的森林生态复合体系，通过科学规划，采取药、草、灌、乔结合，以林为主的治理措施，最终达到生态效益、经济效益和社会效益三结合的目的。在山区退化土地的治理上，以种植林木和草本植物，防止水土流失为主，结合林木和草本植物综合发展。

（二）是生态环境建设的一项重大工程

在西部地区，实施以天然林保护、宜林荒山荒地造林种草和陡坡耕地有计划、有步骤地退耕还林（草）为重点的生态环境保护和建设工程，是党中央、国务院针对我国西部生态环境状况，站在国家和民族长远发展的高度，着眼于经济与社会可持续发展全局作出的重大决策。

云南地处"六水"[金沙江（长江）、澜沧江、怒江、红河、南盘江（珠江）、伊洛瓦底江]中上游，陡坡耕地和劣质耕地占比较大，而大部分地形比较破碎，全省生态系统脆弱性非常突出，土壤侵蚀敏感区超过全省总面积的50%，其中，高度敏感区占国土面积的10%；石漠化敏感区占国土面积的35%。多年来，自然灾害频发，灾害威胁较大。退耕还林前，全省记录在案的滑坡点有6000多个，泥石流沟3000多条，干旱、洪涝、低温冷害等灾害发生频率高。为发挥森林生态和经济功能，防止水土流失，抵御自然灾害，中央下发《关于开展2000年长江上游、黄河上中游地区退耕还林还草试点示范工作的通知》（以下简称《通知》非常及时，也十分符合实际。《通知》将长江和黄河上中游地区13个省（区、市）的174个县确定为试点县，其中，云南省香格里拉、丽江、兰坪、鹤庆、元谋、寻甸、东川、会泽和彝良9个县（市、区）被列入其中，总面积为79万亩，其中退耕20万亩，宜林荒山荒地造林种草59万亩。2000年，开始试点示范工作，标志着我国西部地区退耕还林（草）正式启动，也标志着我国西部大开发战略的实施迈出重要的一步，意义极其重大和深远。

（三）是西部大开发的切入点之一

在世纪之交的关键时刻，党中央、国务院不失时机地作出了实施西部大开发的重大战略部署。其中，实施退耕还林工程是西部大开发的切入点，是生态环境保护和建设的重中之重，是长江上游和黄河上中游水土保持、改善农业生产条件和生态环境的一项根本性措施。由于历史上长期的毁林毁草，西部地区许多地方因植被稀少、生态恶化，而失去基本的生存条件，每年流入长江、黄河的泥沙量高达20多亿吨，导致江、河、湖库严重淤积，致使长江、黄河水患不止，成为我国水土流失最为严重的地区。历史的经验证明，发展和繁荣西部地区经济，首先要解决生态环境问题。西部地区生态环境得不到有效的改善，水土流失问题不解决，长江、黄河就永无宁日，只有采取坚决果断的措施，切实保护好西部地区现有的森林和植被，有计划、有步骤地搞好退耕还林（草），恢复西部林草植被，从根本上扭转生态恶化和水土流失现象，解决好水资源短缺和荒漠化问题，西部的发展才有希望，云南的经济社会可持续发展才有良好的基础。也只有打赢了退耕还林还草这一仗，才有利于更好地推动西部大开发向纵深发展。

（四）是构建国家生态安全屏障建设的重要举措

云南地处祖国边陲，构建以"三屏两带"生态屏障为主体的生态安全战略格局。根据全国主体功能区规划涉及云南的"黄土高原和川滇生态屏障"以及"桂黔滇喀斯特石漠化防治生态功能区""川滇森林及生物多样性生态功能区"的生态安全战略格局，结合云南实际，构建以重点生态功能区为主体，禁止开发区域为支撑的云南省"三屏两带"生态安全战略格局。"三屏"：青藏高原南缘生态屏障，哀牢山、无量山生态屏障，南部边境生态屏障；"两带"：金沙江干热河谷地带、珠江上游喀斯特地带。青藏高原南缘生态屏障要重点保护好独特的生态系统和生物多样性，发挥涵养大江大河水源和调节气候的功能；哀牢山、无量山生态屏障要重点保护天然植被和生物多样性，加强水土流失防治，发挥保障滇中国家重点开发区域生态安全的作用；南部边境生态屏障要重点保护好热带雨林和珍稀濒危物种，防止有害物种入侵，发挥保障全省乃至全国生态安全的作用。金沙江干热河谷地带、珠江上游喀斯特地带要重点加强植被恢复和水土流失防治，发挥维护长江、珠江下游地区生态安全的作用。布局六大流域和边境重点县（市、区）实施退耕还林工程，正是加强构建国家西南生态屏障建设的重大举措。

（五）是建设绿色经济强省的基本保障

省委六届九次全会提出，云南省实施西部大开发战略的基本思路、主要目标是：坚持解放思想，实事求是的思想路线，以改革开放为动力，强化基础设施建设，着力改善生态环境，调整优化经济结构，努力振兴教育科技，把云南建成绿色经济强省、民族文化大省和中国连接东南亚、南亚的国际大通道。为此，必须实施"五大工程"，建设"五大基地"。要把"五大工程"宏伟构想变为现实，特别要实现建设绿色经济强省的目标，关键取决于能否实施好退耕还林工程，搞好生态环境保护建设。

森林是一种重要的绿色物质产品，更是一个重要的生态系统，建设绿色经济强省必须以良好森林植被为基础。但是，几十年来，由于自然条件变化和乱砍滥伐等原因，森林植被增速缓慢，而水土流失加剧，荒漠化状况仍然存在，从而引发越来越频繁的自然灾害，生态环境仍在变劣。据统计，退耕还林前全省沙化面积已达8万多公顷，水土流失面积14.13万平方千米，占全省总面积的36.88%。原全省88个贫困县中，有58个县水土流失严重。其中，金沙江流域水土流失面积达4.7万平方千米，占流域面积的43%。年输沙量达2.6亿吨，原全省尚未解决温饱的贫困人口，有近一半分布在金沙江流域。退耕还林前，云南省每年消耗森林资源约为3300万立方米。合理提供量仅为1400万立方米左右，缺口1800

多万立方米，是从森林资源的过量采伐中获取的。森林资源的过度消耗，使森林生态功能大大减弱，生态环境恶化，不仅严重威胁着山区各族群众的生存与发展，也不断侵蚀着建设绿色经济强省的基础。因此，实施退耕还林工程，减少森林资源的低价值消耗，提高森林覆盖率，增加森林资源总量，改善生态环境，推动林业经济发展，为建设绿色经济强省打下良好的基础。

（六）是推动林业经济发展的重大行动

退耕还林工程的实施是加快云南省林业经济结构调整的一次重大机遇，不仅可以从根本上改善森林生态环境，大大促进林业生产发展，同时，也有利于充分发挥天然林区地理、资源、气候等优势，培植新的林业经济增长点，建立新的林业产业体系。尤其是加大山区综合开发力度，积极发展特色经济和林下种植，抓好森林特色产品的开发和利用，立方体开发，使林业成为农民增收的重要来源，成为农村经济的新支柱产业。

（七）是贫困山区农民脱贫致富的强大动力

在民族贫困地区大力造林种草，不仅能从根本上保持水土，涵养水源，改善生存环境，增强抗旱、防涝能力，提高现有土地的生产力，实现农业生产要素优化配置，而且对这些地区的脱贫致富必将起着极大的促进作用。山区贫困地区经济发展了，对缩小城乡差距、促进共同富裕、增进民族团结、推动社会进步、保障边疆稳定都具有重要意义。云南脱贫攻坚的实践、成就、经验及精神积淀，践行绿色发展理念，彰显绿色优势，推进中国最美丽省份建设，实施退耕还林工程，拓宽生态公益岗位渠道，发展林下经济和生态产业，完善补偿机制，实施生态补偿脱贫一批。

（八）是实现生物多样性保护的一项重大措施

退耕还林工程实施将过度开垦的土地恢复为自然生态系统，以减少土地退化、水土流失和沙漠化等问题，提高了植被覆盖率，改善了生态环境质量，同时保护和恢复了珍稀濒危物种的栖息地，还为当地居民提供了更好的生活环境和经济来源，最终达到维护生物多样性的目的。

（九）是创新森林文化的机遇

森林除具有生态、经济功能外，从文化角度来说，还具有"大德"，森林，大德无言，大美无言。森林，为人类服务，涵养水源，调节水量，净化水质；保育土壤，增强肥力；固碳，释氧，积累营养物质；净化大气，吸尘消声，提供负离子，吸收污染物；森林，可降低 PM2.5、调节热状况、增湿致雨、缓解温室效应、维持生态平衡等。森林为人类生存和社会发展打下根基，给大地美容，带给人愉悦；提供森林氧吧，增进人类身体健康；森林还为人类提供木材和林副产品；森林可形成并促进汉字与文学艺术的发展，为人类提供优美的自然景观等。树木文化核心"五德"，为提高对森林、树木功能、功德的认识，加深对退耕还林的理解提供依据。

（十）是实施可持续发展的关键措施之一

原国家农业部在《关于加快发展西部地区农业和农村经济的意见》中明确指出，西部地区现有25°以上坡耕地要有计划地做到全部退耕还林；15° ～ 25° 的坡耕地要通过综合治理，因地制宜地发展林果或种草。西部地区被开垦的草原，除水源、耕作条件较好的部分可作为农、牧民的生产保障田外，其余大部分的低产田和撂荒地要有计划地全部退耕还林还草。从我国的实际情况看，一是退耕地区水热条件好的地不多。二是造林周期长，成本高，见效慢，而草地易建成，成本低，对不易恢复为森林的宜林宜草地要先封地种草，待草地生态系统稳定后再造林。草地涵养水源的能力是森林的 0.5 ~ 3 倍，固沙保土能力是森林的 2 ~ 4 倍；种植豆科牧草后，根瘤菌每年每 667 平方米可固纯氮 3 千克，纯磷 1 千克以上；种植耐盐碱牧草，可以降低土壤盐碱含量的 10% ~ 25%。对适宜种植经济林木的退耕地，至少是在种树的前几年，须先种草，以便遏制水土流失，使退耕地得以永续利用。

第二章
多视觉下的云南

第一节　位置概况与区位优势

一、位置概况

云南地处中国西南边陲，地理位置位于北纬 21° 8′ 32″ ~ 29° 15′ 08″，东经 97° 31′ 39″ ~ 106° 11′ 47″，北回归线横贯本省南部。全省东西最大横距 865 千米，南北最大纵距 990 千米，总面积 39.4 万平方千米，占全国陆地总面积的 4.1%，居全国第 8 位。其中，山地面积占总面积的 84.0%，高原面积占 9.9%，盆地面积占 6.1%。

云南东部与广西壮族自治区和贵州省为邻，北部同四川省相连，西北紧靠西藏自治区，西部与缅甸接壤，南部与老挝、越南两国毗邻。全省有 25 个县（市）分别与老挝、越南、缅甸交界，国境线长达 4060 千米。其中，中缅段 1997 千米，中老段 710 千米，中越段 1353 千米。

全省下辖 16 个州（市），其中，8 个省辖市（昆明、曲靖、玉溪、保山、昭通、丽江、普洱、临沧），8 个民族自治州（楚雄彝族自治州、红河哈尼族彝族自治州、文山壮族苗族自治州、西双版纳傣族自治州、大理白族自治州、德宏傣族景颇族自治州、怒江傈僳族自治州、迪庆藏族自治州）；共设县级行政单位 129 个，其中，17 个市辖区，18 个县级市，29 个民族自治县，65 个县。

二、区位优势

（一）区位战略优势

云南从自然地理上看，它是东亚东南亚与南亚的自然结合点，从地势上隔断了东亚大陆与印度次大陆的关联；从人文地理上看，它位居中国中心轴心与东南亚中心轴心之间。作为一种过渡地带，自然地同时兼具许多过渡性的特征。

云南是我国面向南亚东南亚和环印度洋地区开放的大通道和桥头堡。云南宛如一颗镶嵌在中国与东南亚、南亚次大陆的接合部上的七彩明珠。云南自古以来就是中国与东南亚、南亚之间的通道,古代的"南方丝绸之路""茶马古道"把云南与印度洋沿岸国家紧密联系在一起,长期保持着密切的经济、文化交流。在"一带一路"倡议实施的背景下,我国从太平洋区域合作不断拓展和延伸至印度洋区域,云南的发展也与东南亚、南亚、西亚、非洲东部以及大洋洲的澳大利亚这些发展潜力巨大的市场更加紧密地联系起来。在与环印度洋国家构建海洋命运共同体的构想与实践中,云南具有诸多其他发达省区、沿海省区都不具备的优势。

云南是中国的西南大门、西南陆上通道,只要这个通道打通,从中国大陆经云南进入东南亚、南亚和中东,连接欧洲、非洲最便捷的海陆联运通道即形成。该区域绝大多数国家属于发展中国家,经济社会发展水平较低。同时,该区域资源丰富、市场广阔,具有强劲的后发优势,区域内双边、多边区域合作势头强劲,已具有较好的合作基础。云南作为边疆民族地区,对外开放、沿边开放具有明显的优势,应该继续发挥西南陆上通道优势,进一步加强云南与印度洋周边国家的交流与合作,既能为维护国家战略利益作出贡献,也能进一步凸显云南对外开放的地位,为云南的跨越式发展获取更大的平台及机遇。

(二)区位生态优势

"生态是云南最大的省情,最突出的优势,是未来发展的潜力和希望。"云南地处伊洛瓦底江、怒江、澜沧江、金沙江、红河、珠江六大流域上中游,各流域生态环境的好坏不仅对云南本区,而且还对下游地区的经济建设和社会发展起着十分重要和举足轻重的作用。云南已建有包括哀牢山、无量山、白马雪山、南滚河、金平分水岭、屏边大围山、西双版纳等21个国家级自然保护区、56个省级自然保护区、56个州级自然保护区、46个县(市、区)级自然保护区。有鹤庆东草海国家湿地公园、玉溪抚仙湖国家湿地公园等5处国家级湿地公园和31处省级湿地公园,以及云南磨盘山、云南珠江源等32个国家级森林公园,这些都是我国重要的物种基因保存区,因而生态地位非常重要。但是,云南多数地区山高坡陡,坡度在15°～25°的土地面积占总面积的42.2%,坡度在25°～35°的土地面积占总面积的30.2%,坡度大于35°的土地面积占总面积的9.1%。森林覆盖率虽达65.04%,但分布不均,且森林植被类型具有过渡性的特征,致使云南地区的生态环境非常脆弱。

(三)区位生物多样性优势

1.生态系统多样性优势

云南陆地生态系统几乎包括了地球上所有的陆地生态系统类型,主要类型有森林、灌丛、草甸、沼泽和荒漠等。森林生态系统以乔木为标志,森林类型占中国的80%;灌丛生态系统主要有寒温性灌丛、暖性石灰岩灌丛、干热河谷灌丛和热性河滩灌丛4种类型。云南省草甸类型多样,分布广泛,主要有高寒区草甸、沼泽化草甸和寒温带草甸3个生态系统类型。

云南的内陆湿地生态系统有河流、湖泊以及沼泽化生态系统。云南的六大水系,即伊洛瓦底江、怒江、澜沧江、长江、红河和珠江构筑了云南淡水生态系统的基本框架,是我国重要江河以及湄公河、红河等国际河流的上游地段或发源地。而以滇池、洱海、抚仙湖、异龙湖、泸沽湖等为代表的云南高原湖泊,数量众多,分布零散,反映了内陆湿地生态系统的特殊性。云南沼泽化草甸主要分布在高寒气候区,物种丰富,生态脆弱。云南水生植被按其生活类型分为挺水植物、浮叶植物、沉水植物和浅水植物等4种类型。水生动物方面,浮游动物、底栖动物和鱼类资源都很丰富。

云南植被的复杂性和多样性居全国首位,据《云南植被》(1987)记载,共分12个植被型34个植被亚型 169 个群系 209 个群丛。12 个植被型为：雨林、季雨林、常绿阔叶林、硬叶常绿阔叶林、落叶阔叶林、暖性针叶林、温性针叶林、竹林、稀树灌木、草丛、灌丛、草甸和湖泊水生植被。植被型、植被亚型和群系分别占全国的 41.4%、54.8%、30.2%。

2. 物种多样性优势

云南的生物种类及特有类群数量均居全国之首，生物多样性在全国乃至全世界均占有重要的地位。云南除具有"动物王国""植物王国"美誉外，还被誉为"竹林故乡""药材的宝库""香料博物园""天然大花园""菌类大世界"等。全省有竹类资源 28 属 220 种，属、种数分别占全国总数的 75% 和 55%，占世界总数的 40% 和 25%。药材、花卉、香料、菌类的种类均居全国之首。

云南省植物区系处在泛北极植物区与古热带植物区的过渡地带，种类丰富，为全国之冠，起源古老，多为古植物后裔。地区特有属和特有种多，地理成分复杂，联系面广。目前，全省已知高等植物 442 科 3008 属 19365 种，占全国植物总数 34042 种的 56.9%，占全世界植物总数 285700 种的 6.7%。

根据 1999 年 8 月 4 日经国务院批准发布的《国家重点保护野生植物名录》（第一批）共包括 246 种 8 类（种以上的分类单元），云南就有 114 种 8 类，占种数的 46.3%，并具有种以上的全部 8 类分类单元。根据种的统计，真菌类 2 种，为国家发布种类的 100%；蕨类植物 11 种，为国家发布种类的 84.6%；裸子植物 15 种，占国家发布种类的 41.7%；被子植物 86 种，占国家发布种类的 43.1%。按保护级别分，一级保护植物 22 种，二级保护植物 92 种，居全国第一位。

云南动物区系处在古北界与东洋界两大地理区的过渡地带，具有种类丰富、特有种多的特点。当前已知陆生野生脊椎动物 1370 种，占全国总数的 51.8%。另外，云南已知分布有鱼类 432 种，占全国淡水鱼类 1023 种的 42.2%。在无脊椎动物中，已记载昆虫 1.2 万种，估计种类为 10 万~15 万种；软体动物已发现 48 种，占全国 211 种的 22.7%。

全省有国家重点保护野生动物 215 种，占全国重点保护野生动物种数的 53.5%。其中，一级保护动物 43 种，二级保护动物 172 种。其中，亚洲象、野牛、白颊长臂猿、白眉长臂猿、鼷鹿、豚鹿、绿孔雀、赤颈鹤等 23 种，在我国仅云南独有。

3. 遗传多样性优势

云南省多样的生态系统类型及其丰富的物种多样性构成了极其珍贵的生物基因宝库，因物种的丰富性与大量的特有物种，在遗传多样性的保护中具有极大的价值。云南不仅具有极其丰富的野生植物遗传资源，而且还是不少栽培植物的多样性中心或起源中心。如云南是茶的原产地，迄今为止，世界上已发现茶组植物 4 个系 37 个种 3 个变种，云南茶区就分布有 4 个系 31 个种 2 个变种，占世界已发现茶种总数的 82.5%，其中云南独有 25 个种 2 个变种，云南具有从热带、亚热带、温带到寒带不同气候类型的 2100 多种观赏植物，其中花卉植物 1500 种以上，许多是珍稀种类和特产植物，是世界上观赏植物宝贵的种质基因库，也是云南发展花卉产业的资源保障。

第二节　独特的景观格局

云南景观格局，即"山、水、林、田、湖、村（城镇）"整体架构—景观格局，概括地说，就是北枕梅里（雪山），西峙高黎贡（山），中立哀牢（山）、无量（山），东（东南）矗乌蒙（山）、六诏（山），南俯三国，即"六山"耸峙，六水（江）蜿蜒，九湖镶嵌，道路纵横，峡谷陡坡，沃野田畴，森林丰茂，甘泉交注，万物类聚，高原之上，苍穹之下，蓝天彩云，"山横水颠"，大山，大水，大森林。

一、"六山"

（一）梅里雪山

梅里雪山，云南第一峰，世界自然遗产，滇藏界山，北接西藏，南连碧罗雪山，主峰卡瓦格博，海拔6740米，是云南最高的山峰，同时也是藏传佛教最神圣的朝觐圣地，被誉为"雪山之神"。梅里雪山山中冰川绵延数千米，其中，明永冰川是世界上少见的低纬度、低海拔、低温度现代冰川；雪线以下，高山灌木和针叶林交错着天然牧场，生态环境十分脆弱。

（二）高黎贡山

高黎贡山，中、南段是中缅两国边界线，北接青藏高原，南临中南半岛，南北纵横135千米，是横断山的一颗"明珠"，"三江并流"的重要组成部分。高黎贡山，是国家级森林和野生动物类型的自然保护区，以保护生物气候垂直带谱自然景观、多种植物类型、森林类型和多种珍稀以及濒危动植物种类为目的，也是地球上稀少的未被污染、自然生态系统保存完整的区域。

（三）哀牢山

哀牢山，云南气候的天然屏障，国家级自然保护区。哀牢（山）是云岭山脉余脉的分支，山的西部是高山峡谷相间的山地，东部是滇中高原。哀牢山是云南省亚热带南北过渡区，是多种生物区系地理成分荟萃之地，保存着我国亚热带地区目前面积最大，且以云南特有植物种为优势的常绿阔叶林，是当今难得的一座绿色宝库。

（四）无量山

无量山，是云岭山脉南段西部支系，属于近代强烈抬升、高原解体并受河流深切而形成的山地峡谷并列地区。无量山属国家级自然保护区，是以保护黑冠长臂猿为代表的各种珍稀野生动物及其栖息的中山湿性常绿阔叶林为主体的森林生态系统。

（五）乌蒙山

乌蒙山发脉横断山云岭，而横断山的根基在昆仑山，云岭和怒山继续南延就形成了云贵高原。乌蒙山也建立了国家级自然保护区。乌蒙山，自然景观雄伟壮丽，千百年来，它与人类相依相伴，山依人而存，人依山而发展。由于乌蒙山具有特殊的地质条件，是我国天然喀斯特地貌博物馆，拥有丰富的民族文化、红色文化、自然遗产和生态旅游资源。因为有乌蒙山，才造就了昆明准静止锋，成就了昆明四季如春的气候。

（六）六诏山

六诏山地处云南东南部，为文山壮族苗族自治州主体山脉，属中山山原地貌。在古生代，是一个活动地槽，经过三叠纪前后的往复海侵、陷落、升降，再经过诺利克期和拉丁尼克期的造山运动，隆起形成现今的陆地。宏观的态势，呈现山体大、地势高、切割深，从西北向东南倾斜。最高峰为薄竹山，海拔2991.2米。

六诏山是云贵高原梯面向低海拔的华南梯面的过渡区，是我国西南山地向华南的过渡地区，生物地理位置非常特殊，动植物区系也表现出特殊的过渡性质。由于位于云南省东南部，地处北回归线附近，六诏山的气候自第三纪以来一直温暖和湿润，区内既有河流切割而形成的峡谷，也有高原夷平面上喀斯特地貌剥蚀而形成的峰林地形。这种复杂而稳定的地质条件，使此地区成为许多种子植物的避难所或保存地，是中国滇、黔、桂古老而特有中心的最为重要的部分，蕴藏着大量的古老物种资源，如华盖木、喙核桃、大果五加、伯乐树等古老而孤立的类群，成为珍稀濒危物种的避难所、丰富的模式种类产地。

六诏山，是盘龙河、顺甸河、那么果河的源头，中上部森林茂密，涵养水源价值极高，是其上下游人民的生命源泉。

二、"六水"

云南"六水"中最有名的是"三江"（怒江、澜沧江、金沙江）。"三江并流"，是世界自然遗产、地球演化的历史教科书，也是世界上绝无仅有的高山峡谷自然景观。另外，3条河流（南盘江、红河、李仙江）分属"南盘江水系"和"元江水系"，发源地都在云南，是源头活水。另一种表达"六水"是将"李仙江"换成"伊洛瓦底江"。

"六水"均处于中上游和源头区，流域生态环境的好坏不仅对云南本区，而且还对下游地区的经济建设、人们生活生存和社会发展，都具有十分重要的作用。

三、"九湖"

"九湖"，即滇池、阳宗海、抚仙湖、杞麓湖、洱海、程海、泸沽湖、星云湖、异龙湖，九大湖泊集中分布在滇中和滇西北地区。由于湖泊海拔较高，对高原局部气候起着一定的调节作用，同时，也是很好的天然蓄水库，不少湖泊风光秀丽，是云南著名的旅游风景区。

第三节　丰富的多样性

一、生态环境多样性

（一）地形地貌多样性

云南是个多山的省份，各种类型的山地可占到全省总面积的80%左右，不少山地高大陡峻，为国内名山之一。高原是省内仅次于山地的地貌形态，它的面积约占全省总面积的14%。高原主要指上部夷平面保存较完整的部分，边缘破坏强烈者划在山地之中。另外，面积较小的，相对高度低于200米的低丘，没有单独计算，而分别归纳于山地、高原的范围之中。山地主要在云南西部，被称为"横断山区纵谷地区"。这里的山地，与青藏高原东侧的巨大山系一脉相连，滇东高原区高原面上的一些残余山地，也与川西高原上的大山互相连接，只是中间被金沙江、元江所隔开。

（二）气候多样性

云南属于低纬高原季风气候，同时受到东亚季风和印度季风的交替影响，形成了云南特殊的气候特点。其基本特点是年温差小、日温差大，干、湿季节分明，气温随地势高低呈垂直变化异常明显。从各地区看，滇西北高海拔地区属寒带型气候，长冬无夏，春、秋较短；滇东、滇中属温带型气候，四季如春，一雨成冬；滇南、滇西南的低热河谷区，有一部分在北回归线以南，为北热带，长夏无冬，一雨成秋。在一个省内，同时具有寒、温、热（含亚热带）三带气候，相当于从海南岛到黑龙江的所有气候类型，为其他省区所少见。特别是在高山峡谷区，从谷底到山顶，由于海拔上升而产生"一山分四季，十里不同天"的气候差异。在梅里雪山下横跨澜沧江的西当铁索桥，从桥面至卡瓦格博峰顶，高差4700米，两者之间直线距离仅12千米，但其自然风貌从亚热带干热河谷到冰山雪野，竟相当于从广东到黑龙江所跨过的纬度，为全国罕见。

（三）水文多样性

云南有大小河流600余条，分属伊洛瓦底江、怒江、澜沧江、金沙江、红河、珠江六大水系。云南还是国内著名的淡水湖泊区，除九大湖泊外，大大小小湖泊40多个。此外，还有"潭""渠""塘""泉""洼"等水泊地上千个，大小瀑布500多处。

（四）土壤多样性

云南土壤类型丰富多样，共有7个土纲14个亚纲18个土类35个亚类，占全国土类的30%。地带性土壤中以砖红壤、红壤系列的土类为主，占全省土壤面积的56.4%，故云南有"红土高原""红土地"之称。土壤垂直分布明显，并有水平地带与垂直地带交错分布的现象。大部分土壤的光、热、水条件良好，为全面发展农、林、牧业提供了适宜的土壤资源。在干热河谷和高寒山区，由于光、热、水诸因子配合不协调，常成为发挥土壤潜力的制约因素，但经改造后可利用。

二、生物多样性

生物多样性，即生物之间的多样性和变异性及物种生境的生态复杂性。它包括所有植物、动物、微生物物种以及所有的生态系统和它们形成的生态过程。云南地跨10个纬度，南北地势高低悬殊达6600多米，地貌类型多样，不同地理位置在不同海拔高度上有多样的气候类型：多样的自然条件造就了多样的生态系统，从而为物种栖息、生长、繁衍提供了多样化生境。云南省是世界十大生物多样性热点地区，东喜马拉雅地区和缅甸北部地区的核心区域，生物物种种类及特有类群之多均居全国各省之首。生物多样性在全国乃至全世界均占有重要地位。

（一）生态系统多样性

生态系统多样性是指生物圈内栖息地、生物群落和生态过程的多样化以及生态系统内栖息地差异、生态过程变化的多样性。云南生态环境的多样性，决定了生态系统的多样性，而生态系统多样性又是生物物种多样性的基础。在云南这块只占全国总面积4%的土地上，有着热带季节雨林、山地雨林、稀树灌木草丛（干热河谷）、各种亚热带常绿（落叶）阔叶林、亚高山针叶林、高山草甸、高原湖泊、河流、岩溶山地等自然生态系统和各种人工林、农田等人工生态系统。

（二）物种多样性

物种多样性是指地球上生物有机体的种类多样性。中国与云南的生物种类还处在不断的发现过程之中，但从已描述的种类来看，云南也堪称是中国乃至世界物种多样性最丰富的地区之一。各种动植物种数均接近或超过全国动植物种数的一半。其中鸟类、蕨类和苔藓植物所占比例最高，分别为60.3%、57.7%和51.1%；哺乳类、被子植物和淡水鱼类其次；爬行类、两栖类和裸子植物居后。

云南植物多样性有三个特点：一是起源古老，二是特有种类繁多，三是成分复杂、分布交错。中国植物区系成分的 15 个主要地理成分在云南省境内均有分布，且热带区系成分与温带区系成分相互渗透、相互交错。

（三）遗传多样性

遗传多样性蕴藏在所有物种的群体内，储存在染色体、细胞器基因组的 DNA 序列中，内容十分丰富。中国是世界上遗传多样性最丰富的国家之一，除极其丰富的野生遗传资源外，很多农作物、家养动物都起源于中国。云南是世界上栽培作物野生种和野生近缘种、家养动物及昆虫种质资源最丰富的地区之一。各种经济植物，如药用植物、食用植物等种质资源极其丰富，分别达 5000 种和 400 种，云南地方畜禽品种达 172 个。

三、民族文化多样性

民族文化多样性是指民族和族群种类众多以及由此而形成的丰富多彩的文化现象。云南的民族文化多样性主要由下列内容构成：

（一）民族成分多样性

云南是祖国多民族大家庭中民族成分最多的省份。有 5000 人以上的世居少数民族 25 个，即彝族、白族、哈尼族、傣族、壮族、苗族、傈僳族、回族、拉祜族、佤族、纳西族、瑶族、景颇族、藏族、布朗族、布依族、普米族、阿昌族、怒族、基诺族、德昂族、蒙古族、水族、满族、独龙族。加上汉族，一共有 26 个民族长期共存。

（二）语言文字多样性

在全省 25 个少数民族中，除回族、满族、水族已通用汉语外，其余 22 个少数民族都有自己的语言。其中，怒族有三种语言，即碧江区自称"怒苏"的怒苏语、福贡县自称"阿侬"的阿侬语、兰坪白族普米族自治县和泸水市自称"柔若"的柔若语；景颇族有两种语言，一是自称"景颇"的景颇语，二是自称"载佤"的载佤语；瑶族有两种语言，一是自称"勉"等和自称"门"等的瑶语，二是富宁县自称"布咋"的布努语；等等，共有 26 种少数民族语言。

云南少数民族原有文字的种类较多，文字的体系也相当复杂。据 20 世纪 50 年代的调查，傣文有 5 种，纳西文有 4 种，傈僳文有 3 种，景颇文有 3 种，彝文有 2 种，此外还有藏文和外国传教士所拟制的苗文、哈尼文、拉祜文、佤文、独龙文以及方块白文、方块瑶文和方块壮文等。

（三）宗教信仰多样性

云南是一个多种宗教信仰并存的地区。全省 26 个民族都有自己的宗教信仰，各民族信奉的宗教种类较多，有佛教、道教、伊斯兰教、天主教、基督教和各民族的民间传统宗教。除伊斯兰教主要为回族群众信奉外，其余各种宗教都有若干民族共同信仰。

（四）风俗习惯多样性

风俗习惯指的是一个民族在衣食住行、婚丧嫁娶、生老病死和待人接物等方面广泛流行的喜好、风习、礼仪、禁忌等。风俗习惯是在民族形成发展过程中逐渐形成的，与各民族所处的生态环境、生产方式、宗教信仰和心理素质有着不可分割的关系。尽管不同民族有些风俗习惯可能相似、相近甚至相同，但通常是每个民族都有其特殊的风俗习惯。即便同一民族不同支系或同一民族不同分布区域，风俗习惯也有差异。云南 26 个民族也有 26 种风俗习惯，其多样性是显而易见的。

四、"三多一体"的生命共同体

生态环境多样性、生物多样性与民族文化多样性，并非相互孤立、分离或隔绝，而是在漫长的历史过程中互动磨合，逐渐形成了"三多一体"、高度融合的生命共同体格局。生态环境是一个相对于生物有机体而存在的概念。生物在其生活生长的过程中，要不断地与其环境进行物质与能量的交换。环境一方面向生物有机体提供生长发育、繁衍后代所需要的物质能量，对生物有机体具有制约作用；另一方面，生物也在不断地改造环境。这就是云南在洪荒时代便自然形成的生态环境多样性，孕育形成了云南的生物多样性。而生态环境多样性和生物多样性交互作用形成适宜人类生存与发展的环境，森林环境孕育形成民族文化多样性。民族文化多样性一经形成，各民族人民便应用人类及其文化特有的理性与创造力，对生态环境多样性和生物多样性进行调适，经过漫长的互动磨合后逐渐形成并保持了"三多一体"、良性互动、高度融合的生命共同体。

第四节　广阔的土地资源

一、土地资源的坡度类型结构

云南省土地资源丰富，土地总面积 39.4 万平方千米，仅次于新疆、西藏、青海、黑龙江、四川、甘肃、内蒙古等省（区），居全国第 8 位。境内土地由于地域组合、所处位置和环境等土地资源条件的差异，以及人类生产、生活对土地的需要和影响的不同，土地资源结构十分复杂。全省土地资源类型多样，地域组合千差万别，垂直变化十分突出。围绕退耕还林工程，重点了解土地资源的坡度类型结构。地面坡度是衡量土地质量的一项重要指标，直接影响着对土地的开发利用。以地面坡度为依据，全省土地可以分为 ≤ 2°、2° ~ 6°、6° ~ 15°、15° ~ 25°、≥ 25° 5 个坡度级。一般来说，地面坡度 < 6° 是农耕较适宜的地区，土地的可利用性也最广。6° ~ 15° 则主要为山地农耕地的分布区，建筑、道路等也可有效利用。农耕地的最大利用坡度不应 > 25°。根据云南省第二次全国土地调查主要数据成果，全省现有 ≥ 25° 的陡坡农耕地 90.76 万公顷，约占耕地面积的 14.54%，水土流失一般都很严重，很难进行农耕，今后应逐步地退耕还林还牧。云南省各坡度级土地面积详见表 2-1。

表 2-1　云南省耕地质量按坡度统计表

坡度级	合计	≤ 2°	2° ~ 6°	6° ~ 15°	15° ~ 25°	≥ 25°
云南省耕地 / 万公顷	624.39	92.58	69.95	181.40	189.70	90.76
占耕地比 /%	100.00	14.83	11.20	29.05	30.38	14.54

资料来源：云南省国土资源厅、云南省统计局关于云南省第二次全国土地调查主要数据成果的公报。

二、土地资源结构特征

由于云南土地资源条件的复杂性、多样性和几千年来云南各族人民生产、生活对土地的不同需要和影响，全省现有土地资源具有十分突出的特点，主要表现在以下几个方面：

（一）土地广阔，山地多，平坝少

全省土地总面积 39.4 万平方千米，2000 年末总人口为 4240 万人，人均占有土地面积 1.076 公顷，高于全国人均占有土地面积 0.773 公顷的水平。云南是一个以山地、高原为主的省份，境内山区面积广大，平地面积狭小，全省坡度小于 2° 的相对平坦的耕地 92.58 万公顷，仅占全省耕地总面积的 14.83%；2°～6° 的耕地 69.85 万公顷，占全省耕地总面积的 11.20%；6°～15° 的耕地 181.40 万公顷，占全省耕地总面积的 29.05%；15°～25° 的耕地 1102 万公顷，占全省耕地总面积的 30.38%；全省坡度大于 25° 的耕地占耕地总面积的比例为 14.54%。云南省第二次全国土地调查对全省大于 1 平方千米坝子范围界线及地类进行了核定，全省大于 1 平方千米坝子 1699 个（海拔 2500 米以下的 1594 个），面积 245.35 万公顷，其中，耕地 137.40 万公顷，园地 11.87 万公顷。随着人口的增长和耕地被不断占用，云南省耕地后备资源紧缺的问题会更突出，但全省适宜发展林牧业的土地资源十分丰富，开发利用潜力很大。

（二）土地资源类型多样，立体特征显著

云南省复杂多样的自然地理环境，导致了土地资源类型多样，地域组合千差万别，垂直变化十分突出。按地貌类型划分，云南的山、原、谷、盆皆有。山地占 4%，高原占 10%，盆地（含宽谷）占 6%，且山中有坝，原中有谷，组合各异且分布较散，土地利用各具特点。

（三）山高坡陡，水土流失和自然灾害频发

云南省地处山地高原，山高坡陡，25° 以上的坡耕地占有很大比重，雨季降水量集中，暴雨强度大，极易导致水土流失。在地质条件复杂、岩性不抗蚀的地段，泥石流和滑坡等自然灾害时有发生。根据云南省第二次侵蚀遥感调查显示，云南省水土流失面积达 1413.34 万公顷，占全省总面积的 36.88%，其中，轻度侵蚀面积 799.82 万公顷，中度侵蚀面积 526.59 万公顷，强度侵蚀面积 81.11 万公顷，极强度侵蚀面积 4.08 万公顷，剧烈度侵蚀面积 1.74 万公顷。中度侵蚀以上的面积达到 613.52 万公顷，占总水土流失面积的 43.41%。全省年土壤侵蚀量 51.35 万吨，年侵蚀模数 1340 吨/平方千米。由于水土流失致使土地肥力下降，江河泥沙含量增加，水利工程泥沙淤积，自然灾害发生频繁，土地的总体质量下降。

（四）有林地面积大，而分布不平衡

根据统计，全省有林地面积 2424.76 万公顷，森林覆盖率 39.24%，其面积和所占比例均较大，是我国的主要林区和重要的木材生产基地之一。但是省内有林地分布很不平衡，多集中于人口较少、交通不便的滇西北和滇西南等边陲地区，而交通方便、人口稠密、工农业比较发达的滇中、滇东北和滇东南有林地面积较少，森林覆盖率低，不能发挥森林对农业的防护和保持生态平衡的作用。就全省 16 个州（市）来看，西双版纳傣族自治州的森林覆盖率最高，达到 80.79%，昭通市最少，为 34.98%，最高为最低的 2 倍多，有 6 个州（市）的森林覆盖率低于全省水平。

第五节　迅增的森林资源

根据国家森林资源连清和监测数据，云南省森林资源各项主要指标数据呈正向迅增态势：2002 年，森林面积为 1501.50 万公顷，到 2021 年达到 2117.03 万公顷，增加了 615.53 万公顷，森林蓄积由

139929.00 万立方米增加到 21447.60 万立方米，增加了 74518.6 万立方米，乔木林由 2002 年的 103.00 立方米/公顷增加到 2021 年的 103.80 立方米/公顷，增加了 0.8 立方米/公顷。

2002 年，森林覆盖率为 35.91%，到 2021 年增加到 55.25%，增加 19.34 个百分点。云南省 2002—2021 年森林资源主要指标数据详见表 2-2。

表 2-2 云南省 2002—2021 年森林资源主要数据统计表

年份资源数据源	森林面积/万公顷	森林蓄积/万立方米	乔木林单位蓄积/（立方米/公顷）	森林覆盖率/%
2002 年国家资源连清	1501.50	139929.00	103.00	35.91
2007 年国家资源连清	1817.73	155380.00	106.00	40.77
2012 年国家资源连清	1914.19	169309.00	111.00	47.50
2017 年国家资源连清	2106.00	197277.00	116.00	55.04
2021 年国家林草资源及生态状况	2117.03	214447.60	103.80	55.25

第三章
实施规模布局与典型经验

第一节 云南省实施退耕还林规模与布局

一、建设总规模

云南省自 2000 年试点，2002 年正式启动前一轮退耕还林工程，2014 年启动新一轮退耕还林工程以来，始终将退耕还林工程作为改善生态环境、建设"森林云南"和"美丽云南"、构建国家西南生态安全屏障的重要生态工程强力推进。云南省两轮退耕还林工程共实施 3246.66 万亩，其中，退耕还林 1830.30 万亩，荒山荒地还林 1049.00 万亩，封山育林 220.50 万亩，退耕还草 146.86 万亩。

二、工程区实施立地类型划分

（一）立地类型划分的依据

在各个类型区中，由于地形复杂和水热条件的差异，而形成各种立地类型。立地类型划分就是按照影响林木生长发育环境条件的差别而进行分类，即把具有类似相同的地形、土壤、气候特点等长期相互作用形成的统一自然集合体和具有宜林特征的地段（地块）作为区划分类的基础。根据云南土壤分布的地带性特点，云南省退耕还林工程区分类采用"土壤 + 地形"作主导因子进行分类。根据"土壤亚类 + 土层厚度 + 地形"进行组合归类。

（二）立地类型划分结果

全省退耕还林工程县共划 72 个立地类型。《云南省退耕还林工程县立地类型简表》如表 3-1。

表 3-1 云南省退耕还林工程县立地类型简表

立地类型组号	立地类型组名称	立地类型号立	地类型名称	分布的海拔幅度
I	高山亚高山草甸土	I₁	湿润草甸土立地类型	3500 ~ 4500 米
		I₂	灌丛草甸土立地类型	3500 ~ 4300 米
		I₃	沼泽化草甸土立地类型	3500 ~ 4000 米
II	高山亚高山漂灰土	II₁	上部漂灰土立地类型	3500 ~ 4200 米
		II₂	中部漂灰土立地类型	3500 ~ 4000 米
		II₃	泥炭漂灰土立地类型	3800 ~ 4200 米
III	高山亚高山暗棕壤	III₁	阴坡暗棕壤立地类型	3000 ~ 3800 米
		III₂	阳坡暗棕壤立地类型	3000 ~ 3800（4000）米
		III₃	草甸暗棕壤立地类型	3000 ~ 3800 米
		III₄	粗骨性暗棕壤立地类型	3000 ~ 3800 米
IV	亚高山中山棕壤	IV₁	山坡棕壤立地类型	2400 ~ 3200 米
		IV₂	沟谷溪旁棕壤立地类型	2500 ~ 3100（3200）米
		IV₃	粗骨性棕壤立地类型	2400 ~ 3200 米
V	中山黄棕壤	V₁	上部中、厚层黄棕壤立地类型	2000 ~ 2800 米
		V₂	上部薄层黄棕壤立地类型	1800 ~ 2400 米
		V₃	中下部中、厚层黄棕壤立地类型	1800 ~ 2400 米，怒江河谷下至 1300 米
		V₄	中下部薄层黄棕壤立地类型	1800 ~ 2400 米，怒江河谷下至 1300 米
		V₅	河谷陡坡黄棕壤立地类型	1800 ~ 2500 米，怒江河谷下至 1300 米
		V₆	粗骨性黄棕壤立地类型	1800 ~ 2800 米，怒江河谷下至 1300 米
VI	中山黄壤	VI₁	上部中、厚层黄壤立地类型	1400 ~ 2400 米
		VI₂	上部薄层黄壤立地类型	1400 ~ 2400 米
		VI₃	中部中、厚层黄壤立地类型	1400 ~ 2200 米
		VI₄	中部薄层黄壤立地类型	1400 ~ 2200 米
		VI₅	下部中、厚层黄壤立地类型	1400 ~ 2200 米
		VI₆	下部薄层黄壤立地类型	1400 ~ 2200 米
		VI₇	粗骨性黄壤立地类型	1400 ~ 2400 米
VII	中山红壤	VII₁	阴坡暗红壤立地类型	2000 ~ 2700 米，滇西北可上至 3000 米
		VII₂	阳坡暗红壤立地类型	2100 ~ 2800 米，滇西北可上至 3000 米
		VII₃	阴坡中、厚层黄红壤立地类型	1500 ~ 2600 米
		VII₄	阴坡薄层黄红壤立地类型	1500 ~ 2600 米
		VII₅	阳坡中、厚层黄红壤立地类型	1700 ~ 2700 米
		VII₆	阳坡薄层黄红壤立地类型	1700 ~ 2700 米
		VII₇	阴坡中、厚层红壤立地类型	1300 ~ 2600 米
		VII₈	阴坡薄层红壤立地类型	1300 ~ 2600 米
		VII₉	阳坡中、厚层红壤立地类型	1500 ~ 2600 米
		VII₁₀	阳坡薄层红壤立地类型	1300 ~ 2600 米
		VII₁₁	平缓坡地红壤立地类型	1500 ~ 2300 米
		VII₁₂	陡坡红壤立地类型	1300 ~ 2600 米
		VII₁₃	石灰岩裸露地红壤立地类型	1300 ~ 2600 米

续表 3-1

立地 类型组号	立地类型组名称	立地类型号立	地类型名称	分布的海拔幅度
VII	中山红壤	VII_{14}	中、厚层褐红壤立地类型	1000（800）~ 1700 米
		VII_{15}	薄层褐红壤立地类型	1000（800）~ 1700 米
		VII_{16}	粗骨性红壤立地类型	2800 米以下
		VII_{17}	侵蚀性红壤立地类型	1300 ~ 2000 米
VIII	低中山低山赤红壤	VIII_1	阴坡中、厚层赤红壤立地类型	800（500）~ 1600 米
		VIII_2	阴坡薄层赤红壤立地类型	800（500）~ 1600 米
		VIII_3	阳坡中、厚层赤红壤立地类型	900（700）~ 1600 米
		VIII_4	阳坡薄层赤红壤立地类型	900（700）~ 1600 米
		VIII_5	平缓坡地赤红壤立地类型	1200 米以下
		VIII_6	河谷谷地赤红壤立地类型	800 ~ 1100 米
		VIII_7	粗骨性赤红壤立地类型	800（500）~ 1600 米
IX	低山砖红壤	IX_1	低山坡地黄色砖红填立地类型	1000 米以下
		IX_2	低山沟谷黄色砖红壤立地类型	1000 米以下
		IX_3	低山坡地褐色砖红壤立地类型	800 米以下
		IX_4	低山宽谷砖红壤立地类型	800 米以下
X	中山、低山紫色土	X_1	中山阴坡中、厚层紫色土立地类型	1000 ~ 2800 米
		X_2	中山阴坡薄层紫色土立地类型	1000 ~ 2800 米
		X_3	中山阳坡中、厚层紫色土立地类型	1000 ~ 2800 米
		X_4	中山阳坡薄层紫色土立地类型	1000 ~ 2800 米
		X_5	中山侵蚀性紫色土立地类型	1000 ~ 2800 米
		X_6	低山坡地紫色土立地类型	1000 米以下
		X_7	低山沟谷紫色土立地类型	1000 米以下
		X_8	低山侵蚀性紫色土立地类型	1000 米以下
XI	石灰土	XI_1	中山红色石灰土立地类型	1000 ~ 2600 米
		XI_2	低山红色石灰土立地类型	1000 米以下
		XI_3	黑色石灰土立地类型	中山 1000 ~ 2600 米，低山 1000 米以下
		XI_4	石灰岩裸露地石灰土立地类型	2600 米以下
XII	干热河谷燥红土	XII_1	河谷坡地中、厚层燥红土立地类型	1200 米以下
		XII_2	河谷坡地薄层燥红土立地类型	1200 米以下
		XII_3	河谷陡坡燥红土立地类型	1200 米以下
XIII	火山灰土	XIII_1	中、厚层火山灰土立地类型	1300 ~ 2200 米
		XIII_2	薄层火山灰土立地类型	1300 ~ 2200 米
		XIII_3	岩石裸露火山灰土立地类型	1300 ~ 2200 米

三、工程实施布局

（一）实施布局重点

云南实施退耕还林工程始终以加强生态建设和环境保护，改善云南地区生产条件和生态环境，以生态建设带动产业发展，以江河两岸、城镇面山、公路沿线、湖库周围等生态区位重要、生态脆弱、集中连片特殊困难地区15°～25°及第二次全国土地调查成果范围内25°以上的坡耕地为重点，突出滇东北乌蒙山区和滇西北藏区的治理需求，有计划分步骤实施退耕还林工程。

（二）建设分区及实施布局

1. 工程县类型分区原则和依据

（1）区位重要性大体一致。

（2）区域经济综合水平及发展方向基本一致。

（3）水平地带性水热条件、地形地貌相近。

（4）恢复森林植被的主要造林技术模式基本相近。

（5）在类型分区内，根据森林生态的有效性及社会经济条件的差异，进一步划分区。

2. 工程建设分区

根据立地类型，按照"合理布局、分区施策、科学发展"的原则，依据全省不同区域的生态区位、自然条件、生态状况和坡耕地资源，将云南省退耕还林工程区划分为5个区，即Ⅰ滇西北高山峡谷生态治理区；Ⅱ滇东北乌蒙山生态治理区；Ⅲ滇中高原生态治理区；Ⅳ滇西南横断山生态治理区；Ⅴ滇东南石漠化岩溶生态治理区。见表3-2。

表3-2　建设分立地类型分区表

分区号	分区名称	州（市）	立地类型号
Ⅰ	滇西北高山峡谷生态治理区	怒江傈僳族自治州	$I_{1.2.3}$；$II_{1.2.3}$；$III_{1.2.3}$；$IV_{1.2.3.4}$；$V_{1.2.3.4.5.6}$；$VI_{1.2.3.4.5.6}$；$VII_{1.2.3.4.5.6.7.8.9.10.12.13.14.15.16}$；$XI_{1.2.3.4}$
		迪庆藏族自治州	$I_{1.2.3}$；$II_{1.2.3}$；$III_{1.2.3}$；$IV_{1.2.3}$；$V_{1.2.3.4.5.6}$；$VI_{1.2.3.4.5.6}$；$VII_{1.2.3.4.5.6.7.8.9.10.12.13.14.15.16.17}$
		丽江市	$I_{1.2.3}$；$II_{1.2.3}$；$III_{1.2.3}$；$IV_{1.2.3.4}$；$V_{1.2.3.4.5.6}$；$VI_{1.2.3.4.5.6}$；$VII_{1.2.3.4.5.6.7.8.9.10.11.12.13.14.15.16.17}$　$VIII_{1.2.3.4.5.6}$；$X_{1.2.3.4.5.6.7.8}$；$XI_{1.2.3.4}$；$XII_{1.2.3}$
		大理白族自治州	$III_{1.2.3}$；$IV_{1.2.3.4}$；$V_{1.2.3.4.5.6}$；$VI_{1.2.3.4.5.6}$；$VII_{1.2.3.4.5.6.7.8.9.10.11.12.13.14.15.16.17}$；$VIII_{1.2.3.4.5.6}$；$X_{1.2.3.4.5.6.7.8}$；$XII_{1.2.3}$
Ⅱ	滇东北乌蒙山生态治理区	昭通市	$I_{1.2}$；$II_{1.2}$；$III_{1.2.3}$；$IV_{1.2.3}$；$V_{1.2.3.4.5.6}$；$VI_{1.2.3.4.5.6.7}$；$VII_{1.2.3.4.5.6.7.8.9.10.12.13.14.15.16.17}$；$VIII_{2.3.4.5.6}$；$X_{1.2.3.4.5.6}$；$XI_{1.2.3.4}$；$XII_{1.2.3}$
		曲靖市	$I_{1.2}$；$II_{1.2}$；$III_{1.2.3}$；$IV_{1.2.3}$；$V_{1.2.3.4.5.6}$；$VI_{1.2.3.4.5.6.7}$；$VII_{1.2.3.4.5.6.7.8.9.10.12.13.14.15.16.17}$；$VIII_{2.3.4.5.6}$；$X_{1.2.3.4.5.6}$；$XI_{1.2.3.4}$；$XII_{1.2.3}$
Ⅲ	滇中高原生态治理区	昆明市	$IV_{1.2.3}$；$V_{1.2.3.4.5.6}$；$VI_{1.2.3.4.6.7}$；$VII_{1.2.3.4.5.6.7.8.9.10.11.12.13.14.15.16.17}$；$X_{1.2.3.4.5.6}$；$XI_{1.2.3.4}$
		楚雄彝族自治州	$III_{1.2.3}$；$IV_{1.2}$；$V_{1.2.3.4.5}$；$VI_{1.2.3.4.5.6.7}$；$VII_{1.2.3.4.5.6.7.8.9.10.11.12.13.14.15.16.17}$；$VIII_{1.2.3.4.5.6.7}$；$X_{1.2.3.4.5.6}$；$XI_{1.2.3.4}$；$XII_{1.2.3}$
		玉溪市	$III_{1.2.3}$；$IV_{1.2}$；$V_{1.2.3.4.5.6}$；$VI_{1.2.3.4.5.6.7}$；$VII_{1.2.3.4.5.6.7.8.9.10.11.12.13.14.15.16.17}$；$VIII_{1.2.3.4.5.6.7}$；$X_{1.2.3.4.5.6}$；$XI_{1.3.4}$；$XII_{1.2.3}$。
Ⅳ	滇西南横断山生态治理区	保山市	I_{1}；$III_{1.2.3}$；$IV_{1.2.3}$；$V_{1.2.3.4.5.6}$；$VI_{1.2.3.4.5.6.7}$；$VII_{3.4.5.6.7.8.9.10.12.13.14.15}$；$VIII_{1.2.3.4.5.6.7}$；$IX_{1.2.3.4}$；$X_{1.2.3.4.5.6.7.8}$；$XI_{1.2.3.4}$

续表 3-2

分区号	分区名称	州（市）	立地类型号
IV	滇西南横断山生态治理区	德宏傣族景颇族自治州	$IV_{1.2.3}$；$V_{1.2.3.4.5.6}$；$VI_{1.2.3.4.5.6.7}$；$VII_{1.2.3.4.5.6.7.8.9.10.12.13.14.15.16.17}$；$VIII_{1.2.3.4.5.6.7}$；$IX_{1.2.3.4}$；$X_{1.2.3.4.5.6.7.8}$；$XI_{1.2.3.4}$；$XII_{1.2.3}$
		西双版纳傣族自治州	I_1；II_1；$III_{1.2.3}$；$IV_{1.2.3}$；$V_{1.2.3.4.5.6}$；$VI_{1.2.3.4.5.6.7}$；$VII_{1.2.3.4.5.6.7.8.9.10.12.13.14.15.16.17}$；$VIII_{1.2.3.4.5.6.7}$；$IX_{1.2.3.4}$；$XI_{1.2.3}$；$XII_{1.2.3}$
		临沧市	I_1；$III_{1.2.3}$；$IV_{1.2.3}$；$V_{1.2.3.4.5.6}$；$VI_{1.2.3.4.5.6.7}$；$VII_{3.4.5.6.7.8.9.10.12.13.14.15.16.17}$；$VIII_{1.2.3.4.5.6.7}$；$IX_{1.2.3.4}$；$X_{1.2.3.4.5.68}$；$XI_{1.2.3.4}$
		普洱市	$III_{1.2.4}$；$IV_{1.2.3}$；$V_{1.2.3.4.5.6}$；$VI_{1.2.3.4.5.6.7}$；$VII_{1.2.3.4.5.6.7.8.9.10.12.13.14.15.16.17}$；$VIII_{1.2.3.4.5.6.7}$；$IX_{1.2.3.4}$；$X_{1.2.3.4.5.6.7.8}$；$XI_{1.2.3.4}$；$XII_{1.2.3}$
V	滇东南石漠化岩溶生态治理区	红河哈尼族彝族自治州	IV_1；$V_{1.2.3.4.5.6}$；$VI_{1.2.3.4.5.6}$；$VII_{1.2.3.4.5.6.7.8.9.10, 14, 15, 16}$；$VIII_{1.2.3.4.5.7}$；$IX_{1.2.3.4}$；$X_{1.2.3.4.5.6.7}$；$XI_{1.2.3.4}$
		文山壮族苗族自治州	$V_{1.2.3.4.5.6}$；$VI_{1.2.3.4.5.6.7}$；$VII_{1.2.3.4.5.6.7.8.9.10}$；$VIII_{1.2.3.4.5.6.7}$；$IX_{1.2.3.4}$；$X_{1.2.3.4.5.6.7}$；$XI_{1.2.3}$

3.分区实施布局规模

根据重点布局的相关要求开展建设规划布局，云南省退耕还林工程分区实施于全省 16 个州（市），总规模 3246.66 万亩。其中，滇西北高山峡谷生态治理区实施 474.05 万亩，占总规模的 14.60%；滇东北乌蒙山生态治理区实施 767.04 万亩，占总规模的 23.63%；滇中高原生态治理区实施 420.76 万亩，占总规模的 12.96%；滇西南横断山生态治理区实施 880.32 万亩，占总规模的 27.11%；滇东南石漠化岩溶生态治理区实施 704.49 万亩，占总规模的 21.70%。各分区建设实施布局情况见图 3-1、表 3-3。

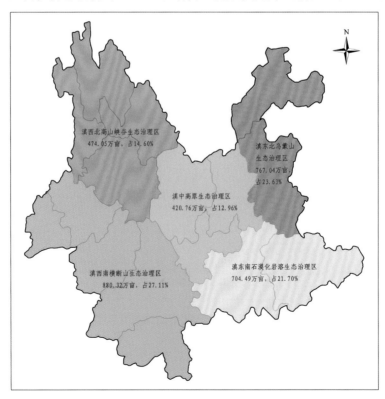

图 3-1　云南省退耕还林工程分区规模布局图

表3-3　云南省退耕还林工程分区实施布局统计表

单位：万亩，%

分区号	分区名称	州（市）	退耕还林合计	工程实施任务合计	前一轮省退耕还林工程规模				新一轮退耕还林工程规模			规模比例
					计	退耕地造林	荒山荒地还林	封山育林	计	退耕还林	退耕还草	
	全省合计	计	1830.30	3246.66	1802.60	533.10	1049.00	220.50	1444.06	1297.20	146.86	100.00
I	滇西北高山峡谷生态治理区	计	263.05	474.05	291.20	105.70	171.50	14.00	182.85	157.35	25.50	14.60
		怒江傈僳族自治州	71.33	124.07	63.50	17.90	38.60	7.00	60.57	53.43	7.14	3.82
		迪庆藏族自治州	36.25	58.87	37.90	15.60	22.30	0.00	20.97	20.65	0.32	1.81
		丽江市	50.39	108.29	69.20	23.40	43.30	2.50	39.09	26.99	12.10	3.34
		大理白族自治州	105.08	182.82	120.60	48.80	67.30	4.50	62.22	56.28	5.94	5.63
II	滇东北与蒙山生态治理区	计	534.16	767.04	278.70	94.00	168.10	16.60	488.34	440.16	48.18	23.63
		昭通市	411.49	545.27	142.70	54.20	85.90	2.60	402.57	357.29	45.28	16.79
		曲靖市	122.67	221.77	136.00	39.80	82.20	14.00	85.77	82.87	2.90	6.83
III	滇中高原生态治理区	计	224.82	420.76	281.60	92.60	156.70	32.30	139.16	132.22	6.94	12.96
		昆明市	71.58	125.02	77.80	26.30	46.70	4.80	47.22	45.28	1.94	3.85
		楚雄彝族自治州	92.68	164.84	108.70	40.80	66.40	1.50	56.14	51.88	4.26	5.08
		玉溪市	60.56	130.90	95.10	25.50	43.60	26.00	35.80	35.06	0.74	4.03
IV	滇西南横断山生态治理区	计	433.38	880.32	566.10	147.40	324.10	94.60	314.22	285.98	28.24	27.11
		保山市	62.00	130.20	87.00	23.20	38.80	25.00	43.20	38.80	4.40	4.01
		德宏傣族景颇族自治州	17.11	72.01	69.90	16.80	39.60	13.50	2.11	0.31	1.80	2.22
		西双版纳傣族自治州	22.28	40.18	27.70	10.30	17.40		12.48	11.98	0.50	1.24
		临沧市	208.30	363.02	205.80	55.30	118.90	31.60	157.22	153.00	4.22	11.18
		普洱市	123.69	274.91	175.70	41.80	109.40	24.50	99.21	81.89	17.32	8.47
V	滇东南石漠化岩溶生态治理区	计	374.89	704.49	385.00	93.40	228.60	63.00	319.49	281.49	38.00	21.70
		红河哈尼族彝族自治州	166.17	375.70	235.90	55.20	142.70	38.00	139.80	110.97	28.83	11.57
		文山壮族苗族自治州	208.72	328.79	149.10	38.20	85.90	25.00	179.69	170.52	9.17	10.13

（1）滇西北高山峡谷生态治理区

区域概况：本区包括怒江傈僳族自治州、迪庆藏族自治州、丽江市、大理白族自治州4个州（市）。2002年，全区总人口455.7万人，农业人口398.7万人，有农村劳动力242.6万人，年粮食总产量335555.2万千克，农民人均粮食产量841.6千克，农民人均年纯收入3357.0元。本区是世界著名"三江并流"中心区，有东南亚国家和中国南方大部分省区的"水塔"之称，位于青藏高原南延部分的横断山脉纵谷地区，由怒江、澜沧江（湄公河上游）、金沙江（长江上游）及其流域内的山脉组成，在行政区划上跨越丽江地区、迪庆藏族自治州、怒江傈僳族自治州、为东亚、南亚和青藏高原三大地理区域的交会处，是世界上罕见的高山地貌及其演化的代表地区和生物物种最丰富的地区之一，是中国境内面积最大的世界遗产地。同时，该地区还是16个民族的聚居地，是世界上罕见的多民族、多语言、多种宗教信仰和风俗习惯并存的地区。由于"三江并流"地区特殊的地质构造，欧亚大陆最集中的生物多样性、丰富的人文资源、美丽神奇的自然景观使该地区成为唯一的、独特的世界奇观。在保护好本区域丰富而独特的生物多样性的基础上，以特色经济林产业和非木材产业基地建设为重点。

存在问题：一是山高坡陡、生态十分脆弱、交通条件恶劣。二是人们的生存对自然生态环境严重依赖，生产方式单一。三是自然资源的开发利用与环境保护之间矛盾较为突出，生物多样性保护任务艰巨。

治理重点：区内以澜沧江、金沙江、怒江及一级支流两岸，洱海和泸沽湖两大高原湖泊周围及水源涵养区为主，以生态恢复为主要目的，不断改善区域生态环境。该区域退耕还林工程实施474.05万亩，占总规模的14.60%。

（2）滇东北乌蒙山生态治理区

区域概况：本区包括昭通市、曲靖市。全区总人口1187.4万人，农业人口1042.1万人，有农村劳动力597.6万人，年粮食总产量779703.9万千克，农民人均粮食产量748.2千克，农民人均年纯收入3486.3元。地处金沙江下游和珠江源头，生态相对脆弱，环境承受能力差，本区是云南省特色经济林产业和竹藤产业原料基地建设的重点地区。

存在问题：一是自然环境恶劣，人均耕地面积少，人地矛盾突出，陡坡开荒普遍，植被破坏和土壤侵蚀严重，滑坡、泥石流等地质灾害频繁。二是人口密度大，经济不发达，贫困面大。

治理重点：通过对该区坡耕地生态脆弱区实施生态治理，使这一地区的坡耕地、低产低效坡耕地转变为林地，有效遏制水土流失，修复生态环境，促进富余劳动力转移，拓宽农村就业渠道，逐步改善当地的生态环境和人口贫困局面。该区域退耕还林工程实施767.04万亩，占总规模的23.63%。

（3）滇中高原生态治理区

区域概况：本区包括楚雄彝族自治州、昆明市、玉溪市。全区总人口803.9万人，农业人口625.3万人，有农村劳动力397.0万人，年粮食总产量509317.3万千克，农民人均粮食产量814.5千克，农民人均年纯收入4802.0元。本区是云贵岩溶高原的主体部分，生态环境相对脆弱，高原湖泊较多，分布有滇池、抚仙湖、星云湖、杞麓湖、阳宗海等高原湖泊，分属金沙江、珠江流域。本区也是云南省发展木材加工产业和非木材产业基地建设的重点地区。

存在问题：一是经济相对较发达，但人口密度大，生态承载力不足，环境压力大。二是无序的采石、挖砂、采矿等工矿活动加速了土地石漠化，引发水土流失，对高原湖泊造成泥沙淤积和水体污染。三是盆地周边山区石漠化严重，农村能源短缺。四是盆地内水资源短缺，制约了土地和光热资源的开发利用。

治理重点：本区域退耕还林的重点是保护金沙江一级支流普渡河和牛栏江两岸，以及滇池、抚仙湖、星云湖、杞麓湖、阳宗海等高原湖泊周围及水源涵养区，有效遏制水土流失，修复生态环境，不断改善当地的生态环境。该区域退耕还林工程实施 420.76 万亩，占总规模的 12.96%。

（4）滇西南横断山生态治理区

区域概况：本区包括保山市、德宏傣族景颇族自治州、西双版纳傣族自治州、临沧市、普洱市。全区总人口 935.0 万人，农业人口 801.0 万人，有农村劳动力 463.4 万人，年粮食总产量 702140.5 万千克，农民人均粮食产量 876.6 千克，农民人均年纯收入 3359.5 元。该区自然条件优越，生态环境较好，森林资源丰富，森林类型特殊，具有热带雨林、季雨林生态系统，生物多样性丰富，本区也是云南省林化工、木材加工产业及原料基地建设的重点地区。

存在问题：一是山区地形复杂，气候多变，植被破坏大，生态脆弱，自然灾害频发。二是山地面积多，土质差，宜农耕地比例小，产量低而不稳，水土流失严重，农业生态环境恶化。三是农林业生产手段落后，生产力水平低下。四是产业结构单一，基本以自给自足的小农经济为主。

治理重点：以改善边疆民族边境地区的土地利用结构，引导发展新型产业结构，保护区域内热带季雨林、雨林生态系统及生物多样性为重点。该区域退耕还林工程实施 880.32 万亩，占总规模的 27.11%。

（5）滇东南石漠化岩溶生态治理区

区域概况：本区包括红河哈尼族彝族自治州、文山壮族苗族自治州。全区总人口 786.4 万人，农业人口 675.4 万人，有农村劳动力 399.1 万人，年粮食总产量 547047.1 万千克，农民人均粮食产量 810.0 千克，农民人均年纯收入 3593.9 元。该区域是云南高原主体部分，生态环境相对脆弱，主要分属珠江、红河流域。本区域属岩溶断陷盆地石漠化严重地区，在保护好生物多样性的基础上，以满足生态恢复为主，以发展特色经济林产业和非木材产业基地为重点。

存在问题：本区域属岩溶断陷盆地石漠化严重地区，是石漠化治理的重点区域。一是区域内溶洞较多，地表水漏失严重，地表土层薄，土壤的保水性差，土壤干旱，农林业生产困难。二是区内人口密度大，耕地面积少，坡耕地比重大。三是农村能源短缺，森林植被破坏和水土流失严重，生态恶劣。四是经济发展滞后，贫困面大。

治理重点：加强红河流域、石漠化严重区域、水土流失严重区域坡耕地的治理。该区域退耕还林工程实施 704.49 万亩，占总规模的 21.70%。

四、工程布局高度结合生态建设产业化

按照生态建设产业化、产业发展生态化的发展思路，坚持因地制宜、适地适树和注重生态、培植产业的原则，结合林业产业发展规划，优先选择适宜建设区自然条件、地方特色突出、比较优势明显、助农增收潜力较大的特色经济树种、速生丰产用材树种或生态效益显著的树种开展植树造林，在开展生态建设的同时，进一步夯实山区产业发展基础，为实现山区产业结构调整、山区林农收入持续增长作出必要的贡献。

（一）特色经济林产业原料基地

退耕还林发展特色经济林产业，是加快云南省山区林农脱贫致富、促进经济社会和生态环境协调发展的重要途径，努力推动以核桃、油茶、澳洲坚果、油橄榄等为主的木本油料和优势特色经济林产业的

健康发展。

（二）木、竹加工产业原料基地

林（竹）浆纸产业、木材加工及人造板产业、竹藤产业是云南省林业"十二五"规划及远期发展的重要产业，积极发展速生丰产用材林和珍贵用材林。为鼓励坡耕地农户的积极性和发展地方产业经济，退耕还林以恢复云南省生态功能为主要目的，造林所选择云南松、西南桦、旱冬瓜、杉木、柳杉、柏树、华山松以及大径竹（龙竹、巨龙竹、野龙竹、云南甜竹、麻竹）等均为云南本土生态防护与经济用材兼具的乡土树（竹）种，既可满足生态环境的恢复治理，也可在当地恶劣生态环境得到明显修复之后进行一定量的采伐利用。

（三）林化工、非木材产业原料基地

依托云南丰富的物种基因库和得天独厚的自然资源优势，大力发展在国内、国际具有竞争力的林下种植业、林下养殖业、森林景观利用和林下产品采集加工，充分开发森林药材、野生食用菌、森林蔬菜、森林景观植物、松脂松香、云南松花粉系列产品等，拉长、加宽、增厚林业产业链条，不断完善、拓展林产业的发展思路和实现途径，提高林地综合产出率，开辟更多、更新的促农增收渠道，培育农村新的经济增长点。

退耕还林的成功推进可以进一步为云南省林业产业提供资源保障，对加速云南省林业经济发展，挖掘森林资源潜力，满足市场需求，增强林业产业发展后劲，解决"三农"和林业企业生存的问题，促进林业综合效益的发挥，实现林业可持续发展，实现云南省建设"绿色经济强省"的战略目标，具有重要的意义。工程区生态建设产业化资源培育方向见表3-4。

表3-4　云南省退耕还林工程建设产业化原料基地表

分区名称	州（市）	主要资源培育方向	主要造林树种
滇西北高山峡谷生态治理区	怒江傈僳族自治州	特色经济林产业、非木材产业	核桃、果梅、花椒、酸木瓜、油桐、板栗、油茶、沙棘、云南松、旱冬瓜、西南桦、华山松、桉树、旱冬瓜、秃杉、元江栲、高山栲、麻栎、栓皮栎、青冈、藏柏、杨树、合欢、银荆、香柏等
	迪庆藏族自治州	特色经济林产业、非木材产业	
	丽江市	特色经济林产业、非木材产业	
	大理白族自治州	特色经济林产业、木材加工产业	
滇东北乌蒙山生态治理区	昭通市	特色经济林产业、竹藤产业、非木材产业	核桃、花椒、油橄榄、桉树、桤木、云南松、杉木、华山松、桤木、柳彩、麻栎、高山栲、滇杨、刺槐、油桐、乌桕、杜仲、山黄麻、车桑子、桑树、竹子等
	曲靖市	特色经济林产业、非木材产业	
滇中高原生态治理区	昆明市	木材加工产业、特色经济林产业、非木材产业	核桃、花椒、油橄榄、肉桂、八角、桉树、云南松、华山松、桤木、木荷、多花含笑、木莲、七叶树、黑荆、青冈栎、杯状栲、银荆、杜仲、任豆、辣木等
	楚雄彝族自治州	木材加工产业、特色经济林产业、非木材产业	
	玉溪市	特色经济林产业、非木材产业	
滇西南横断山生态治理区	保山市	特色经济林产业、木材加工产业	核桃、肉桂、杧果、油茶、油橄榄、思茅松、喜树、杉木、马尖相思、木荷、凤凰木、
	德宏傣族景颇族自治州	特色经济林产业、木材加工产业、竹藤产业	

续表 3-4

分区名称	州（市）	主要资源培育方向	主要造林树种
滇西南横断山生态治理区	西双版纳傣族自治州	林（竹）浆纸产业、林产化工产业、竹藤产业、特色经济林产业	红椿、西南桦、多花含笑、木莲、七叶树、黑荆、青冈栎、杯状栲、铁力木、铁刀木、银荆、八角、杜仲、任豆、辣木、漆树、红豆杉、竹子、西南桦等
	临沧市	林（竹）浆纸产业、特色经济林产业	
	普洱市	林（竹）浆纸产业、林产化工产业、木材加工产业、特色经济林产业	
滇东南石漠化岩溶生态治理区	文山壮族苗族自治州	特色经济林产业、非木材产业	核桃、板栗、花椒、八角、油茶、云南松、华山松、油杉、杉木、旱冬瓜、高山栲、麻栎、栓皮栎、滇杨、刺槐、银荆、山茶、滇榛、杜仲、车桑子、杉木、桉树等
	红河哈尼族彝族自治州	特色经济林产业、林产化工产业、非木材产业	

五、人工造林布局规划

　　退耕还林工程必须以生态经济学理论为指导，把生态环境建设与区域经济发展有机结合，必须根据自然立地条件与树种特性相互适应，是选择造林树种的一项基本原则。造林工作的成败在很大程度上取决于这个原则的贯彻。为了贯彻适地适树的造林原则，必须对造林地的立地条件和造林树种的生物学、生态学特性进行深入的调查研究。一方面，要求按照立地条件的异质性进行造林区划和立地条件类型的划分；另一方面，要求对造林树种的生态学特性进行深入的研究。一般来说，采用乡土树种造林比较容易实现适地适树，但有时引种外来树种也能取得良好的效果。开展生产性引种前须经过周密的分析及一定时期的引种试验。云南省退耕还林工程分区布局、科学进行人工造林，并营造多树种混交林，实行乔、灌、草相结合，形成复层森林结构，提高生物治理效果。对立地条件差的陡坡、侵蚀沟、干热河谷、水土流失严重的地方，可先植灌木，对乔、灌造林成活困难的地段，可先种草或栽植草坪。人工造林所选择的经济树种应具有优质、高产的特性，重点发展名、优、新品种。云南省退耕还林营造的主要树种见表3-4。

六、人工种草布局规划

　　在生态系统极其脆弱的地区，将种植草本植物作为恢复良性生态的先行者。人工种草应兼顾当地畜牧业产业发展，选择当地速生草种。不同区域草地种植、草种选择参见表3-5。人工种草播种量按1.5~2千克/亩播种，改良草地播种量按0.8~1.5千克/亩播种，混播播种比例按豆科：禾本科为3：7或4：6混播。在缓坡地段实行水平带状种植，坡度在25°以上土层较薄的坡耕地段，实行穴状点播。

表 3-5　人工种植主要草种

分区号	建设分区	主要草种
I	滇西北高山峡谷生态治理区	白三叶、红三叶、百脉根、苕子、画眉草、黑麦草、多年生黑麦草、鸭茅、燕麦、小红麦等
II	滇东北乌蒙山生态治理区	白三叶、红三叶、苕子、紫花苜蓿、画眉草、多年生黑麦草、一年生黑麦草、鸭茅、燕麦、小红麦等

续表 3-5

分区号	建设分区	主要草种
Ⅲ	滇中高原生态治理区	白三叶、紫花苜蓿、红三叶、苕子、白刺花、小冠花、多年生黑麦草、一年生黑麦草、小红麦等
Ⅳ	滇西南横断山生态治理区	大翼豆、柱花草、白三叶、银合欢、葛藤、紫花苜蓿，白刺花、木豆、苕子、小冠花、狗尾草、东非狼尾草、雀稗、多年生黑麦草、一年生黑麦草等
Ⅴ	滇东南石漠化岩溶生态治理区	白三叶、紫花苜蓿、红三叶、苕子、白刺花、多花木兰、多年生黑麦草、一年生黑麦草、鸭茅、燕麦、小红麦等

第二节　工程实施国家财政专项资金补助情况

一、退耕还林工程政策补助标准

（一）前一轮退耕还林工程政策补助标准

根据财政部《关于印发〈退耕还林工程现金补助资金管理办法〉的通知》（财农〔2002〕156 号），长江流域及南方地区退耕地每年补助原粮 150 千克／亩，黄河流域及北方地区退耕地每年补助原粮 100千克／亩。退耕地每年补助生活费 20 元／亩。从 2004 年起将补助粮食改为现金，中央按原粮 1.4 元／千克包干到省。还草补助 2001 年以前补助 5 年，2002 年起补助 2 年；还经济林补助 5 年；还生态林暂补助 8 年。种苗造林补助费按 50 元／亩计算。补助到期后又延长一个补助周期，长江流域及南方地区每年补助现金 105 元／亩，黄河流域及北方地区每年补助现金 70 元／亩，每年 20 元／亩生活补助费继续直补到户。

（二）新一轮退耕还林工程政策补助标准

新一轮国家财政专项补助资金包括种苗造林补助和专项现金补助。在整个退耕还林还草工程期间，补助标准先后二次进行了调整。

1. 根据国家发展和改革委员会、财政部、原国家林业局、原农业部、原国土资源部联合下发的《关于印发新一轮退耕还林还草总体方案的通知》（发改西部〔2014〕1772 号），云南省发展和改革委员会、省财政厅、原省林业厅、原省农业厅、原省国土资源厅联合下发了《关于印发云南省新一轮退耕还林还草实施方案的通知》（云发改西部〔2015〕46 号），国家安排新一轮退耕还林补助资金 1500 元／亩，新一轮退耕还草补助资金 800 元／亩。

2. 2015 年 12 月 31 日，财政部、国家发展和改革委员会、原国家林业局、原国土资源部、原农业部、水利部、原环境保护部、原国务院扶贫办八部委联合下发了《关于扩大新一轮退耕还林还草规模的通知》（财农〔2015〕258 号），通知中调整了退耕还草的补助资金，把新一轮退耕还草补助资金由 800 元／亩调整为 1000 元／亩。

3. 2017 年 6 月 9 日，国家发展和改革委员会、财政部、原国家林业局 、原农业部、 原国土资源部联合下发了《关于下达 2017 年度退耕还林还草任务的通知》（发改西部〔2017〕1088 号），通知中从造林成本、物价水平上涨等因素出发，明确从 2017 年起，新一轮退耕还林补助资金调整为 1600 元／亩，主要是退耕还林种苗造林费每亩补助标准从 300 元提高到 400 元。

退耕还林还草工程补助安排情况：退耕还林中央资金总投资 314.48 亿元，其中前一轮中央资金总投资 96.24 亿元，云南新一轮退耕还林还草工程共安排补助资金 218.24 亿元，其中，退耕还林补助资金 203.65 亿元，退耕还草补助资金 14.59 亿元。云南省退耕还林工程国家财政专项补助资金统计见表 3-6。

第三节　工程实施典型经验

在国家林草局的关心支持下，云南省林草部门在工程实施上始终践行"绿水青山就是金山银山"的理念，遵循"在保护中发展、在发展中保护"的原则，着力走好护绿、爱绿幸福路，造绿、扩绿发展路，借绿、增收致富路，加速推进"绿水青山"转化为"金山银山"，全力打造"生态脱贫攻坚示范区"，采取"科学规划、保护优先、生态修复、产业发展、文明实践、道德教育、文化弘扬"等有力举措。

云南省紧紧抓住实施退耕还林的历史机遇，自 2000 年以来累计实施退耕还林还草 3246.66 万亩，其中新一轮实施退耕还林还草 1444.06 万亩，任务量位居全国第二位。成效是显而易见的：云南省的森林覆盖率从 2002 年的 35.91% 提高到 2021 年的 55.25%，工程每年产生生态效益价值 1569.98 亿元，相当于云南省同期生产总值的 11%。除了产生良好的生态效益，还有突出的经济、社会效益。云南省依托退耕还林工程，发展特色经济林 771.3 万亩，涉及核桃、澳洲坚果、花椒、板栗、柑橘类等 65 个经济林树种。作为全国脱贫攻坚的主战场，云南省把新一轮退耕还林还草纳入全省生态扶贫的重点工程，坚持优先向贫困地区、贫困县倾斜，任务占比高达 94.4% 以上，涉及 37.7 万农户 151.6 万农民，为精准脱贫作出了积极贡献。云南省在退耕还林工程实施方面有以下典型经验：

（一）高度重视，高位推进

省委、省政府多次召开了高规格的退耕还林还草工作推进会、退耕还林还草专题会议，将退耕还林还草工作列为省政府每月的重点工作之一，高位推进，主要领导亲自抓、负总责，分管领导具体抓，其他领导配合抓。

（二）强化组织领导，严格落实目标责任制

省、州、县（市、区）、乡（镇、街道）均成立了政府主要领导为组长，分管领导为副组长，各有关单位为成员的领导小组及办公室，建立了自上而下的管理体系，层层落实目标和责任，做到目标、任务、资金、责任"四到位"，真正形成齐抓共管、整体推进的领导机制。各部门明确分工、各司其职、各尽其责、通力合作。

（三）因地制宜，科学规划，规范种植

以公路沿线、江河两岸、城镇面山和湖库周围等生态脆弱区作为新一轮退耕还林（草）工程的实施重点，因地制宜，科学编制了《云南省退耕还林工程实施方案》；在省级实施方案基础上，各分区、州（市）具体突出区域规划布局，规范种植；在任务安排上，突出重点，优先安排生态区位重要、生态状况脆弱、贫困人口分布较集中的深度贫困地区；在树种和模式选择上，着重以乡土适生树种为主，首选涵养水土好的生态树种、经济树种；突出种植生态效益与经济效益兼优的树种。例如，在花椒种植方面，遵从《花椒栽培技术规程》（LY/T 2914—2017）品种选择适应当地生长的丰产、优质、抗逆性强的品种；苗圃地选择地势平坦、背风向阳、排灌方便、交通便利的地块，造林地块选择土层深厚（≥40

表3-6　云南省退耕还林工程国家财政专项补助资金统计表

单位：亿元、%

分区号	分区名称	州（市）	合计	前一轮省退耕还林			新一轮退耕还林			补助资金比例
				小计	现金	粮食折算现金	计	退耕还林	退耕还草	
		全省合计	314.48	96.24	8.38	87.89	218.24	203.65	14.59	100.00
Ⅰ	滇西北高山峡谷生态治理区	计	45.97	19.12	1.67	17.46	26.85	24.31	2.54	14.62
		怒江傈僳族自治州	12.02	3.23	0.28	2.95	8.79	8.08	0.71	3.82
		迪庆藏族自治州	6.04	2.82	0.25	2.58	3.22	3.19	0.03	1.92
		丽江市	9.63	4.21	0.37	3.84	5.42	4.21	1.21	3.06
		大理白族自治州	18.28	8.86	0.77	8.09	9.42	8.83	0.59	5.81
Ⅱ	滇东北乌蒙山生态治理区	计	91.57	17.01	1.48	15.53	74.56	69.80	4.76	29.12
		昭通市	70.50	9.78	0.85	8.93	60.72	56.25	4.47	22.42
		曲靖市	21.07	7.23	0.63	6.60	13.84	13.55	0.29	6.70
Ⅲ	滇中高原生态治理区	计	38.07	16.69	1.45	15.24	21.38	20.67	0.71	12.11
		昆明市	12.07	4.75	0.41	4.34	7.32	7.12	0.20	3.84
		楚雄彝族自治州	15.81	7.32	0.64	6.68	8.49	8.06	0.43	5.03
		玉溪市	10.19	4.62	0.40	4.22	5.57	5.49	0.08	3.24
Ⅳ	滇西南横断山生态治理区	计	74.51	26.74	2.33	24.42	47.77	44.96	2.81	23.69
		保山市	10.78	4.21	0.37	3.84	6.57	6.16	0.41	3.43
		德宏傣族景颇族自治州	3.25	3.02	0.26	2.76	0.23	0.05	0.18	1.03
		西双版纳傣族自治州	3.78	1.87	0.16	1.71	1.91	1.86	0.05	1.20
		临沧市	34.40	10.07	0.88	9.20	24.33	23.91	0.42	10.94
		普洱市	22.30	7.57	0.66	6.91	14.73	12.98	1.75	7.09
Ⅴ	滇东南石漠化岩溶生态治理区	计	64.36	16.68	1.45	15.24	47.68	43.91	3.77	20.47
		红河哈尼族彝族自治州	29.99	9.86	0.86	9.01	20.13	17.25	2.88	9.54
		文山壮族苗族自治州	34.37	6.82	0.59	6.23	27.55	26.66	0.89	10.93

厘米）、土壤肥沃的砂壤土或中壤土，pH 在 6.5 ~ 8.0，两年内无重茬或未繁育过苗木的地块。在坚果种植方面，遵从《澳洲坚果栽培技术规程》（NY/T 2809—2015），根据澳洲坚果对栽培区、道路、水利设施、防风林地的特殊要求，以及经济林园地规划的一般要求进行确定。果园的道路应根据地形设计。横向道路应沿等高线，按 3% ~ 5% 的比降，路面内倾 2° ~ 3° 修建，并于路面内侧修筑排水沟。小区内的路应尽量等高通过果树行间，并选在小区边缘和山坡两侧沟旁，与防护林结合为好。在道路系统中，主干道路与外面公路相通，利于果实运出及肥料运入。澳洲坚果栽植的密度根据立地条件和品种特性有所不同，一般栽植密度为株距 4 ~ 5 米，行距 6 ~ 8 米，17 ~ 28 株 / 亩；根据品种和山地的坡位及坡度适当调整等。

（四）完善退耕还林（草）政策，充分调动广大群众的积极性

认真落实"退耕还林（草）、封山绿化、以粮代赈、个体承包"的措施，切实把国家无偿向退耕户提供粮食、现金、种苗的补助政策落实到户。国家每年根据退耕面积核定各省（区、市）退耕还林还草所需粮食和现金补助总量。粮食和现金的补助年限，先按经济林补助 5 年、生态林补助 8 年计算，到期后可根据农民实际收入情况，需要补助多少年再继续补助多少年。坚持营造以生态林为主，而且不许自行砍伐。各部门、各州（市）、县（市、区）进行深入调查研究，对生态林和经济林的比例作出科学的规定，生态林一般占 80% 左右。对超过规定比例多种的经济林，只补助种苗费，不补助粮食。退耕户完成现有耕地退耕还林还草后，应继续在宜林荒山荒地造林种草，国家除对退耕地补助粮食外，还将对荒山荒地造林种草所需种苗给予补助。

（五）依靠科技进步，合理确定林草种结构和植被恢复方式

1. 科学规划，分县（市、区）编制《立地类型》和《造林模型》，选择主栽树种（草种），以指导造林，做到因地制宜，乔灌草合理配置，农林牧相互结合。加强推广应用先进实用科技成果，对优质、高效的经济果树、竹种，特别是推广应用耐旱树种草种，以及良种壮苗采用繁育技术、集水保墒技术、植物生长促进剂、干热河谷造林种草技术等，提高造林种草质量。要加强防治林草病虫害的研究和管理，确保林草的健康成长。

2. 实施前编制的作业设计，具体确定林种、树种和草种比例。以分类经营为指导，坚持因地制宜、实事求是。在水土流失和石漠化严重、25° 以上的坡耕地段及江河源头、湖库周围、石质山地、山脊等生态地位重要地区，全部种生态林（草），种后实行封山管护。在立地条件适宜且不易造成水土流失的地方，种植特色经济林、速生丰产林。

3. 建立科技支撑体系。各州（市）、县（市、区）因地制宜，制定退耕还林还草科技保障方案，依据植被地带性分布规律和水资源的承载力，提出乔灌草植被建设的适宜类型、适宜规模与合理布局，确定科学的乔灌草植被结构模式及相应的科技支撑措施。

（六）加强政策宣传，组织群众积极参与

充分利用电视、广播、报纸、网络和政务微博、微信等媒体平台及宣传碑（牌）、宣传栏等方式，广泛宣传新一轮退耕还林（草）政策，组织农民群众积极参与退耕还林（草）实践，自觉履行管护义务，积极发展特色富民产业，全面提高群众退耕还林（草）的积极性，使退耕还林（草）政策家喻户晓、深入人心，使群众真正认识到退耕还林（草）是一项"德政工程""富民工程"。

（七）严格资金管理，强化政策落实

按照退耕还林（草）财政专项资金管理办法和中央预算内资金管理办法，严格政策兑现程序，并设立公示专栏，对农户的造林面积、验收情况、兑现金额等情况实行张榜公布，同时公布举报电话，接受社会监督。定期或不定期地对专项资金使用情况进行检查和抽查，坚决杜绝截留、挤占、挪用专项资金现象发生，确保专项资金的安全运行。

（八）吸引社会资本参与，用示范引路

为进一步加强工程示范基地建设，激发群众参与工程建设的积极性，各县（市、区）按建设一片不少于500亩，乡镇按建设一片不少于100亩相对集中连片的标准化种植、规范化管理的县级、乡级示范基地，作为工程样板的管理和技术培训基地。通过示范基地的建设，激发群众参与退耕还林还草项目建设的积极性。

（九）加强督促指导，任务落到实处

一是根据省政府每月重点工作安排，进一步加强实地督办，落实退耕还林（草）督查制度。二是建立与省林草局领导班子成员挂钩，联系督导各州（市）、县（市、区）退耕还林（草）工作制度，特别是对任务量较大的县（市、区）、乡（镇）开展专项督导。三是加强工程管理的督促、检查、指导和服务工作力度，不断提升工程管理效率和水平。四是加强政策、技术的培训和指导。

（十）建立长效机制，抓好信访监督

按照信访条例，各工程县（市、区）均规范完善退耕还林（草）信访工作长效机制，建立一套健全完整的从乡（镇）到县（市、区）级的退耕还林（草）信访接待体系和信访监督体系，设立退耕还林（草）举报电话，做到对群众来信、来访及时登记、及时转办和查处，加大信访案件的查处力度，做到件件有回音，事事有着落。

（十一）坚持良种应用，并研发推广新品种

云南实施退耕还林工程，主要造林树种种子全部实现基地供种，商品林造林全部使用良种，良种使用率达到90%以上，同时研发推广新品种。如丽江市林业科学研究所培育的无刺竹叶花椒，通过了国家林草局植物新品种保护办公室实地审查。该品种是丽江市首个取得国家审定的花椒植物新品种，解决了花椒产业发展过程中采摘困难的技术瓶颈，将为云南林草产业助推乡村振兴提供强有力的科技支撑，创造更大的经济和社会效益。

（十二）提升品牌培育，努力创名牌

工程实施形成一批独具特色、绿色生态、优质安全的特色产品品牌，助推形成"区域公共品牌＋产品品牌＋企业品牌"，企业积极参加云南省"10大名品""10强企业""20佳创新企业"评选。利用新媒体，加大线上、线下推广，不断提升林草业名品的美誉度和影响力，利用退耕还林，打造"绿色食品牌"，建立集中连片的种植基地、适度规模的养殖基地、具有辐射能力的加工基地，扶持基地经营主体，提升基地规模水平，推动基地规范生产，拓展基地产品市场，推进基地绿色发展，打造基地品牌，抓实基地科技支撑，完善基地专业服务等工作，建设一批省级、州（市）级、县（市、区）级"绿色食品牌"生产基地。如临沧的"临沧坚果"获得国家农产品地理标志认证，成为澳洲坚果区域公用品牌，并已形成系列产品品牌，"犀美仁""云澳达""中澳夏果"荣获云南省绿色食品牌"10大名果"等荣誉称号。

（十三）采用多种经营模式，确保取得成效

各州（市）、县（市、区）经营实体，采取许多经营模式，如"龙头企业＋专业合作社＋能人＋贫困户""党支部＋公司＋合作社＋基地＋贫困户""农村经济能人＋农户""公司＋合作社＋基地＋党支部＋农户"等模式，确保退耕还林工程取得成效。

（十四）立体种植模式，科学示范带动

工程地块确定后，对退耕还林地块进行立体开发，创造多收益。如采取"坚果＋咖啡＋林下养殖""坚果＋山稻谷""核桃＋茶叶""核桃＋魔芋＋草""坚果＋菌""核桃＋菌""花椒＋菌""花椒＋苹果＋草""油橄榄＋林下养殖＋草""油橄榄＋草＋林下养殖""杧果＋菌＋林下养殖""余甘子＋草＋林下养殖""牛油果＋草""竹＋林下养殖""竹＋杧果""竹＋木瓜"等种植模式，这些种植模式对山区农户起到了很好的示范带动作用。

第四章
工程实施成效评价

第一节　退耕还林工程专项调研

一、调研依据

云南省林业和草原局印发的《2022 年度新一轮退耕还林工程省级验收暨云南退耕还林工程实施成效专项调研工作的通知》。

二、专项调研目的

退耕还林工程实施成效评价是工程建设与管理的重要基础性工作，为了不断提升云南省退耕还林工程管理的科学化、精细化水平，健全和完善工程建设实施成效的评价、经验推广、问题反馈的机制，云南省退耕还林办公室高度重视，在结合两轮退耕还林工程省级验收成果基础上，决定对云南省退耕还林实施成效作深入调查研究。

三、专项调研工程县（市、区）

根据云南省林业和草原局印发的《2022 年度新一轮退耕还林工程省级验收暨云南退耕还林工程实施成效专项调研工作的通知》要求，结合两轮退耕还林工程省级验收成果，专项调研采取典型抽样原则，共抽 16 个州（市）的 21 个县（市、区）进行成效专项调研，专人入户调查农户 32714 户，走访 87 个乡镇林业站。云南省退耕还林工程实施成效调研县（市、区）名单结果见表 4-1。

表 4-1　云南省退耕还林工程实施成效调研县（市、区）名单

州（市）	退耕还林工程成效调研县（市、区）
合计	21
昆明市	东川区
曲靖市	宣威市
昭通市	镇雄县
楚雄彝族自治州	姚安县
红河哈尼族彝族自治州	石屏县
文山壮族苗族自治州	砚山县
普洱市	景东彝族自治县
西双版纳傣族自治州	勐海县
临沧市	云县
丽江市	宁蒗彝族自治县
迪庆藏族自治州	香格里拉市
怒江傈僳族自治州	泸水市、福贡县
保山市	施甸县、隆阳区
德宏傣族景颇族自治州	芒市、梁河县
大理白族自治州	云龙县、巍山彝族回族自治县
玉溪市	元江哈尼族彝族傣族自治县、新平彝族傣族自治县

第二节　云南实施退耕还林工程生态服务功能评价

根据《森林生态系统服务功能评估规范》（GB/T 38582—2020），针对涵养水源、保育土壤、固碳释氧、积累营养物质、净化大气环境、生物多样性保护 6 个指标类别，采用市场价值法、替代工程法（影子工程法）、费用支出法等对项目区森林生态系统服务功能进行计量与分析。

一、指标体系

按照调节功能、支持功能 2 类功能 6 个类别 11 个指标评价森林生态服务功能价值，见表 4-2。

表 4-2　森林生态系统服务功能评价指标体系

功能类型	指标类别	评价指标
调节功能	涵养水源	调节水量、净化水质
	保育土壤	森林固土、森林保肥
	固碳释氧	森林固碳、森林释氧
	积累营养物质	林木营养积累
	净化大气环境	提供负离子、吸收污染物、阻滞降尘
支持功能	生物多样性保护	生物多样性保护

二、评价计算公式

（一）森林生态功能修正系数

"修正"为一种状态，表明系统各要素之间具有相对"融洽"的关系。当用现有的野外实测值能代表同一生态单元同一目标林分类型的结构或功能时，就需要采用森林生态功多正系数客观地从态学精度的角度反映同一林分类型在同一区域的真实差异。其理论公式为：

$$F=Be/Bo= BEF \times V/Bo$$

其中：F 为森林生态功能修正系数；Be 为评价林分的生物量（千克 / 立方米）；Bo 为实测林分的生物量（千克 / 立方米）；BEF 为蓄积量与生物量的转换因子；V 为评价林分的蓄积量（立方米）。

（二）涵养水源功能

1. 调节水量指标

（1）年调节水量：退耕还林工程生态系统调节水量计算公式：

$$G_{调}=10A \times （P-E-C） \times F$$

其中：$G_{调}$ 为评价林分调节水源量（立方米 / 年）；A 为林分面积（公顷）；P 为实测外降水量（立方米 / 年）；E 为实测林分蒸散量（毫米 / 年）；C 为实测地表径流量（毫米 / 年）；F 为森林生态系统服务修正系数（下同）。

（2）年调节水量价值：退耕还林工程生态系统年调节水质价值根据水库工程的蓄水成本（替代工程法）来确定，计算公式：

$$U_{调}=G_{调} \times C_{库}$$

其中：$U_{调}$ 为评价森林年调节水量价值（元 / 年）；$C_{库}$ 为单位库容成本（元 / 年）。

2. 净化水质指标

（1）年净化水量：退耕还林工程生态系统净化水量计算公式：

$$G_{净}=10A \times （P-E-C） \times F$$

其中：$G_{净}$ 是评价林分净化水源量（立方米 / 年）。

（2）年净化水价值：退耕还林工程生态系统年净化水质价值根据净化水质工程的成本（替代工程法）来确定，计算公式：

$$U_{净}=G_{净} \times K_{水}$$

其中：$U_{净}$ 为评价林分水质净化价值（元 / 年）；$K_{水}$ 为水质净化单位成本（元 / 年）。

（三）保育土壤功能

1. 固土指标

退耕还林工程营造林凭借庞大的树冠、深厚的枯枝落叶层及强壮且成网络的根系截留大气降水，减少或免遭雨滴对土壤表层的直接冲击，有效地固持土体，降低了地表径流对土壤的冲蚀，使土壤流失量大大降低。而且退耕还林营造林的生长发育及其代谢产物不断对土壤产生物理及化学影响，参与土体内部的能量转换与物质循环，使土壤肥力提高，营造林是土壤养分的主要来源之一。为此，本评价选用两个指标，即固土指标和保肥指标，以反映退耕还林工程营造林保育土壤功能。

（1）年调固土量：年固土量计算公式：

$$G_{固土} = A \times (X_2 - X_1) \times F$$

其中：$G_{固土}$为评价林分固土量（吨/年）；X_1为退耕还林工程后土壤侵蚀模数［吨/（公顷·年）］；X_2为退耕还林工程前土壤侵蚀模数［吨/（公顷·年）］。

（2）年固土价值：由于土壤侵蚀，流失的泥沙淤积于水库中，减少了水库蓄积水的体积，因此本次评价根据蓄水成本（替代工程法）计算林分年固土价值，计算公式：

$$U_{固土} = G_{固土} \times C_土 / \rho$$

其中：$U_{固土}$为评价林分固土价值（元/年）；$C_土$为挖取和运输单位体积土方需要的费用（元/立方米）；ρ为土壤容重（克/立方厘米）。

2. 保肥指标

（1）年保肥量：退耕还林工程生态系统净化水量计算公式：

$$G_N = A \times N \times (X_2 - X_1) \times F, \quad G_P = A \times P \times (X_2 - X_1) \times F$$
$$G_K = A \times K \times (X_2 - X_1) \times F, \quad G_M = A \times M \times (X_2 - X_1) \times F$$

其中：G_N为评价林分固持土壤而减少的氮流失量（吨/年）；N为实测林分中土壤含氮量（%）；G_P为评价林分固持土壤而减少的磷流失量（吨/年）；P为实测林分中土壤含磷量（%）；G_K为评价林分固持土壤而减少的钾流失量（吨/年）；K为实测林分中土壤含钾量（%）；G_M为评价林分固持土壤而减少的有机质流失量（吨/年）；M为实测林分中土壤含有机质量（%）。

（2）年保肥价值：林分年保肥价值以年固土量中 N、P、K、M 的数量和磷酸二铵化肥、氯化钾化肥、有机质肥的价值来体现，计算公式：

$$U_肥 = G_N \times C_1 / R_1 + G_P \times C_1 / R_2 + G_K \times C_2 / R_3 + G_M \times C_3$$

其中：$U_肥$为评价林分年保肥价值（元/年）；C_1为磷酸二铵化肥价格（元/吨）；C_2为氯化钾化肥价格（元/吨）；C_3为有机质价格（元/吨）；R_1为磷酸二铵化肥含氮量（%）；R_2为磷酸二铵化肥含磷量（%）；R_3为氯化钾化肥含钾量（%）。

（四）固碳释氧功能

退耕还林工程营造林与大气的物质交换主要是二氧化碳与氧气的交换，即营造林固定并减少大气中的二氧化碳和提高并增加大气中的氧气，这对维持大气中的二氧化碳和氧气动态平衡、减少温室效应以及为人类提供生存的基础都有巨大和不可替代的作用。为此本次评价选用固碳、释氧两个指标反映退耕还林工程营造林固碳释氧功能。根据光合作用化学反应式，营造林植被每积累1.0克干物质，可以吸收1.63克二氧化碳，释放1.19克氧气。

1. 固碳指标

（1）植被和土壤年固碳量：退耕还林工程的固碳制氧价值包括固定二氧化碳价值和制造氧气价值。退耕还林固碳量包括生物量固碳量和土壤固碳量两部分，计算公式：

$$G_碳 = G_{植被固碳} + G_{土壤固碳}, \quad G_{植被固碳} = A \times 1.63 R_碳 B_年 \times F, \quad G_{土壤固碳} = A \times S_土壤 \times F$$

其中：$G_碳$为评价林分生态系统固碳量（吨/年）；$G_{植被固碳}$为评价林分固碳量（吨/年）；$G_{土壤固碳}$为评价林分相对应的土壤固碳量（吨/年）；$R_碳$为二氧化碳中碳的含量（%），$B_年$为实测林分净生产力［吨/（公顷·年）］；$S_土壤$为单位面积实测林分土壤的固碳量［吨/（公顷·年）］。

（2）年固碳价值：计算公式：

$$U_碳 = AC_碳（1.63R_碳B_年 + S_{土壤}）F$$

其中：$U_碳$为评价林分年固碳量价值（元/年）；$C_碳$为固碳价格（元/吨）。

2. 释氧指标

（1）年释氧气量：退耕还林工程生态系统年释氧气量计算公式：

$$G_氧 = 1.19A \times B_年 \times F$$

其中：$G_氧$为评价林分释氧气量（立方米/年）。

（2）年释氧气价值：退耕还林工程生态系统年释氧气价值计算公式：

$$U_氧 = G_氧 \times C_氧$$

其中：$U_氧$为评价林分释氧气价值（元/年）；$C_氧$为制造氧气的价格（元/年）。

（五）林木积累营养物质功能

退耕还林工程营造林在生长过程中不断从周围环境吸收营养物质，固定在植物体中，成为全球生物化学循环不可缺少的环节，为此选用林木营养积累指标反映营造林积累营养物质功能。

1. 林木营养物质年积累量

计算公式：

$$G_N = A \times N_{营养} \times B_年 \times F，\quad G_P = A \times P_{营养} \times B_年 \times F，\quad G_K = A \times K_{营养} \times B_年 \times F$$

其中：G_N为评价林分氮固持量；$N_{营养}$为实测林分中土壤含氮量；$B_年$为实测林分净生产力；G_P为评价林分磷固持量；$P_{营养}$为实测林分中土壤含磷量；G_K为评价林分钾固持量；$K_{营养}$为实测林分中土壤含钾量。

2. 林木营养物质年积累价值

计算公式：

$$U_{营养} = G_N \times C_1 + G_P \times C_1 + G_K \times C_2$$

其中：$U_{营养}$为评价林分年积累氮、磷、钾年增加价值（元/年）；C_1为磷酸二铵化肥价格（元/吨）；C_2为氯化钾化肥价格（元/吨）。

（六）净化大气环境功能

退耕还林工程营造林能有效吸收有害气体和阻滞粉尘，还能释放氧气与萜烯物，从而起到净化大气作用。本次评价选取提供负离子、吸收污染物和滞尘3个指标反映营造林净化大气环境能力。

1. 提供负氧离子指标

（1）年提供负氧离子量：计算公式：

$$G_{负离子} = 5.256 \times 1015Q_{负离子} \times A \times H \times F/L$$

其中：$G_{负离子}$为评价林分提供负离子个数（个/年）；$Q_{负离子}$为评价林分负离子浓度（个/立方厘米）；H为林分高度（米）；L为负离子寿命（分钟）。

（2）年提供负离子价值：计算公式：

$$U_{负离子} = 5.256 \times 1015 \times A \times H \times F \times K_{负离子} \times （Q_{负离子} - 600）/L$$

其中：$U_{负离子}$为评价森林年提供负离子价值（元/年）；$K_{负离子}$是负离子生产费用（元/年）。

2. 吸收污染物指标

二氧化硫、氮氧化物、氟化物、粉尘是大气污染物的主要物质，本次评价主要选取退耕还林工程营造林吸收二氧化硫、氮氧化物、氟化物、粉尘4个指标评价营造林吸收污染物的能力。

（1）年吸收污染物量：计算公式：

$$G_{二氧化硫}=Q_{二氧化硫} \times A \times F/1000, \quad G_{氟化物}=Q_{氟化物} \times A \times F/1000$$

$$G_{氮氧化物}=Q_{氮氧化物} \times A \times F/1000, \quad G_{滞尘}=Q_{滞尘} \times A \times F/1000$$

其中：$G_{二氧化硫}$为评价林分吸收二氧化硫量（吨/年）；$Q_{二氧化硫}$为单位面积评价林分吸收二氧化硫量[千克/（公顷·年）]；$G_{氟化物}$为评价林分吸收氟化物量（吨/年）；$Q_{氟化物}$为单位面积评价林分吸收氟化物量[千克/（公顷·年）]；$G_{氮氧化物}$为评价林分吸收氮氧化物量（吨/年）；$Q_{氮氧化物}$为单位面积评价林分吸收氮氧化物量[千克/（公顷·年）]；$G_{滞尘}$为评价林分吸收滞尘量（吨/年）；$Q_{滞尘}$为单位面积评价林分吸收滞尘量[千克/（公顷·年）]。

（2）年吸收污染物值：计算公式：

$$U_{二氧化硫}=G_{二氧化硫} \times K_{二氧化硫}, \quad U_{氟化物}=G_{氟化物} \times K_{氟化物}$$

$$U_{氮氧化物}=G_{氮氧化物} \times K_{氮氧化物}, \quad U_{滞尘}=G_{滞尘} \times K_{滞尘}$$

其中：$U_{二氧化硫}$为评价林分吸收二氧化硫价值（元/年）；$K_{二氧化硫}$为吸收二氧化硫单位成本（元/年）；$U_{氟化物}$为评价林分吸收氟化物价值（元/年）；$K_{氟化物}$为吸收氟化物单位成本（元/年）；$U_{氮氧化物}$为评价林分吸收氮氧化物价值（元/年）；$K_{氮氧化物}$为吸收氮氧化物单位成本（元/年）；$U_{滞尘}$为评价林分吸收滞尘化物价值（元/年）；$K_{滞尘}$为吸收滞尘单位成本（元/年）。

（七）生物多样性保护价值

生态系统的平衡稳定依赖于物种多样性，没有丰富的物种多样性，生态系统恢复及其功能发挥将成为无源之水。鲁甸县实施退耕还林使干热河谷大面积土地植被得到恢复，形成群落层次结构空间，促进了森林植被的正向演替及物种的衍生增加，实现了物种多样性。但由于退耕还林多以营造人工纯林或混交群落为主，森林群落仍处于较低结构水平。

计算公式：

$$U_{总}=(1+0.1\sum_{m=1}^{x}E_m+0.1\sum_{n=1}^{y}B_n+0.1\sum_{r=1}^{z}O_r)S_1AF$$

其中：$U_{总}$为评价林分年生物多样性保护价值（元/年）；E_m为评价林分区域物种m的濒危分值；B_n为评价林分区域物种n的特有种；O_r为评价林分区域物种r的古树年龄字数；x为计算濒危指数物种数量；y为计算特有种指数物种数量；Z为计算古树年龄指数物种数量；S_1为单位面积物种多样保护价值量[元/（公顷·年）]。

（八）退耕还林工程生态效益价值评价总价值

退耕还林工程生态效益价值评价总价值为以上分项价值之和，计算公式：

$$U_{总}=\sum_{i=1}^{11}U_i$$

其中：$U_{总}$为退耕还林工程生态效益价值评价总价值；U_i为评价各分项生态效益年价值。

三、评价社会公共数据及优势树种生物量方程

表4-3　评价社会公共数据

名称	单价及含量	名称	单价及含量
水库建设单位库容投资	8.44元/立方米	固碳价格	1281元/吨
挖取单位面积土方费用	63元/立方米	制造氧气价格	1299元/吨
磷酸二铵含氮量	14.00%	二氧化硫治理费用	1.85元/千克
磷酸二铵含磷量	15.01%	氮氧化物治理费用	0.97元/千克
氯化钾含钾量	50.00%	氟化物治理费用	1.06元/千克
磷酸二铵价格	3300元/吨	降尘清理费用	0.23元/千克
氯化钾价格	2800元/吨	水的净化费用	3.07元/吨

表4-4　云南省各优势树种生物量方程和含碳率

编号	树种（组）	蓄积—生物量方程	含碳率/%	编号	树种（组）	蓄积—生物量方程	含碳率/%
1	冷杉	$B=0.4642V+47.499$	49.99	17	樟木	$B=1.0357V+8.0591$	49.16
2	云杉	$B=0.4642V+47.499$	52.08	18	楠木	$B=1.0357V+8.0591$	50.30
3	铁杉	$B=0.4158V+413318$	50.22	19	榆树	$B=0.7560V+8.31$	48.34
4	油杉	$B=0.4158V+41.3318$	49.97	20	木荷	$B=0.7560V+8.31$	48.34
5	落叶松	$B=0.6096V+33.806$	52.11	21	枫香	$B=0.7560V+8.31$	48.34
6	华山松	$B=0.5856V+18.7435$	52.25	22	其他硬阔类	$B=0.7560V+8.31$	48.34
7	云南松	$B=0.5101V+1.0451$	51.13	23	杨树	$B=0.4750V+30.6030$	49.56
8	思茅松	$B=0.5101V+1.0451$	52.24	24	桉树	$B=0.8873V+4.5539$	52.53
9	高山松	$B=0.517V+33.2378$	50.09	25	楝树	$B=0.4750V+30.6030$	49.56
10	其他松类	$B=0.517V+33.2378$	51.10	26	其他软阔类	$B=0.4750V+30.6030$	49.56
11	杉木	$B=0.3999V+22.541$	52.01	27	阔叶混	$B=0.6255V+91.003$	49.00
12	柳杉	$B=0.4158V+41.3318$	52.35	28	针阔混	$B=0.8091V+12.2799$	48.93
13	柏木	$B=0.6219V+46.1451$	50.34	29	其他经济树种	23.70	47.00
14	针叶混	$B=0.5168V+33.2378$	51.68	30	疏林	$B=0.5751V+38.706$	50.00
15	栎类	$B=1.1453V+8.5472$	50.04	31	竹林	47.86	46.17
16	桦木	$B=1.0687V+10.237$	49.14	32	灌木林	19.76	48.97

四、工程森林生态系统服务功能评价结果

云南省退耕还林从2000年开展试点，2002年全面启动，工程区覆盖16个州（市）129个县（市、区）。2000—2013年为前一轮退耕还林实施时间，2014—2020年为新一轮退耕还林实施时间，结合云南省的实际情况，对各项指标进行综合评价，评价结果如下：

（一）涵养水源功能量和价值

1. 年涵养水源功能量

经计算，到 2020 年，云南实施退耕还林工程年涵养水源量为 70.59 亿立方米/年，其中，前一轮工程年涵养水源量为 39.54 亿立方米/年，新一轮工程年涵养水源为 31.05 亿立方米/年。云南省州市级退耕还林工程年涵养水源量见表 4-5 和图 4-1。

表 4-5　云南省州市级退耕还林工程年涵养水源量

单位：亿立方米/年

统计单位	合计	前一轮涵养水源量	新一轮涵养水源量
合计	70.59	39.54	31.05
昆明	2.27	1.40	0.87
昭通	11.82	3.61	8.21
曲靖	4.10	2.44	1.66
楚雄	3.21	2.16	1.05
玉溪	2.99	1.99	1.00
红河	8.30	5.34	2.96
文山	7.72	3.32	4.40
普洱	5.78	3.76	2.02
西双版纳	0.85	0.59	0.26
大理	4.17	2.81	1.36
保山	2.94	1.82	1.12
德宏	2.27	2.26	0.01
丽江	2.08	1.48	0.60
怒江	2.63	1.35	1.28
迪庆	1.20	0.78	0.42
临沧	8.26	4.43	3.83

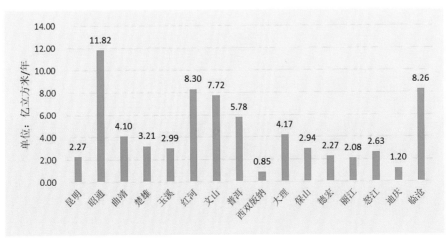

图 4-1　云南省州市级退耕还林工程涵养水源物质量对比图

2.年涵养水源功能价值

经计算，到2020年，云南实施退耕还林工程年涵养水源的价值为745.28亿元/年，前一轮工程涵养水源价值为455.39亿元/年，新一轮工程涵养水源价值为289.89亿元/年。各州（市）年涵养水源功能价值见表4-6和对照图4-2。

表4-6 云南省州市级年涵养水源功能价值表

单位：亿元/年

地区	合计	前一轮涵养水源价值	新一轮涵养水源价值
合计	745.28	455.39	289.89
昆明	23.91	16.19	7.72
昭通	123.23	41.6	81.63
曲靖	42.80	28.11	14.69
楚雄	34.14	24.88	9.26
玉溪	31.70	22.89	8.81
红河	87.80	61.56	26.24
文山	77.90	38.18	39.72
普洱	61.19	43.32	17.87
西双版纳	9.05	6.79	2.26
大理	44.40	32.34	12.06
保山	30.97	21.02	9.95
德宏	26.12	26.01	0.11
丽江	22.36	17.06	5.30
怒江	26.87	15.55	11.32
迪庆	12.69	8.94	3.75
临沧	90.15	50.95	39.20

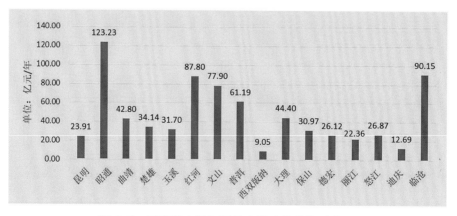

图4-2 云南州市级年涵养水源功能价值对比图

（二）保育土壤物质量和价值

1.年保育土壤物质量

经计算，到2020年，云南实施退耕还林工程年保育土壤量为10442.02万吨/年，其中，前一轮工程年保育土壤量为 5756.06 万吨 / 年，新一轮工程年保育土壤为 4685.96 万吨 / 年。云南省州市级退耕还林工程年保育土壤物质量见表 4-7 和图 4-3。

表 4-7　云南省州市级退耕还林工程保育土壤物质量

单位：万吨 / 年

统计单位	合计	前一轮保育土壤物质量	新一轮保育土壤物质量
合计	10442.02	5756.06	4685.96
昆明	394.73	243.62	151.11
昭通	1724.63	459.54	1265.09
曲靖	735.22	437.83	297.39
楚雄	529.31	356.69	172.62
玉溪	441.54	294.33	147.21
红河	1179.98	759.21	420.77
文山	1131.09	480.49	650.60
普洱	863.43	562.03	301.40
西双版纳	107.57	75.09	32.48
大理	637.95	429.67	208.28
保山	459.23	284.20	175.03
德宏	232.07	230.82	1.25
丽江	312.08	222.18	89.90
怒江	392.42	201.69	190.73
迪庆	186.36	120.63	65.73
临沧	1114.41	598.04	516.37

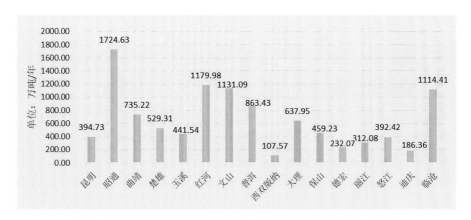

图 4-3　云南省州市级退耕还林工程保育土壤物质量对比图

2. 年保育土壤价值

经计算，到 2020 年，云南实施退耕还林工程年保育土壤的价值为 168.35 亿元 / 年，前一轮工程保育土壤价值为 103.55 亿元 / 年，新一轮工程保育土壤价值为 64.80 亿元 / 年。各州（市）退耕还林工程年保育土壤功能价值见表 4-8 和对照图 4-4。

表 4-8 云南省州市级退耕还林工程年保育土壤价值表

单位：亿元 / 年

统计单位	合计	前一轮保育土壤价值	新一轮保育土壤价值
合计	168.35	103.55	64.80
昆明	6.49	4.39	2.10
昭通	24.79	8.37	16.42
曲靖	11.92	7.83	4.09
楚雄	8.50	6.20	2.30
玉溪	7.30	5.27	2.03
红河	19.19	13.45	5.74
文山	17.36	8.52	8.84
普洱	13.35	9.45	3.90
西双版纳	1.85	1.39	0.46
大理	10.64	7.75	2.89
保山	9.26	6.28	2.98
德宏	4.21	4.19	0.02
丽江	5.18	3.95	1.23
怒江	6.18	3.58	2.60
迪庆	3.06	2.16	0.90
临沧	19.07	10.77	8.30

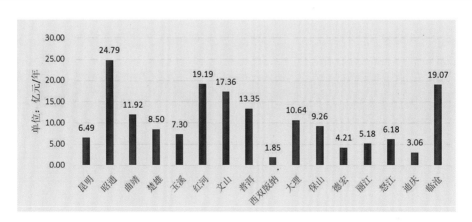

图 4-4 云南省州市级退耕还林工程保育土壤价值对比图

（三）固碳释氧物质量和价值

1. 年固碳释氧物质量

经计算，到 2020 年，云南实施退耕还林工程年固碳释氧量为 1771.89 万吨 / 年，其中，前一轮工程年固碳释氧量为 1122.01 万吨 / 年，新一轮工程年固碳释氧为 649.88 万吨 / 年。云南省州市级退耕还林工程年固碳释氧物质量见表 4-9 和图 4-5。

表 4-9　云南省州市级退耕还林工程固碳释氧物质量

单位：万吨/年

统计单位	合计	前一轮固碳释氧物质量	新一轮固碳释氧物质量
合计	1771.89	1122.01	649.88
昆明	83.14	57.43	25.71
昭通	267.54	95.45	172.09
曲靖	153.60	103.18	50.42
楚雄	90.01	66.87	23.14
玉溪	79.86	58.90	20.96
红河	223.35	159.94	63.41
文山	202.00	103.03	98.97
普洱	171.10	123.61	47.49
西双版纳	11.06	8.49	2.57
大理	97.17	72.25	24.92
保山	81.86	56.23	25.63
德宏	40.25	40.10	0.15
丽江	41.35	32.10	9.25
怒江	53.96	32.40	21.56
迪庆	28.30	20.39	7.91
临沧	147.34	91.64	55.70

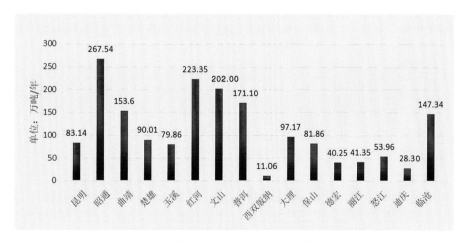

图 4-5　云南省州市级退耕还林工程固碳释氧物质量对比图

2. 年固碳释氧价值

经计算，到 2020 年，云南实施退耕还林工程年固碳释氧的价值为 237.23 亿元/年，前一轮工程保育土壤价值为 145.16 亿元/年，新一轮工程固碳释氧价值为 92.07 亿元/年。各州（市）退耕还林工程年固碳释氧功能价值见表 4-10 和对照图 4-6。

表 4-10　云南省州市级退耕还林工程年固碳释氧价值表

单位：亿元 / 年

统计单位	合计	前一轮固碳释氧价值	新一轮固碳释氧价值
合计	237.23	145.16	92.07
昆明	10.96	7.42	3.54
昭通	36.58	12.35	24.23
曲靖	20.33	13.35	6.98
楚雄	11.88	8.66	3.22
玉溪	10.55	7.62	2.93
红河	29.50	20.67	8.83
文山	27.19	13.33	13.86
普洱	22.59	15.99	6.60
西双版纳	1.47	1.11	0.36
大理	12.84	9.35	3.49
保山	10.73	7.28	3.45
德宏	5.21	5.19	0.02
丽江	5.44	4.15	1.29
怒江	7.25	4.20	3.05
迪庆	3.75	2.64	1.11
临沧	20.97	11.85	9.12

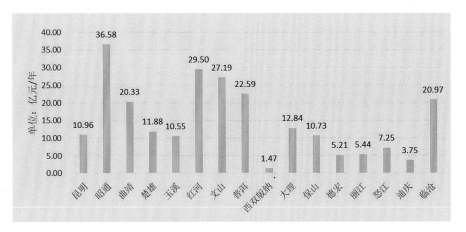

图 4-6　云南省州市级退耕还林工程固碳释氧价值对比图

（四）积累营养物质物质量和价值

1. 年积累营养物质量

经计算，到 2020 年，云南实施退耕还林工程年积累营养物质量为 1033.90 百吨 / 年，其中，前一轮工程年积累营养物质量为 569.93 百吨 / 年，新一轮工程年积累营养物质量为 463.97 百吨 / 年。云南省州市级退耕还林工程年积累营养物质量见表 4-11 和图 4-7。

表 4-11　云南省州市级退耕还林工程积累营养物质量

单位：百吨／年

统计单位	合计	前一轮积累营养物质量	新一轮积累营养物质量
合计	1033.90	569.93	463.97
昆明	45.18	27.88	17.30
昭通	164.71	49.18	115.53
曲靖	83.68	49.83	33.85
楚雄	50.96	34.34	16.62
玉溪	48.97	32.64	16.33
红河	130.96	84.26	46.70
文山	142.35	60.52	81.83
普洱	97.26	63.31	33.95
西双版纳	6.28	4.38	1.90
大理	55.58	37.44	18.14
保山	41.48	25.67	15.81
德宏	14.13	14.05	0.08
丽江	21.18	15.08	6.10
怒江	27.86	14.32	13.54
迪庆	14.27	9.24	5.03
临沧	89.05	47.79	41.26

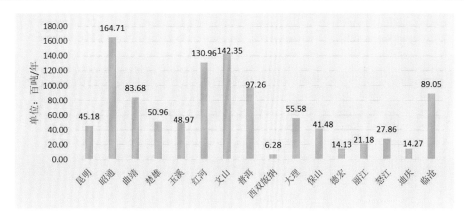

图 4-7　云南省州市级退耕还林工程积累营养物质量对比图

2. 年积累营养物质量价值

经计算，到 2020 年，云南实施退耕还林工程年积累营养物质量的价值为 17.32 亿元／年，前一轮工程积累营养物质量价值为 10.52 亿元／年，新一轮工程积累营养物质量价值为 6.80 亿元／年。各州（市）退耕还林工程年积累营养物质量价值见表 4-12 和对照图 4-8。

表 4-12　云南省州市级退耕还林工程年积累营养物质量价值表

单位：亿元/年

统计单位	合计	前一轮积累营养物质价值	新一轮积累营养物质价值
合计	17.32	10.52	6.80
昆明	0.77	0.52	0.25
昭通	2.58	0.87	1.71
曲靖	1.35	0.88	0.47
楚雄	0.94	0.68	0.26
玉溪	0.84	0.61	0.23
红河	2.27	1.59	0.68
文山	2.41	1.18	1.23
普洱	1.65	1.17	0.48
西双版纳	0.11	0.08	0.03
大理	0.93	0.68	0.25
保山	0.68	0.46	0.22
德宏	0.26	0.26	0.00
丽江	0.35	0.27	0.08
怒江	0.44	0.25	0.19
迪庆	0.24	0.17	0.07
临沧	1.51	0.85	0.66

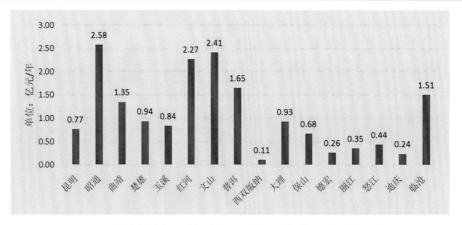

图 4-8　云南省州市级退耕还林工程年积累营养物质量价值对比图

（五）净化大气环境功能量和价值

1. 净化大气环境功能量

经计算，到 2020 年，云南实施退耕还林工程年提供负离子 1571.02×10^{22} 个，年吸收污染物 34657.36 万千克/年，年滞尘 449.88 万千克/年。其中，前一轮年提供负离子 866.01×10^{22} 个，年吸收污染物 19104.51 万千克/年，年滞尘 247.99 万千克/年；新一轮年提供负离子 705.01×10^{22} 个，年吸收污染物 15552.85 万千克/年，年滞尘 201.89 万千克/年。各州（市）退耕还林工程年净化大气环境功能量见表 4-13。

表 4-13 云南省州市级退耕还林工程净化大气环境物质量

统计单位	合计			前一轮净化大气环境			新一轮净化大气环境		
	提供负离子（×10²²个）	吸收污染物（万千克/年）	滞尘（亿千克/年）	提供负离子（×10²²个）	吸收污染物（万千克/年）	滞尘（亿千克/年）	提供负离子（×10²²个）	吸收污染物（万千克/年）	滞尘（亿千克/年）
合计	1571.02	34657.36	449.88	866.01	19104.51	247.99	705.01	15552.85	201.89
昆明	67.63	1604.62	21.60	41.74	990.34	13.33	25.89	614.28	8.27
昭通	350.28	5896.53	78.73	113.46	1544.43	20.89	236.82	4352.10	57.84
曲靖	119.76	3190.64	44.89	71.32	1900.01	26.73	48.44	1290.63	18.16
楚雄	53.38	1639.77	20.24	35.97	1105.00	13.64	17.41	534.77	6.60
玉溪	66.97	1358.93	17.18	44.64	905.87	11.45	22.33	453.06	5.73
红河	191.74	3587.08	44.84	123.37	2307.97	28.85	68.37	1279.11	15.99
文山	129.07	2994.10	33.31	54.87	1272.86	14.16	74.20	1721.24	19.15
普洱	113.45	3256.22	43.78	73.85	2119.55	28.50	39.60	1136.67	15.28
西双版纳	11.69	259.14	3.31	8.16	180.90	2.31	3.53	78.24	1.00
大理	79.37	2075.45	27.07	53.46	1397.84	18.23	25.91	677.61	8.84
保山	75.90	1840.71	24.92	46.97	1139.14	15.42	28.93	701.57	9.50
德宏	48.83	615.69	6.94	48.57	612.35	6.90	0.26	3.34	0.04
丽江	38.52	999.94	12.92	27.42	711.88	9.20	11.10	288.06	3.72
怒江	54.56	1296.53	16.97	28.04	666.37	8.72	26.52	630.16	8.25
迪庆	27.24	730.84	10.15	17.63	473.08	6.57	9.61	257.76	3.58
临沧	142.63	3311.17	43.03	76.54	1776.92	23.09	66.09	1534.25	19.94

2. 净化大气环境功能价值

经计算，到 2020 年，云南实施退耕还林工程年净化大气环境功能的价值为 100.23 亿元/年，前一轮工程净化大气环境功能价值为 61.91 亿元/年，新一轮工程净化大气环境功能价值为 38.32 亿元/年。各州（市）退耕还林工程年净化大气环境功能价值见表 4-14 和对照图 4-9。

表 4-14 云南省州市级退耕还林工程年净化大气环境功能价值表

单位：亿元/年

统计单位	合计	前一轮净化大气环境功能价值	新一轮净化大气环境功能价值
合计	100.23	61.91	38.32
昆明	4.82	3.26	1.56
昭通	15.26	5.16	10.10
曲靖	9.95	6.54	3.41
楚雄	4.59	3.34	1.25
玉溪	4.72	3.41	1.31
红河	10.15	7.12	3.03
文山	7.15	3.50	3.65

续表 4-14

统计单位	合计	前一轮净化大气环境功能价值	新一轮净化大气环境功能价值
普洱	9.84	6.97	2.87
西双版纳	0.76	0.57	0.19
大理	6.13	4.46	1.67
保山	6.19	4.20	1.99
德宏	1.73	1.72	0.01
丽江	2.96	2.26	0.70
怒江	3.69	2.13	1.56
迪庆	2.28	1.61	0.67
临沧	10.01	5.66	4.35

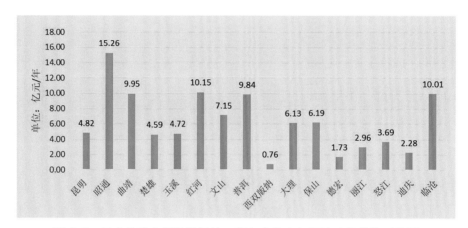

图 4-9 云南省州市级退耕还林工程年净化大气环境功能价值对比图

（六）生物多样性价值

生物多样性价值指数共分 7 级：当指数 1 <时，$S_{生}$ 为 3000 元 /（公顷·年）；当 1 ≤指数 < 2 时，$S_{生}$ 为 5000 元 /（公顷·年）；当 2 ≤指数 < 3 时，$S_{生}$ 为 10000 元 /（公顷·年）；当 3 ≤指数 < 4 时，$S_{生}$ 为 20000 元 /（公顷·年）；当 4 ≤指数 < 5 时，$S_{生}$ 为 30000 元 /（公顷·年）；当 5 ≤指数 < 6 时，$S_{生}$ 为 40000 元 /（公顷·年）；当指数 ≥ 6 时，$S_{生}$ 为 50000 元 /（公顷·年）。

经计算，到 2020 年，云南实施退耕还林工程年生物多样性价值为 301.57 亿元 / 年，前一轮工程生物多样性价值为 184.82 亿元 / 年，新一轮工程生物多样性价值为 116.75 亿元 / 年。各州（市）退耕还林工程年生物多样性价值见表 4-15 和对照图 4-10。

表 4-15　云南省州市级退耕还林工程年生物多样性价值表

单位：亿元 / 年

统计单位	合计	前一轮生物多样性价值	新一轮生物多样性价值
合计	301.57	184.82	116.75
昆明	14.28	9.66	4.62
昭通	48.81	16.47	32.34

续表 4-15

统计单位	合计	前一轮生物多样性价值	新一轮生物多样性价值
曲靖	20.48	13.46	7.02
楚雄	12.09	8.81	3.28
玉溪	11.60	8.37	3.23
红河	47.58	33.36	14.22
文山	29.01	14.22	14.79
普洱	21.25	15.05	6.20
西双版纳	2.20	1.65	0.55
大理	20.03	14.59	5.44
保山	13.45	9.13	4.32
德宏	7.62	7.59	0.03
丽江	7.49	5.71	1.78
怒江	11.14	6.45	4.69
迪庆	5.58	3.93	1.65
临沧	28.96	16.37	12.59

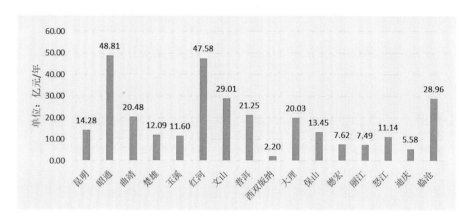

图 4-10　云南省州市级退耕还林工程年生物多样性价值对比图

（七）生态服务功能总量和总价值

1. 生态服务功能总量

到 2020 年，工程实施生态服务功能评价表明，涵养水源 70.59 亿立方米 / 年，固土 10267.40 万吨 / 年，保肥 174.62 万吨 / 年，固定二氧化碳 341.42 万吨 / 年，释放氧气 1430.47 万吨 / 年，林木积累营养物质 1033.9 万吨 / 年，提供空气负离子 1571.02×10^{22} 个 / 年，吸收污染物 34657.36 万千克 / 年，滞尘 449.88 亿千克 / 年。云南省州市级退耕还林工程年生态服务功能物质总量见表 4-16，云南省州市级前一轮退耕还林工程生态服务功能物质量见表 4-17，云南省州市级新一轮退耕还林工程生态服务功能物质量见表 4-18。

2. 生态服务功能总价值

云南退耕还林工程每年生态效益价值量的总和为 1569.98 亿元 / 年，其中，涵养水源总价值量为 745.28 亿元 / 年，保育土壤总价值量为 168.35 亿元 / 年，固碳释氧总价值量为 237.23 亿元 / 年，林木积

表 4-16 云南省州市级退耕还林工程生态服务功能物质量

统计单位	涵养水源/(亿立方米/年)	保育土壤					固碳释氧		林木积累营养物质			净化大气环境		
		固土/(万吨/年)	氮/(万吨/年)	磷/(万吨/年)	钾/(万吨/年)	有机质/(万吨/年)	固碳/(万吨/年)	释氧/(万吨/年)	氮/(百吨/年)	磷/(百吨/年)	钾/(百吨/年)	提供负离子/(×10²²个)	吸收污染物/(万千克/年)	滞尘/(亿千克/年)
合计	70.59	10267.40	11.39	8.85	154.38	3.68	341.42	1430.47	587.82	166.62	279.46	1571.02	34657.36	449.88
昆明	2.27	388.61	0.37	0.55	5.20	0.15	17.31	65.83	25.86	7.02	12.30	67.63	1604.62	21.60
昭通	11.82	1695.68	1.85	1.60	25.50	0.55	28.71	238.83	86.99	27.76	49.96	350.28	5896.53	78.73
曲靖	4.10	723.69	0.67	0.99	9.87	0.27	31.00	122.60	45.04	14.19	24.45	119.76	3190.64	44.89
楚雄	3.21	520.85	0.56	0.39	7.51	0.15	20.31	69.70	34.28	6.31	10.37	53.38	1639.77	20.24
玉溪	2.99	434.13	0.45	0.39	6.57	0.14	18.23	61.63	27.77	8.07	13.13	66.97	1358.93	17.18
红河	8.30	1160.10	1.29	0.76	17.83	0.34	48.03	175.32	78.61	19.01	33.34	191.74	3587.08	44.84
文山	7.72	1111.40	1.20	0.54	17.95	0.38	30.97	171.03	94.51	17.50	30.34	129.07	2994.10	33.31
普洱	5.78	850.01	0.84	0.58	12.00	0.22	37.03	134.07	55.18	15.59	26.49	113.45	3256.22	43.78
西双版纳	0.85	105.59	0.13	0.07	1.78	0.04	2.72	8.34	3.48	0.95	1.85	11.69	259.14	3.31
大理	4.17	627.29	0.70	0.56	9.40	0.19	22.13	75.04	30.36	9.44	15.78	79.37	2075.45	27.07
保山	2.94	450.75	0.90	0.84	6.74	0.57	18.42	63.44	20.65	8.45	12.38	75.90	1840.71	24.92
德宏	2.27	227.89	0.27	0.09	3.82	0.08	12.01	28.24	6.94	3.00	4.19	48.83	615.69	6.94
丽江	2.08	306.83	0.32	0.22	4.71	0.10	10.01	31.34	11.39	3.72	6.07	38.52	999.94	12.92
怒江	2.63	385.88	0.41	0.31	5.82	0.10	9.95	44.01	14.32	5.47	8.07	54.56	1296.53	16.97
迪庆	1.20	183.34	0.22	0.14	2.66	0.06	6.25	22.05	6.97	2.53	4.77	27.24	730.84	10.15
临沧	8.26	1095.36	1.21	0.82	17.02	0.34	28.34	119.00	45.47	17.61	25.97	142.63	3311.17	43.03

表4-17 云南省州市级前一轮退耕还林工程生态服务功能物质量

统计单位	涵养水源/（亿立方米/年）	保育土壤					固碳释氧		林木积累营养物质			净化大气环境		
		固土/（万吨/年）	氮/（万吨/年）	磷/（万吨/年）	钾/（万吨/年）	有机质/（万吨/年）	固碳/（万吨/年）	释氧/（万吨/年）	氮/（百吨/年）	磷/（百吨/年）	钾/（百吨/年）	提供负离子/（×10²²个）	吸收污染物/（万千克/年）	滞尘/（亿千克/年）
合计	39.54	5659.80	6.28	4.88	85.10	2.03	333.48	788.53	324.03	91.85	154.05	866.01	19104.51	247.99
昆明	1.40	239.84	0.23	0.34	3.21	0.09	16.80	40.63	15.96	4.33	7.59	41.74	990.34	13.33
昭通	3.61	451.71	0.46	0.44	6.93	0.14	28.16	67.29	26.01	7.84	15.33	113.46	1544.43	20.89
曲靖	2.44	430.96	0.40	0.59	5.88	0.16	30.17	73.01	26.82	8.45	14.56	71.32	1900.01	26.73
楚雄	2.16	350.99	0.38	0.26	5.06	0.10	19.90	46.97	23.10	4.25	6.99	35.97	1105.00	13.64
玉溪	1.99	289.39	0.30	0.26	4.38	0.09	17.82	41.08	18.51	5.38	8.75	44.64	905.87	11.45
红河	5.34	746.42	0.83	0.49	11.47	0.22	47.14	112.80	50.58	12.23	21.45	123.37	2307.97	28.85
文山	3.32	472.12	0.51	0.23	7.63	0.16	30.32	72.71	40.18	7.44	12.90	54.87	1272.86	14.16
普洱	3.76	553.29	0.55	0.38	7.81	0.14	36.34	87.27	35.92	10.15	17.24	73.85	2119.55	28.50
西双版纳	0.59	73.71	0.09	0.05	1.24	0.03	2.67	5.82	2.43	0.66	1.29	8.16	180.90	2.31
大理	2.81	422.49	0.47	0.38	6.33	0.13	21.71	50.54	20.45	6.36	10.63	53.46	1397.84	18.23
保山	1.82	278.95	0.56	0.52	4.17	0.35	16.97	39.26	12.78	5.23	7.66	46.97	1139.14	15.42
德宏	2.26	226.66	0.27	0.09	3.80	0.08	12.01	28.09	6.90	2.98	4.17	48.57	612.35	6.90
丽江	1.48	218.44	0.23	0.16	3.35	0.07	9.79	22.31	8.11	2.65	4.32	27.42	711.88	9.20
怒江	1.35	198.33	0.21	0.16	2.99	0.05	9.78	22.62	7.36	2.81	4.15	28.04	666.37	8.72
迪庆	0.78	118.68	0.14	0.09	1.72	0.04	6.12	14.27	4.51	1.64	3.09	17.63	473.08	6.57
临沧	4.43	587.82	0.65	0.44	9.13	0.18	27.78	63.86	24.41	9.45	13.93	76.54	1776.92	23.09

表4-18 云南省州市级新一轮退耕还林工程生态服务功能物质量

统计单位	涵养水源/(亿立方米/年)	保育土壤					固碳释氧		林木积累营养物质			净化大气环境		
		固土/(万吨/年)	氮/(万吨/年)	磷/(万吨/年)	钾/(万吨/年)	有机质/(万吨/年)	固碳/(万吨/年)	释氧/(万吨/年)	氮/(百吨/年)	磷/(百吨/年)	钾/(百吨/年)	提供负离子/(×10²²个)	吸收污染物/(万千克/年)	滞尘/(亿千克/年)
合计	31.05	4607.60	5.11	3.97	69.28	1.65	7.94	641.94	263.79	74.77	125.41	705.01	15552.85	201.89
昆明	0.87	148.77	0.14	0.21	1.99	0.06	0.51	25.20	9.90	2.69	4.71	25.89	614.28	8.27
昭通	8.21	1243.97	1.39	1.16	18.57	0.41	0.55	171.54	60.98	19.92	34.63	236.82	4352.10	57.84
曲靖	1.66	292.73	0.27	0.40	3.99	0.11	0.83	49.59	18.22	5.74	9.89	48.44	1290.63	18.16
楚雄	1.05	169.86	0.18	0.13	2.45	0.05	0.41	22.73	11.18	2.06	3.38	17.41	534.77	6.60
玉溪	1.00	144.74	0.15	0.13	2.19	0.05	0.41	20.55	9.26	2.69	4.38	22.33	453.06	5.73
红河	2.96	413.68	0.46	0.27	6.36	0.12	0.89	62.52	28.03	6.78	11.89	68.37	1279.11	15.99
文山	4.40	639.28	0.69	0.31	10.32	0.22	0.65	98.32	54.33	10.06	17.44	74.20	1721.24	19.15
普洱	2.02	296.72	0.29	0.20	4.19	0.08	0.69	46.80	19.26	5.44	9.25	39.60	1136.67	15.28
西双版纳	0.26	31.88	0.04	0.02	0.54	0.01	0.05	2.52	1.05	0.29	0.56	3.53	78.24	1.00
大理	1.36	204.80	0.23	0.18	3.07	0.06	0.42	24.50	9.91	3.08	5.15	25.91	677.61	8.84
保山	1.12	171.80	0.34	0.32	2.57	0.22	1.45	24.18	7.87	3.22	4.72	28.93	701.57	9.50
德宏	0.01	1.23	0.00	0.00	0.02	0.00	0.00	0.15	0.04	0.02	0.02	0.26	3.34	0.04
丽江	0.60	88.39	0.09	0.06	1.36	0.03	0.22	9.03	3.28	1.07	1.75	11.10	288.06	3.72
怒江	1.28	187.55	0.20	0.15	2.83	0.05	0.17	21.39	6.96	2.66	3.92	26.52	630.16	8.25
迪庆	0.42	64.66	0.08	0.05	0.94	0.02	0.13	7.78	2.46	0.89	1.68	9.61	257.76	3.58
临沧	3.83	507.54	0.56	0.38	7.89	0.16	0.56	55.14	21.06	8.16	12.04	66.09	1534.25	19.94

表4-19 云南省州市级退耕还林工程生态服务功能总价值统计表

单位：亿元/年

统计单位	合计							前一轮							新一轮						
	涵养水源	保育土壤	固碳释氧	林木积累营养物质	净化大气环境	生物多样性保护	总价值	涵养水源	保育土壤	固碳释氧	林木积累营养物质	净化大气环境	生物多样性保护	总价值	涵养水源	保育土壤	固碳释氧	林木积累营养物质	净化大气环境	生物多样性保护	总价值
合计	745.28	168.35	237.23	17.32	100.23	301.57	1569.98	455.39	103.55	145.16	10.52	61.91	184.82	961.35	289.89	64.80	92.07	6.80	38.32	116.75	608.63
昆明	23.91	6.49	10.96	0.77	4.82	14.28	61.23	16.19	4.39	7.42	0.52	3.26	9.66	41.44	7.72	2.10	3.54	0.25	1.56	4.62	19.79
昭通	123.23	24.79	36.58	2.58	15.26	48.81	251.25	41.6	8.37	12.35	0.87	5.16	16.47	84.82	81.63	16.42	24.23	1.71	10.10	32.34	166.43
曲靖	42.80	11.92	20.33	1.35	9.95	20.48	106.82	28.11	7.83	13.35	0.88	6.54	13.46	70.17	14.69	4.09	6.98	0.47	3.41	7.02	36.65
楚雄	34.14	8.50	11.88	0.94	4.59	12.09	72.13	24.88	6.20	8.66	0.68	3.34	8.81	52.57	9.26	2.30	3.22	0.26	1.25	3.28	19.56
玉溪	31.70	7.30	10.55	0.84	4.72	11.60	66.71	22.89	5.27	7.62	0.61	3.41	8.37	48.17	8.81	2.03	2.93	0.23	1.31	3.23	18.54
红河	87.80	19.19	29.50	2.27	10.15	47.58	196.49	61.56	13.45	20.67	1.59	7.12	33.36	137.75	26.24	5.74	8.83	0.68	3.03	14.22	58.74
文山	77.90	17.36	27.19	2.41	7.15	29.01	161.03	38.18	8.52	13.33	1.18	3.5	14.22	78.93	39.72	8.84	13.86	1.23	3.65	14.79	82.10
普洱	61.19	13.35	22.59	1.65	9.84	21.25	129.88	43.32	9.45	15.99	1.17	6.97	15.05	91.95	17.87	3.90	6.60	0.48	2.87	6.20	37.93
西双版纳	9.05	1.85	1.47	0.11	0.76	2.20	15.44	6.79	1.39	1.11	0.08	0.57	1.65	11.59	2.26	0.46	0.36	0.03	0.19	0.55	3.85
大理	44.40	10.64	12.84	0.93	6.13	20.03	94.97	32.34	7.75	9.35	0.68	4.46	14.59	69.17	12.06	2.89	3.49	0.25	1.67	5.44	25.80
保山	30.97	9.26	10.73	0.68	6.19	13.45	71.27	21.02	6.28	7.28	0.46	4.20	9.13	48.37	9.95	2.98	3.45	0.22	1.99	4.32	22.90
德宏	26.12	4.21	5.21	0.26	1.73	7.62	45.15	26.01	4.19	5.19	0.26	1.72	7.59	44.96	0.11	0.02	0.02	0.00	0.01	0.03	0.19
丽江	22.36	5.18	5.44	0.35	2.96	7.49	43.79	17.06	3.95	4.15	0.27	2.26	5.71	33.4	5.30	1.23	1.29	0.08	0.70	1.78	10.39
怒江	26.87	6.18	7.25	0.44	3.69	11.14	55.57	15.55	3.58	4.20	0.25	2.13	6.45	32.16	11.32	2.60	3.05	0.19	1.56	4.69	23.41
迪庆	12.69	3.06	3.75	0.24	2.28	5.58	27.58	8.94	2.16	2.64	0.17	1.61	3.93	19.45	3.75	0.90	1.11	0.07	0.67	1.65	8.13
临沧	90.15	19.07	20.97	1.51	10.01	28.96	170.67	50.95	10.77	11.85	0.85	5.66	16.37	96.45	39.20	8.30	9.12	0.66	4.35	12.59	74.22

累营养物质总价值量为 17.32 亿元 / 年，净化大气环境总价值量为 100.23 亿元 / 年，生物多样性保护总价值量为 301.57 亿元。各州（市）年生态服务功能总价值见表 4-19 和对照图 4-11。

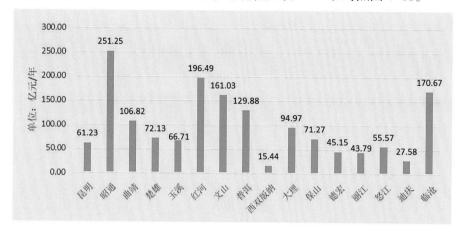

图 4-11　云南省州市级退耕还林工程生态服务功能总价值对比图

第三节　工程不可计量的生态价值与功能

一、工程遮阴功能

据研究，森林枝叶稠密的林冠像一把遮阳伞，能够削弱太阳辐射和光照。当太阳辐射达到森林上部时，大约 10% 的能量被反射，80% 左右的能量被各林层吸收，最后到达林地上的能量只有 5% 左右。林冠对光照的削弱也很明显，相比林外，林内的日照时数减少 30% ～ 70%，光照强度减弱 31% ～ 92%。林冠郁闭度越大，对太阳辐射和光照的削弱越强；林冠层结构越复杂、层次越多，削弱作用也越强。可见，退耕还林营造林成林后有很强的遮阴功能。

二、工程增湿、致雨功能

森林能促进天上水、地表水和地下水的正常循环，通过对降雨的树冠截留、林下多年堆积腐烂的枯枝烂叶层的吸水以及森林土壤的良好渗水性能等的作用，致使雨后的林下只有 10% 的水量成为地表径流流走，其余的都成为地下水及林中水保留下来。据估算，我国森林的年水源涵养量 3473 亿吨，相当于我国现有水库库容的 75%，这种强大的蓄水能力对调节气候是十分重要的。据对全球水量平衡的研究结果表明，全球森林的存在使蒸发量增加了 5.55×10^3 平方千米的水量，相当于全球蒸发量的 1.1%，也即相当于森林能使全球降水量增加 1.1%，或相当于全球降水量增加 10 毫米，特别是亚热带常绿阔叶林、热带季雨林和雨林，作为一个巨大的蒸腾源，在全球水循环中起着重要作用。

三、工程具有调节热状况功能

大气状态包括大气的冷热、干、湿、风、云、雨、雪等，各个气象要素及其表现出的天气、气候等状况，森林作为陆地主要下垫面，对大气状态包括天气和气候的地方性与区域性影响都是不可忽略的。森林在夏季使其生长地区及其附近气温降低，冬季升高。低纬度地区森林可使气温降低，高纬度地区则使气温升高。森林蒸发量大，林区及其附近地区空气湿度较大。森林可降低风速，在林区及其附近地区形成一种比较湿润、变化较缓和舒适、与海洋气候类似的森林气候。当森林被破坏后则区域气候变得严酷，带有大陆性气候的色彩，所以，森林对地方或区域性大气状态是有明显影响的，森林能在一定范围内起到调节局部或区域气候的作用，而森林对整个地球大气状态也会有影响。

森林还能减轻或防止来自大气圈的灾害，如森林可减低风速，防止害风和干旱风的形成，预防冷害及霜冻害，减少雹灾形成，阻挡沙尘暴等。

森林生态系统具有最大的光能吸收率和保存率，它的反射率要比草原小50%以上。由于林冠的屏蔽作用以及林冠上气层的湿度大、云量多，所以有效辐射要小得多。森林对长波辐射具有较高的吸收率，对短波辐射散射率低，净辐射相当高。

森林还具有与海洋类似的特性，如其热容量较大，可达 2.3×10^6 焦耳 /（立方米·摄氏度），因此，表现为夏季增温慢，温度较低，冬季降温也较慢，温度较其他表面高，能起到缓解温度上升或下降的起伏与波动。森林蒸发量仅次于海洋，且每蒸发 1 千克水需消耗 2.5×10^5 焦耳热量，从而也会对地球的热状况发生影响，有一定缓解气温升高的作用。

四、工程具有维持生态平衡的功能

森林生态系统在整个生物圈的物质与能量交换过程中，以及在保护自然界动态平衡中占有特殊的地位，可以说，森林在维持整个自然生态平衡中处于核心地位，起着极重要的作用。从下面几方面可以看出，森林生态系统的重要作用。

（1）森林生态系统在整个大陆占有的面积中约为30%，并且由于森林尤其是热带森林具有高大的林冠，林木又是多年生的，因此，对周围的环境，甚至全球的气候产生巨大的影响。

（2）在所有生态系统中，森林生态系统拥有并提供最大的初级生物量，其生物量约为农田或草本植物群落的 20 ～ 100 倍，热带森林每年每公顷生产的干物质为 10 ～ 30 吨，多数的动物种依靠森林生物量作为营养与能量的来源。据估计，整个地球上每年通过光合作用贮存的能量，海洋中的植物为 5.71×10^8 千卡 / 平方千米，陆地上植物为 10.23×10^8 千卡 / 平方千米，而陆地上又以森林生态系统贮存太阳能最多。

森林生态系统为植物与动物提供了生存环境，热带森林的物种极为丰富。据统计，在地球上 1000 万个物种中，有 200 万 ～ 400 万个物种生存于热带雨林中。所以热带雨林可以称为地球上的一个巨大的物种基因库。就高等植物而言，东南亚热带约有 25000 个种，热带非洲约 18000 个种，中南美洲热带约 20000 个种。森林在光合作用中吸收大量的二氧化碳并释放出氧气，在生长季节里，一般的阔叶树每天每公顷能吸收二氧化碳 1000 千克，放出氧气 730 千克，对维持全球大气中氧气与二氧化碳的平衡，维持动物与人类的生存起着极重要的作用。

五、工程是大地美容师

工程，是大地最基本也是最主要的形象之一；工程，是建设美丽中国、绿色生态环境最重要的元素。倘若大地没有草，没有花，没有森林，那将是荒凉、死寂的不毛之地。埃及是世界上森林覆盖率最少的国家之一，其首都开罗，处于撒哈拉大沙漠包围之中，在这些地方有一棵树，比拥有金子更为可贵。在迪拜，以居所树木多少比富有。反之，一座城市，一处居所，如果有森林，有树木，有花草，大地便会充满生机和活力。森林还能优化生态，而它所具有的优美树干、林冠，千姿百态的枝叶、花果以及随季节变化的绚丽多彩的各种色彩，可以改变自然面貌，形成形态各异的森林景观，给大地铺陈出一幅幅美轮美奂的图画。正因如此，据说迪拜每年都花上百万元、百亿元资金从邻国买来土壤、淡水、种苗，用于植树、绿化、美化环境。

六、工程的文化功能

工程文化作为人文科学的主要组成部分，是人类社会的一种特殊的文化现象。文化创作必然以森林为载体，以对森林的情作桨。人类对森林的认识最早是从对物的利用开始的，而后逐渐在相依相融之中，发展成以物拟人、喻物抒情的境地。因此，不少森林作家往往将森林人格化，像人类一样，谈森林的作用、森林的功能、森林的精神、森林的德、森林的智慧。数千年来通过积累、总结、提炼、发展，它展示在人们面前的有树木文化、竹文化、花文化、茶文化、园林文化等。同时，结合森林，又赋予它们深刻的文化内涵。从这一角度说，森林是文学艺术创作的不竭之源。

不可否认，古今中外许多杰出的文学家、艺术家都得益于森林的灵感与启迪。如奥地利著名音乐家施特劳斯的《维也纳森林的故事》，其优美的旋律，既有跌宕起伏之势，又有行云流水之美；而我国古典名著《西游记》《三国演义》《水浒》等作品中，许多惊心动魄的故事情节，都离不开森林，千姿百态的森林景观、花草树木成了他们笔下借物抒情的工具，并融入其名篇佳作之中。

七、工程增进健康的"疗养院"

人类在喧闹的城市常常使人身心疲惫，污浊的空气，增加病菌，林立的水泥墙使人厌倦，因而，"采菊东篱下，悠然见南山""舍南舍北皆春水，但见群鸥日日来"的意境让多少城市人心驰神往。崇尚自然，回归自然，返璞归真，已成为时代热议的话题。森林中树木花草，鸟语花香，溪流潺潺，清新空气。森林环境还可为人们提供开展各种健身活动的条件，如森林氧吧、康体、娱乐、攀岩等。走进森林，亲近自然，享受自然，感悟"天地与我共生，万物与我齐一"的天人合一境界，从而舒缓压力、消除疲劳、愉悦心情、增进健康。

近年来，科学家发现，森林能增进人体健康的最重要因素是"芬多精"功能。在"芬多精"被发现之初，发现者B.P.Toknnh教授认为，包括细菌、病毒在内的微生物引发了很多疾病，现代医学的大部分成就是在与微生物作斗争的过程中积累起来的。医学界所谓的"盘尼西林时代"，只不过是将微生物来源的"芬多精"（抗生素）用于提高人体的治愈力。"盘尼西林时代"并没有终结，对很多疾病来说，抗生素都是有效药物，并且随着科学进步，药物研究还会取得更多胜利。但是需要明白的是，很多疾病治疗不应该只是抑制人体寄生物的生物活性，更要提高人体所具有的防卫能力。从这一点上来看，在植物体免疫方面发挥重要作用的芬多精，对人体免疫功能的影响，将得到更多关注。高等植物的芬多精，是天然抗生素，已经开始用于临床治疗。在森林疗养中发挥着重要作用，而其价值与功能如何计量，至今尚未知晓。

八、工程以"公德"为基础，构建人与森林以及人与自然环境和谐共生的美好愿景

党的十九大报告特别强调，加强思想道德建设。人民有信仰，国家有力量，民族有希望。要提高人民思想觉悟、道德水准、文化素养，提高全社会文明程度。广泛开展理想信念教育，深化中国特色社会主义和中国梦宣传教育，弘扬民族精神和时代精神，加强爱国主义、集体主义、社会主义教育，引导人们树立正确的历史观、民族观、国家观、文化观。"深入实施公民道德建设工程，推进社会公德、职业道德、家庭美德、个人品德建设，激励人们向上向善、孝老爱亲、忠于祖国、忠于人民。加强和改进思想政治工作，深化群众性精神文明创建活动。弘扬科学精神，普及科学知识，开展移风易俗、弘扬时代新风行动，抵制腐朽落后文化侵蚀。推进诚信建设和志愿服务制度化，强化社会责任意识、规则意识、奉献意识。"

党的二十大进一步强调，提高全社会文明程度。实施公民道德建设工程，弘扬中华传统美德，加强家庭家教家风建设，加强和改进未成年人思想道德建设，推动"明大德、守公德、严私德"，提高人民道德水准和文明素养。统筹推动文明培育、文明实践、文明创建，推进城乡精神文明建设融合发展，在全社会弘扬劳动精神、奋斗精神、奉献精神、创造精神、勤俭节约精神，培育时代新风新貌。加强国家科普能力建设，深化全民阅读活动。完善志愿服务制度和工作体系。弘扬诚信文化，健全诚信建设长效机制。发挥党和国家功勋荣誉表彰的精神引领、典型示范作用，推动全社会见贤思齐、崇尚英雄、争做先锋。

由此可知，党中央把"道德、社会公德、职业道德、家庭美德、个人品德"等关于"德"的教育放在十分重要位置，要使人人"明大德、守公德、严私德"，提高人民道德水准，为全面建设社会主义现代化国家作贡献。

为什么要退耕还林？因为，森林，夏天为人们遮阴，秋天为人民供果；森林，繁衍了人类；森林，对人类有"大德"，有"公德"，是进行"德"教育的最好的素材。可是，关于森林的"大德"与"公德"，却鲜为人知。徐刚先生在其著作《大森林》一书中这样描述大森林之"德"的："……大自然依然怀抱着我们。大森林依然庇荫着我们。我曾经想象：哪里是造物的作坊？其在伊甸园？其在大森林也。我们无论从上帝造人说，或是达尔文进化说，人皆出于森林。唯森林有草有树有花有果，有无限生命，且能包容万物。森林能保持永久的沉默，只是把花朵展开，一任蜜蜂吟唱；森林中动物的厮杀，为延续种族的交配，赤裸公开；每一根草、每一棵树、每一只小虫都是生命的本体，都有自己的使命，都知晓自己的位置。何等坦荡！何等独立！大森林啊，你有梦吗？但我已经感到了：'它的繁花预示着即将收获的丰硕果实，神圣、拯救和对优胜者的爱（海德格尔语）'。"森林庇护着我们，固土控灾，制造氧气，繁衍万物，这就是大森林之"大德""公德"，一点"私德"都没有。

退耕还林，是因为森林有"大德"，本质上就是对森林大德的认知，这是中国人的智慧。森林有"大德"，却从不直言，"上德不德，是以有德"，可谓"不言之教"。"不言之教"是相对于"言教"而言。言教，相对于不言，自然要更积极主动，乃至强硬一些，"有为"一些。而相反，不言，则自然显得态度柔和、"无为"一些。老子认为，"不言之教"要比说出来的言教效果更好。《道德经》"道可道，非常道"，意为真正最高深的道理，是不能用语言说出来的，而只能靠自己去领悟。在中国的传统教育中，无论是学校或家庭、社会团体，很多场面、身影、道理、精神、气质、品格等，都不是以语言能完全表达的，而是靠无言的"身教"来进行。所谓言传身教，言语只是讲述其原理，而真正的教育则是以自己的实际行动来影响别人。

森林有"大德"，有"公德"，共产党人摒弃"私德"，"严私德"，提倡并践行"全心全意为人民服务"，为人类自由、和平解放作奉献，这是"大德""公德"。人，要"上善若水"，要像森林那样地活着，才能构建人与自然和谐的家园。老子认为，做人应如"水"。"水"滋润万物，但从不与万物争高下，这种品格才最接近"道"。森林涵蓄水源，不仅滋润了万物，同时也是水的本源，因为有林才有水，所以森林与水具有共同的本性。水，利万物，森林同样滋润万物，繁衍万物，为人类奉献，庇荫人类，使人类和万物得以生存与发展。水，利万物而不争，森林滋润了万物，却从不争名利，大德无言。水，是无私的；森林具有强大的生态功能，为人类服务，也是无私的，无"私德"。常言说，水往低处流，可这并不意味着不求上进，而是要以弹性的处世精神，善待遇到的误解。森林，也有这种弹性的处世精神，表现在乔灌分层现象，长得高大的树木居上层，而生长矮小的树木甘居下层，共同分享阳光。森林处下精神还表现在甘于寂寞，哪里是荒山，就到哪里安营，哪里贫瘠，就到哪里扎根。水的柔顺特性，是让人们学会处事周全、圆滑，而森林的柔顺，最大的特征表现在既可长得刚强挺拔如青松，也可生就柔软纤细如高肩梨藤竹。水，日夜奔流，奋勇前进；森林，无论是酷暑，还是严冬，一年四季都在向上生长，直至衰亡，再生繁衍，生生不息。水的胸怀极宽广，"海纳百川"，包容万物，而森林，容纳和繁衍万物，是物种基因库、万类生物与鸟兽之家。水，一方面利万物而不争，另一方面善于处在最卑下的地位；森林亦如此，可以在最恶劣的自然环境条件下生长。水能随客观环境的变化而改变自己的形态和地位，而树木也具有这种本性，如松柏在良好环境中长成高大乔木，而在恶劣条件下却长成地盘松、铺地柏；原本有叶的植株为适应环境，却可变成无叶的"光棍树"。"无为"，作为老子哲学的重要概念，是对自然的保护。没有"无为"，也就没有"自然"。老子说："无为而无不为。"意思是说，人所做一切事情应该在顺应自然的基础上去做，不能强行改变自然的节奏。水的"无为"体现在无论流向哪里，遇到阻力则自行避让，绕道而行；森林也具有这种"顺应自然"的本性，自然自在地生长，无牵无挂，天天向上，最终形成参天大树。

人，只需具有水与森林的"大德""公德"，具有服务别人、敢于牺牲、勇于奋斗、甘于奉献的"德"，以水为师，与林为伴，像水与森林那样地活着，社会将会摆脱贫穷，摆脱愚昧，摆脱你争我夺、尔虞我诈，推动"明大德""守公德""严私德"，社会将会和谐安定，世界将会永久和平。这不仅仅是中国共产党人的胸怀，也是全人类的梦想。

第四节　工程实施社会经济价值

一、工程实施让农户家庭经济增加

云南省涉及16个州（市）129个工程县（市、区），退耕补助使840万农民直接受益，截至2020年底，退耕农户户均累计获得国家补助资金314.48多元。同时，工程还改善了退耕农户的家庭收入结构，提高家庭经济收入。

调研入户数据显示，退耕农户人均纯收入高于非退耕对照农户，其中外出务工的工资性收入贡献大。2020年，退耕入户调查户人均纯收入为17618.86元，非退耕对照户人均纯收入为16184.49元，入户调查户人均纯收入较非退耕对照户高8.86%。其中，退耕入户调查户人均家庭经营收入、工资性收入、转移性收入和财产性收入分别为4512.29元、9851.08元、2551.7元和703.79元，分别占人均纯收入的25.61%、55.91%、14.48%和3.99%，而非退耕对照户的人均家庭经营收入、工资性收入、转移性收入和财产性收入分别是4895.68元、8463.77元、2261.92元和563.53元，分别占人均纯收入的30.25%、52.29%、13.98%和3.48%（图4-12）。

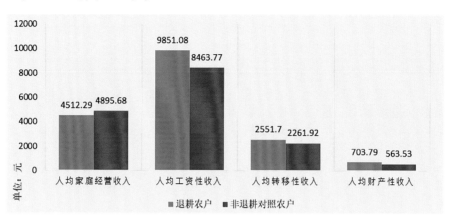

**图 4-12 云南省退耕还林工程退耕农户及非退耕对照农户
人均收入对比图**

调研入户调查数据显示，入户调查户家庭经营主要收入依次为种植业、工副业、养殖业和林业，其中，退耕农户家庭林业经营明显强于非退耕对照户，其他各项经营收入较非退耕对照户弱。2020年，退耕户的种植业、养殖业、林业和工副业纯收入分别为7692.39元、2722.11元、2258.74元和4945.61元。退耕户种植业和林业纯收入占比分别比非退耕对照户高5.32个百分点和4.56个百分点；养殖业和工副业纯收入占比非退耕对照户低7.42个百分点和2.46个百分点（图4-13）。

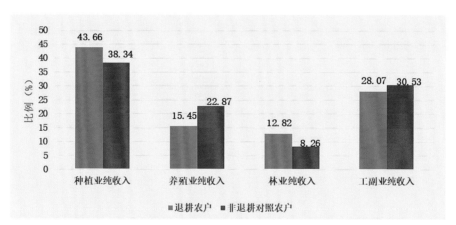

**图 4-13 云南省退耕还林工程退耕农户及非退耕对照农户
家庭经营结构对比图**

二、工程实施优化农村经济结构

退耕工程优化了农村产业结构，由第一产业占绝对主导地位转变为第一产业、第二产业和第三产业协同发展。调研入户调查数据显示，退耕还林工程村第三产业发展好于没有发展退耕还林的村。2020年，调研入户村从事一、二、三产的劳动力比例分别为56.82%、19.43%和23.75%，而非退耕对照样本村这个比例分别为58.32%、21.91%和19.77%，调研入户退耕还林的村从事第三产业的劳动力比例高3.98个百分点（图4-14）。

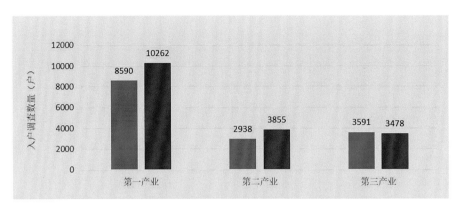

图 4-14　云南省退耕还林工程退耕农户及非退耕对照农户
劳动力产业对比图

三、工程实施推动农村劳动力转移

退耕工程帮助农户进一步摆脱对土地的依赖，腾出更多的劳动力和时间外出务工或开展其他经营活动，促进退耕农户的就业和劳动力转移。调研入户调查数据显示，2020 年参加退耕工程的调研入户数据显示，有退耕户外出务工率为 63.04%，比对照样调研入户非退耕户的 43.17% 高 19.87 个百分点；有退耕农户的家庭务工人员年度从事非农工作平均时长为 3.86 个月，而对照入户非退耕农户从事非农务工平均时长为 2.63 个月。调研入户调查数据表明，退耕工程帮助农户节约更多的劳动力和时间，更便于外出务工，从事非农工作，促进了农村劳动力转移。

四、工程实施提高贫困户收入

党的十八大以来，以习近平同志为核心的党中央把脱贫攻坚工作纳入"五位一体"总体布局和"四个全面"战略布局，作为实现第一个百年奋斗目标的重点任务。云南退耕工程区多分布在生态脆弱区和贫困地区的叠加区域，因此，工程在恢复生态的同时也在助力扶贫，退耕还林工程任务优先向 88 个深度贫困县和贫困户倾斜，充分体现了退耕工程助力脱贫攻坚的初心。

调研入户数据显示，在退耕工程政策影响下，退耕还林贫困户人均转移性收入为 3285.69 元，对照调研入户非退耕贫困户人均转移性收入为 2238.26 元，调研入户退耕贫困户人均转移性收入较对照非退耕贫困户高 46.80%，入户调查贫困户人均退耕补助为 1023.4 元，占人均转移性收入的 31.15%，而且退耕入户调查贫困户转移性收入占家庭纯收入的 22.23%。这说明转移性收入是贫困户的重要收入来源，退耕补助通过提高贫困户的转移性收入，增加了家庭收入，改善经济状况。

调研入户调查数据显示，参加前一轮退耕工程的入户调查户为 15119 户，其中建档立卡贫困户为 3096 个，覆盖率为 20.48%；参加新一轮退耕工程的入户调查户共 17595 个，其中建档立卡贫困户为 5430 个，覆盖率为 30.86%。新一轮退耕工程的贫困户覆盖率较前一轮提高了 10.38 个百分点，更有力地发挥了扶贫助困的作用。

调研入户调查统计表明，65.26% 的农户认为退耕工程对贫困户有帮助，13.88% 的农户认为没有帮助，20.86% 的农户表示不好说。关于工程助力扶贫的具体作用，66.79% 的农户认为退耕工程直接提高了贫困户的家庭收入，31.73％的农户认为工程节省了劳动力，帮助贫困户腾出劳动力，更便于外出务工挣钱，从而提高家庭收入，1.48％的农户认为有其他帮助。

另外，调研入户调查统计表明，在参加退耕工程的贫困户中，75.56％的贫困户认为退耕工程对他们脱贫有帮助，12.63％的贫困户认为没有帮助，11.81％的贫困户表示不好说。在工程扶贫的具体作用方面，65.23％的贫困户认为工程直接提高了家庭的收入，33.55％的贫困户认为工程节省劳动力，帮助腾出劳动力外出务工挣钱，从而提高家庭收入，1.22％的贫困户认为有其他帮助。

总体上，无论是普通农户，还是参与退耕工程的贫困户，都认为退耕工程增加了贫困户的家庭收入，改善了贫困户的生活，工程的扶贫效果得到了大部分农户特别是贫困户的肯定和认可。

五、工程实施云南粮食总产量持续稳定增长

退耕还林后，工程区的生态环境日益改善，粮食受灾面积也不断减少。据国家统计局云南调查总队消息，2012—2021 年 10 年，云南粮食总产量持续稳定增长，粮食生产实现跨越式发展，稳住了农业生产"基本盘"。尤其在"十四五"开局的 2021 年，云南全省粮食生产能力再上新台阶，实现了"十四五"粮食生产"开门红"。粮食总产量持续增加。2021 年，云南全省粮食总产量达 1930.3 万吨，首次跃上1900 万吨大关，比 2012 年增加 243 万吨，增长 14.4％，高于全国 2.9 个百分点。粮食播种面积基本稳定。10 年间，云南全省自然资源部门对原划定的基本农田进行优化调整，划定永久基本农田 7348 万亩。云南全省粮食种植面积 10 年来基本稳定在 6240 万亩以上。粮食单产显著提升。随着云南全省粮食生产科技含量的不断增加，生产能力也持续得到提高，云南粮食单位面积产量从 2012 年的 266.9 千克 / 亩提高到 2021 年的 307.0 千克 / 亩，增长了 15.1％，高于全国同期增幅 6.7 个百分点，产量和单产均达到历史最高水平。

六、工程实施让农户生活保障力度增强

根据国家《关于开展退耕还林补助期满后农民生计等若干问题调研的通知》精神和要求，云南省组织对各地耕地状况、退耕户口粮田情况、退耕还林情况、后续产业发展、退耕户生计来源、"不反弹"的措施等后续政策方面的情况进行了调研，认真分析了退耕还林"五个结合"的现状和存在问题，提出了具体的对策建议，在此基础上形成了《云南省退耕还林补助期满后农民生计等若干问题的调研报告》，上报国家林业和草原局。解决农户的家庭能源问题不仅可以减轻退耕林木的采伐问题，巩固退耕成效，也可改善农户的生活状况，提高生活水平。

第五章
绿美怒江

第一节　怒江傈僳族自治州概况

一、位置

怒江傈僳族自治州位于云南西北部，地处东经 98°09′~99°39′，北纬 25°33′~28°23′。东连迪庆藏族自治州、大理白族自治州、丽江市，西邻缅甸，南接保山市，北靠西藏自治区察隅县，境内国境线长 449.467 千米。全州南北最大纵距 320.4 千米，东西最大横距 153 千米，总面积 147.03 万公顷。怒江傈僳族自治州辖 1 个县级市、1 个县、2 个自治县：泸水市、福贡县、贡山独龙族怒族自治县、兰坪白族普米族自治县。州政府驻泸水市六库镇。怒江傈僳族自治州是中国唯一的傈僳族自治州，其中独龙族和怒族是怒江傈僳族自治州所特有的少数民族，怒江傈僳族自治州是中国民族族别成分最多和中国人口较少民族最多的自治州。

二、地形

地处横断山脉纵谷地带，整体地势北高南低，形成境内绵延千里的担当力卡山、高黎贡山、碧罗雪山、云岭"四山"，与由北向南的怒江、澜沧江、独龙江"三江"相间纵列的高山峡谷地貌。

三、主要山脉与河流

（一）山脉
担当力卡山、高黎贡山、碧罗雪山、云岭、怒山等。

（二）主要河流
怒江、澜沧江、独龙江、通甸河等。

四、交通

227 省道、237 省道、233 省道、304 省道、309 省道、303 省道蜿蜒于境内，江河上有人马吊桥、便桥和钢溜索。怒江美丽公路是国道 219 的重要组成路段，是泸水、福贡、贡山 3 县（市）交通扶贫的重点建设项目，也是滇西旅游重要干线，是《云南省美丽公路旅游线规划》中的"蓝线""领略四季"中的一段。除对国道 219 线丙六公路改扩建外，还同步开展慢行道路系统建设、"美丽怒江、智慧出行"平台建设、路域环境整治等附属工程。全线建立智慧交通管理平台，提供交通运行状态监测、气象监测预警等多种功能。

五、保护区与公园

高黎贡山国家级自然保护区、新生桥国家森林公园，以及碧罗雪山、罗古箐等旅游景区。

第二节 怒江傈僳族自治州实施退耕还林工程情况

一、怒江傈僳族自治州各县（市）退耕还林工程实施面积情况

云南省怒江退耕还林工程自 2002 年全面启动，截至 2020 年，怒江累计完成退耕还林工程建设任务 124.07 万亩，前一轮完成 63.50 万亩，其中，退耕还林 17.90 万亩，荒山荒地还林 38.60 万亩，封山育林 7.00 万亩；新一轮退耕还林工程完成 60.57 万亩，其中，退耕还林 53.43 万亩，退耕还草 7.14 万亩，使全州森林覆盖率提高了 4.98 个百分点。怒江退耕还林工程实施成效显著，林草生态系统呈现健康状况向好、质量逐步提升、功能稳步增强的发展态势。怒江傈僳族自治州各县（市）退耕还林工程实施面积统计表详见 5-1 和图 5-1。

表 5-1 怒江傈僳族自治州各县（市）退耕还林工程实施面积统计表

单位：万亩

实施单位	合计	前一轮退耕还林				新一轮退耕还林		
		计	退耕地造林	荒山荒地还林	封山育林	计	退耕还林	退耕还草
怒江傈僳族自治州	124.07	63.50	17.90	38.60	7.00	60.57	53.43	7.14
泸水市	37.41	19.20	5.00	12.20	2.00	18.21	17.41	0.80
福贡县	20.99	6.90	1.40	3.50	2.00	14.09	13.29	0.80
贡山独龙族怒族自治县	7.78	5.20	2.10	2.10	1.00	2.58	2.08	0.50
兰坪白族普米族自治县	57.89	32.20	9.40	20.80	2.00	25.69	20.65	5.04

二、怒江傈僳族自治州各县（市）退耕还林工程中央资金补助统计

怒江傈僳族自治州退耕还林工程自 2002 年全面启动，截至 2020 年，国家累计下达怒江傈僳族自治州退耕还林补助资金 12.02 亿元，前一轮下达补助资金 3.23 亿元，其中，现金补助 0.28 亿元，粮食折算现金补助 2.95 亿元；新一轮退耕还林国家补助资金 8.79 亿元，其中，退耕还林补助资金 8.08 亿元，退耕还草

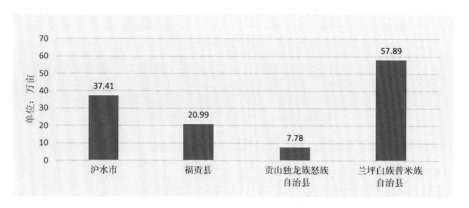

图 5-1 怒江傈僳族自治州各县（市）退耕还林工程实施面积对比图

补助资金 0.71 亿元。怒江傈僳族自治州各县（市）国家下达退耕还林工程补助资金统计详见表 5-2。

表 5-2 怒江傈僳族自治州各县（市）国家下达退耕还林工程补助资金统计表

单位：亿元

实施单位	合计	前一轮退耕还林			新一轮退耕还林		
		小计	现金	粮食折算现金	计	退耕地还林	退耕还草
怒江傈僳族自治州	12.02	3.23	0.28	2.95	8.79	8.08	0.71
泸水市	3.60	0.91	0.08	0.84	2.69	2.61	0.08
福贡县	2.34	0.26	0.02	0.23	2.08	2.00	0.08
贡山独龙族怒族自治县	0.76	0.39	0.03	0.35	0.37	0.32	0.05
兰坪白族普米族自治县	5.33	1.68	0.15	1.53	3.65	3.15	0.50

第三节 绿美怒江之典型

一、典型之一

"绿水青山就是金山银山"新画卷

——怒江傈僳族自治州新一轮退耕还林实施成效

实施新一轮退耕还林还草工程，是党中央、国务院着眼经济社会可持续发展全局作出的重大战略决策。一直以来，怒江傈僳族自治州坚持以生态建设为抓手，全面统筹造林绿化、退耕还林还草、天然林保护等生态修复工程，以"两江"流域生态修复、"怒江花谷"生态建设和"美丽公路"路域环境绿化美化为重点，以点带面全面推进国土山川补绿增绿护绿，持续推进生态文明建设，不断巩固生态安全屏障，维持生态系统格局整体稳定。

（一）工程实施情况

自 2014 年中央启动新一轮退耕还林还草工程以来，怒江傈僳族自治州累计实施新一轮退耕还林 53.43 万亩，其中，泸水市 17.41 万亩，福贡县 13.29 万亩，贡山独龙族怒族自治县 2.08 万亩，兰坪白族普米族自治县 20.65 万亩。累计下达补助资金 78258 万元，其中，中央预算内资金 16658 万元，财政专项补助资金 61600 万元。项目共涉及全州 4 县（市）29 个乡镇 236 个村委会 6.78 万户 24.41 万人（贫困脱贫人口 3.24 万户 12.02 万人），占总人口的 44.2%。

（二）主要做法

在国家、省林业和草原局的关心支持下，怒江傈僳族自治州始终践行"绿水青山就是金山银山"理念，遵循"在保护中发展、在发展中保护"的原则，着力走好群众护绿增收幸福路、造绿增收发展路、借绿增收致富路"三条路"，加速推进"绿水青山"转化为"金山银山"，全力打造"怒江傈僳族自治州林业生态脱贫攻坚区"，打出了生态保护、生态修复、生态产业脱贫几套组合拳。

1. 坚持高度重视，确保高位推进

自 2014 年以来，州委、州政府多次召开了高规格的退耕还林还草工作推进会、退耕还林还草专题会议，将退耕还林还草工作列为州政府每月的重点工作之一并重点推进，主要领导要亲自抓、负总责，分管领导具体抓，其他领导配合抓。

2. 强化组织领导，严格落实目标责任制

州、县（市）、乡镇（街道）均成立了政府主要领导为组长，分管领导为副组长，各有关单位为成员的领导小组及办公室，建立了自上而下的管理体系，层层落实目标和责任，做到目标、任务、资金、责任"四到位"，真正形成齐抓共管、整体推进的领导机制。各部门明确分工，各司其职，各尽其责，通力合作。

3. 因地制宜，统筹规划

以公路沿线、江河两岸、城镇面山和湖库周围等生态脆弱区作为新一轮退耕还林还草工程的实施重点，因地制宜，科学编制了《怒江傈僳族自治州 2014 年、2015 年新一轮退耕还林还草工作方案》《怒江傈僳族自治州"十三五"退耕还林还草工程规划》，结合脱贫攻坚、易地扶贫搬迁和"怒江花谷"生态建设的推进，促进农村产业结构调整，培育后续产业，建立起生态改善、农民增收和经济发展的长效机制，促进经济社会可持续发展。

4. 加强政策宣传，提高群众参与度

充分利用电视、广播、报纸、网络和政务微博、微信等媒体平台及宣传碑（牌）、宣传栏等方式，广泛宣传新一轮退耕还林还草政策，引导农民群众自觉履行管护义务，积极发展特色富民产业，全面提高群众退耕还林的积极性，使退耕还林政策家喻户晓，深入人心，使群众真正认识到退耕还林是一项"德政工程""富民工程"。

5. 严格资金管理，强化政策落实

按照退耕还林财政专项资金管理办法和中央预算内资金管理办法，严格政策兑现程序，并设立了公示专栏，对农户的造林面积、验收情况、兑现金额等情况实行张榜公布，同时公布举报电话，接受社会监督。定期或不定期地对专项资金使用情况进行检查和抽查，坚决杜绝截留、挤占、挪用专项资金现象的发生，确保专项资金的安全运行。

6. 出台政策措施，加快项目建设

为全面贯彻落实习近平总书记考察云南重要讲话精神，省委、省政府针对加快怒江傈僳族自治州发展的新定位、新要求，先后出台了《中共怒江傈僳族自治州委 怒江州人民政府关于加快推进新一轮退耕还林还草工作的实施意见》《怒江傈僳族自治州人民政府办公室关于进一步加强新一轮退耕还林还草工作的通知》《关于深入推进全州退耕还林还草及农业种植结构调整工作的通知》《怒江傈僳族自治州人民政府关于加强退耕还林地资源保护的通知》等文件，全面推进新一轮退耕还林还草工作，高质量完成建设目标任务。

7. 引导社会资本参与，强化示范引路

为进一步加强新一轮退耕还林示范基地建设，激发群众参与工程建设的积极性。各县（市）按建设一片不少于 500 亩，乡镇按建设一片不少于 100 亩相对集中连片的标准化种植、规范化管理的县级、乡级示范基地，作为工程样板的管理和技术培训基地。截至 2020 年，共建设示范样板林 19372.3 亩，投入资金 2174.245 万元。如兰坪白族普米族自治县营盘镇白羊村"褚橙"种植示范基地、兔峨乡江末村种植示范基地（杧果、枇杷）、啦井镇九龙村种植示范基地（核桃）等，特别是兰坪白族普米族自治县退耕还林示范样板林建设（兔峨乡江末村），种植树种为杧果和枇杷，采取公开招投标、市场化运作的创新模式，开展了规模种植（1839.4 亩），整合了建设资金，配套了水利设施，强化了后期管护，突出了美化效果，带动了农户增收（建档立卡贫困户 31 户）。充分发挥了典型示范带动作用，通过示范基地的建设，激发群众参与退耕还林还草项目建设的积极性。

8. 强化经费落实，确保项目实施

在财政困难的情况下，州、县（市）政府专门预算了退耕还林工程工作经费，用于年度方案编制、检查验收、图表资料及项目建设工作的日常事务开支，为顺利完成建设任务创造了有利条件。

9. 加强督促指导，强化责任落实

一是根据州政府每月重点工作安排，进一步加强实地督办，落实退耕还林督查制度。二是建立州林草局领导班子成员挂钩联系督导全州退耕还林工作制度，特别是对年任务最大重点县（市）、乡镇开展专项督导。三是加强工程管理的督促、检查、指导和服务工作力度，不断提升工程管理效率和水平。四是加强政策、技术的培训和指导，邀请省林业和草原局、省规划院老师进行政策和技术指导和培训。

10. 建立长效机制，抓好信访监督

按照信访条例，各工程县（市）均规范完善了退耕还林信访工作长效机制，建立、健全了一套完整的从乡镇到县（市）级的退耕信访接待体系和信访监督体系，设立了退耕还林举报电话，做到对群众来信来访及时登记、及时转办和查处，加大信访案件的查处力度，做到了件件有回音，事事有着落。怒江傈僳族自治州还未发生涉及新一轮退耕还林的信访案件。

（三）主要成效

通过实施退耕还林，让"绿水青山就是金山银山"科学理念的生动实践正一步步变为现实，让高黎贡山的山更绿，怒江的水更清，怒江的各族儿女生活更幸福。怒江各族群众增收致富的"绿色银行"已建成，乡村振兴的产业基础已筑牢，实现了"百姓富"与"生态美"同频共振，使绿水青山常在、金山银山常有。

1. 经济效益

一是通过享受退耕还林政策直接增加收入。退耕农户在补助期满后从退耕补助中直接获得人均收入 2451 元，助推了退耕农户脱贫致富。二是壮大了绿色产业。因地制宜发展核桃、板栗、花椒、苹果、甜柿、枇杷等一大批经济林果，从单一的粮食种植逐渐发展为林粮、林果、林菌、林药、林菜、林花种植多管齐下，林下养殖、生态旅游、观光农业等同步推进，有效促进了农业产业结构调整，培植了新的经济增

长点，夯实了乡村振兴的基础。据统计，新一轮退耕还经济林面积 47.64 万亩，比例达 89%。推广峡谷特色山区"混农林业"发展模式。如贡山独龙族怒族自治县通过退耕还林发展林下经济种植草果 746.7 亩，每年总产量 373.35 吨，产值 298.68 万元；每亩年产量 1000 斤（1 斤 =500 克，全书同），亩产值 0.4 万元，农户每年通过退耕还林发展草果产业受益达 2.82 万元，成为农民致富的新途径。经统计，2021 年，全州林业产业总产值 27.99 亿元，农民人均纯收入林业收入为 3981.98 元。

2. 生态效益

昔日荒山坡，今朝绿成荫。通过实施退耕还林工程，全州陡坡耕地减少，林地面积显著增加。"十三五"末，全州森林面积达 1726.19 万亩，比"十二五"增加了 4.97 个百分点；森林覆盖率达 78.90%，增加 3.59 个百分点；森林蓄积量达 1.86 亿立方米，增加 3.26 个百分点。如今的怒江峡谷，天更蓝，山更绿，河更清，水更净，花更艳，景更美，逐渐成为举世瞩目的美丽养生天堂。

3.社会效益

通过实施退耕还林，有效推动了农村剩余劳动力向城镇和二、三产业转移，促进了退耕农户生产经营由原来以种植、养殖为主向多元化格局的转变，拓宽了增收渠道，绿水青山作为怒江生存和发展的根基更加牢固。党的十八大以来，怒江傈僳族自治州深入贯彻习近平生态文明思想，全面推进林草事业高质量发展，通过采取生态保护、生态补偿、生态修复和产业发展四大举措，走出了生态保护、绿色发展与群众增收融合发展的新路子，使绿色成为"美丽怒江"最亮丽的底色，生态成为"美丽怒江"最具吸引力的名片。

二、典型之二

怒江草果
——大峡谷退耕还林的致富果

怒江傈僳族自治州位于滇西北横断山脉纵谷地带，因怒江纵贯全境而得名，总人口 54.4 万人。境内居住着傈僳族、怒族、独龙族、普米族等 22 个民族，是独龙族、怒族、普米族等特少民族的主要聚居地，占总人口的 93.6%。全州 4 个县（市）原来均为深度贫困县，29 个乡镇中有 24 个深度贫困乡镇，218 个深度贫困村，17.9 万贫困人口，贫困发生率达 41.6%，是集边疆、民族、贫困山区于一体的集中连片贫困地区，是云南最贫困的地区之一。在党中央、国务院和省委、省政府大力支持下，怒江傈僳族自治州坚持把发展草果等产业作为脱贫攻坚的主要途径和长久之策。以绿色引领、规划先行、创新模式、科技支撑、精深加工为主要举措，推进产业发展，构建稳定增收长效机制，2018 年实现全州农民人均纯收入 6534 元，较 2011 年的 2280 元增加 4254 元，年均增长 15.76%。产业扶贫精准发力成为带动力最强、辐射面最广、贡献率最大的脱贫路径，怒江草果香飘万家，成为边疆稳定、百姓脱贫致富的金果果。

（一）绿色引领选准产业，开创产业扶贫新局面

草果最适宜生长在环境要求荫蔽的自然散光、充沛的降雨和富含养分的有机质黑沙壤，怒江山高坡陡，农业基础设施薄弱，但怒江独特的立体气候和广阔的山林草场为发展林下草果产业提供了得天独厚的优势条件，怒江州委、州政府始终坚持"绿水青山就是金山银山"的生态文明发展理念，为统筹好产业发展和生态保护的关系，立足自身优势，把发展草果产业作为主导产业全力推进。一是推进退耕还林

还草工程，将坡度 25° 以上的耕地退耕还林，林下发展草果种植，改善原本脆弱的生态环境，实现农户增收和土地增绿双赢发展。二是充分利用现有林业资源，稳定常绿阔叶林林地面积，推广草果多样性栽培技术，减少农药化肥使用量，保护森林生态系统稳定，实现农户增收和环境保护双赢发展。截至 2018 年底，怒江全州草果种植面积已由原来的零星种植不足万亩发展到连片规模种植 108.21 万亩，其中，挂果面积 40 万亩，鲜果总产量近 3.34 万吨，产值 2.51 亿元，已成为我国草果的核心产区和云南省最大的草果种植区。带动怒江沿边 3 个县（市）21 个乡镇 116 个村 4.31 万户农户，覆盖人口 16.5 万人，其中建档立卡贫困人口 1.08 万户 3.78 万人，占全州贫困人口的 23.05%。

（二）规划先行精准投入，激发生产要素新活力

一是科学制定规划。怒江高度重视草果产业发展，成立了怒江傈僳族自治州加快草果产业发展工作领导小组，先后制定《关于加快草果产业发展的意见》《怒江州草果产业发展管理办法》《怒江州草果产业发展总体规划（2014—2020 年）》《怒江州绿色香料产业建设方案（2018—2020 年）》等一系列相关政策措施和规划，按照"科学规划、点片结合、分类施策、分步实施"的原则，把草果产业发展的目标任务分解到年度，落实到乡镇，细化到村组，引导草果产业科学合理有序发展。二是强化精准投入。紧紧围绕《云南省全力推进迪庆州怒江州深度贫困脱贫攻坚的实施方案（2018—2020 年）》，整合涉农资金，累计投入产业扶贫资金 1.65 亿元，用于草果新植 10 万亩，提质增效 20 万亩，运输索道建设 50 千米，为草果种植基地的规范化、标准化发展提供资金保障。按照"面上抓规模、点上抓示范"的思路，狠抓基地建设，同步推进草果生产核心区的硬件配套设施建设，确保开发一片、建成一片、成效一片。2017 年争取到农业农村部重点工作安排和农业科技成果转化与应用推广项目"怒江州草果提质增效技术集成与示范推广建设项目"，项目总资金 1001.11 万元，重点支持优势农产品的推广应用。全力推进以草果为主的绿色香料产业园建设，正在进行园区征地工作，已调配下拨征地资金 3000 万元，完成土地征收 462 亩。农业、林草、发改、科技、扶贫、财政等部门，通过不同渠道争取和整合资金投入草果产业，合力推动草果产业发展。三是广泛聚合要素。积极引进企业资金、技术和管理，壮大集体经济，探索多元经营，激活农民土地和劳动力资源，聚合各类生产要素推动草果产业发展。2016 年 4 月 8 日，能投集团与怒江傈僳族自治州人民政府签订《扶贫攻坚五网建设全面战略合作框架协议》。2016 年 4 月 20 日，云能投怒江州产业开发投资有限公司在怒江傈僳族自治州注册成立，公司注册资本金 10 亿元。2016 年 7 月，泸水兰利草果种植林农专业合作社在上级支持 740 万元的基础上，自筹 900 万元，与缅甸马高瓦基公有限公司签订协议，在密支那县其培和索罗两个乡镇开展草果替代罂粟种植。2017 年，贡山县普拉底乡咪谷村党支部用财政发展农村集体经济资金 75 万元，从村民手中流转草果地 31.72 亩，成立金秋农民草果合作社。此外，鼓励能人、个体工商户等有经济实力的新型经营主体与有林地的群众采取合作、租赁、承包等多种形式共同发展草果产业，确保草果未挂果前稳定的管理和经费投入。

（三）模式创新精心联结，开启龙头带动新引擎

围绕做大、做强草果产业，延伸产业链，增加产业收益的目标，怒江傈僳族自治州始终坚持龙头企业带专业合作社，专业合作社带能人，能人带贫困户的带动发展模式，为草果产业发展助推脱贫注入新活力。一是龙头企业带动。积极引进和培育草果采购、加工、销售服务商，提升草果产业发展组织化水平，创新合作模式，优化利益联结机制。截至 2018 年底，全州拥有上规模的草果生产龙头企业 6 家，带动贫困户 3150 户 12200 人获得直接经济收入 12700 万元。云能投怒江州产业开发投资有限公司采取"龙

头企业＋基地＋电商平台＋贫困户"模式，以深化最低保护价为主的订单利益联结模式，带动福贡县、贡山独龙族怒族自治县草果种植农户 560 户 1500 多人获得直接经济收入 2750 万元。华喜农业采取"党支部＋公司＋合作社＋基地＋贫困户"模式，深化租赁联结、股份联结和劳务联结等利益联结模式，贫困户在党支部的带领下将 6000 亩土地流转给企业获得租金，自发将每户 5 万元产业信贷资金经由合作社入股到企业，每年每户获得 3000 元分红，并在企业就地就近务工人均增收 2300 元，带动福贡县周边 320 户 1100 多人脱贫，获得直接经济收入 1200 万元。怒江胜源农特产品购销有限公司通过订单联结、劳务联结等利益联结模式，直接带动 1000 多户群众获得经济收入 3500 万元。福贡伟诚农产品贸易有限责任公司通过在当地收购、加工、销售，强化订单和劳务利益联结，直接带动周边种植户、贫困户获得收入 3500 万元。怒江贡当石头阁农林旅游产品开发有限公司通过通货批发、旅游产品体验销售、电子商务平台销售促进产业融合发展，直接带动贡山独龙族怒族自治县草果种植户获得经济收入 1750 万元。二是专业合作社带动。积极鼓励发展草果专业合作组织，全州已成立草果专业合作社 36 个，入社农户 1684 户，其中，建档立卡贫困户有 562 户，占入社农户数的 33.38%，年实现销售收入 5874.78 万元，有力促进农民增收。泸水市六库镇赖茂村东方红小组村民兰纪三于 2012 年 5 月成立专业合作社，采取统一的品种、管理、标准、销售和利益，实行标准规范管理，深化订单联结等利益联结模式，带动 113 户农户发展种植草果 3103 亩，其中，80 户建档立卡户已脱贫 67 户，其余 13 户计划在 2019 年脱贫。泸水鑫兴种养殖专业合作社深化以保护价收购为主的订单联结，或为农户提供代加工等社会化服务，稳定劳务联结等利益联结模式，于 2016—2018 年每年提供 50 个以上就业岗位。福贡县永强草果种植农民专业合作社，每年可加工草果干果 120 多吨，销售收入达到 770 万元，通过产业"扶贫车间"为主的劳务联结等利益联结模式，就地解决就业岗位 18 个，支付工人工资 18 万多元，带动周边的 570 户农户实现增收。贡山独龙族怒族自治县普拉底乡咪谷村贡山金秋农民草果合作社采取"党支部＋合作社＋基地＋贫困户"模式，党支部带领建档立卡户和老幼病残等重点人群共计 126 户 344 人，利用村集体经济资金 75 万元，流转土地集中发展草果种植 31.72 亩，2017 年纯收入 4.53 万元，30% 作为集体经济发展基金用于滚动发展，其余按照建档立卡贫困人口进行分配，人均增收 164.3 元。三是大户能人带动。大力培育大户和新型职业农民，多种渠道增强产业带动，促进百姓增收。贡山独龙族怒族自治县在推广种植过程中，村组干部和农村党员示范带头种植，让群众看到种植草果的效益后，群众种植草果的积极性得到激发，探索出匹河乡架究村的"农村经济能人＋农户"等经营模式。其达村原是贡山独龙族怒族自治县普拉底乡最贫困的村委会之一，在老村书记余学明的带领下，全村 90% 以上的农户种植草果，草果产业成为其达村乃至普拉底乡名副其实的支柱产业，让农民走上了增收致富的产业之路。贡山独龙族怒族自治县独龙江乡巴坡村 233 户独龙族人家，在老县长高德荣示范带动下从 2007 年开始种植草果，户均种植面积近 100 亩，草果种植收入 422 万元，占全村经济总收入 530.22 万元的 79.59%。其中，该村的木兰当小组 20 户人家，年销售草果 44.7 吨，收入 81.63 万元，户均收入最高达 9 万多元。草果产业成为独龙族实现整族脱贫的重要支撑，2019 年 4 月 10 日，习近平总书记给贡山独龙族怒族自治县独龙江乡群众回信，祝贺独龙族实现整族脱贫，勉励乡亲们为过上更加幸福美好的生活继续团结奋斗。习近平总书记的嘱托催人奋进，振奋人心，极大激发了独龙族群众的干劲，随着草果产业的不断发展壮大，脱贫只是第一步，好日子还在后头。泸水市上江镇丙奉村塘子寨小组是怒江最早种植草果的村寨之一，2004 年种植草果仅 400 余亩，随着全村种植草果热情的不断高涨，目前塘子寨小组有 57 户种植草果，草果种植收入 1200 余万元。

（四）科技支撑提升品质，转变方式唱响新旋律

"伟大的事业，离不开科学的理论为指导，伟大的梦想，需要强大的精神来指路。"为全面提升怒江草果产业发展的科技动能，怒江州委、州政府科学研判，"健全机构、技术攻关、突破瓶颈"三管齐下，为怒江草果产业发展插上科技的翅膀。一是建强科研机构。为加快推进怒江草果产业发展，于2016年及时批准成立怒江草果产业发展研究所，安排专业技术人员专项从事草果生产科技示范推广，从培育优选种苗、种养管护、采摘加工等技术环节入手，广泛开展草果种植、管理技术培训，着力提升群众的草果种植管理水平，提高草果产量和质量。二是开展联合攻关。联合云南省农业科学院、中国热带农业学院、华南农业大学等多家院所高校，重点围绕怒江草果品种选育、草果品质分析化验、草果产品深加工、草果病虫害种类鉴定、绿色防控技术措施推广等方面开展研究，合作开展技术攻关。通过试验、示范，先后总结推广10项行之有效的提质增效技术措施，为全州草果产业发展提供强有力的技术支撑。三是突破重点"瓶颈"。实施农业农村部农业科技成果转化与应用推广项目"怒江州草果提质增效技术集成与示范推广建设项目""怒江州20000亩草果提质增效示范样板基地建设"等项目建设，探索总结出草果低位微喷技术，养蜂辅助性授粉技术，草果专用运输索道技术，病虫鼠害的鉴定、防治技术，"草果＋中药材"种植模式，"遮阴网＋遮阴树＋草果＋喷灌"种植模式等一系列草果提质增效技术措施，为怒江100万亩草果提质增效提供有力的技术支撑。其中，"遮阴网＋遮阴树＋草果＋喷灌"使草果由原来5～6年挂果提前为2～3年，让贫困群众特别是易地扶贫搬迁群众及早获得收益。同时，种植遮阴树（桤木）实现了自然生态环境的良性保护和发展。

（五）精深加工促进融合，迈出品牌提升新步伐

一是提升加工能力。云能投怒江州产业开发投资有限公司采用微波干燥生产技术，成为全国第一家具备全自动化、高技术标准、高质量标准的草果电烘烤加工生产线，公司拥有草果生产基地6000亩，现代化草果生产线3条，年生产鲜草果3000吨。怒江胜源农特产品购销有限公司拥有18个烘烤炉，2018年生产加工鲜草果5000吨。福贡伟诚农产品贸易有限责任公司拥有8个烘烤炉，年生产加工、收购鲜草果5000吨。怒江贡当石头阁农林旅游产品开发有限公司拥有48个烘烤炉，年生产鲜草果2500吨。二是打造区域品牌。依托怒江州扶贫投资开发有限公司注册"天境怒江"等39个草果商标121个类别，研发精深加工生产草果酱、草果酒、泡草果、草果料包等产品10余种，通过延伸草果产业链，提高附加值，实现怒江草果加工营销组织化运作，进一步提升了怒江草果知名度。目前，正在全力推进怒江草果的地理标志证明商标、怒江草果地理标志产品保护、怒江草果地方标准等申报工作。通过"中国光彩事业怒江行"、商务部全国农产品产销对接行、农业农村部"三区三州"贫困地区农产品产销对接专场活动，"南博会""农博会""云品汇""苏宁易购中华特色馆"等电商平台，多渠道开展产品推介，培育市场，引导消费，加强产销对接，促进草果产品出山出海，推动草果产业做优做强，持续健康稳定发展。三是促进融合发展。出台《怒江州绿色香料产业建设方案（2018—2022年）》，编制《怒江新城绿色香料产业园概念规划设计初步方案》《怒江新城绿色香料产业园可行性研究报告》《怒江新城绿色香料产业园项目建议书》等，挖掘以草果为核心的怒江香料文化，宣传、推广绿色香料产业文化及产品，建设绿色香料产业园区，探索一、二、三产业融合的全产业链发展。瞄准建成集加工、研发、商贸、展示、文化、旅游于一体的国家级绿色香料产业园区，实施品牌打造、商贸物流、龙头培育、科技支撑、文化引领五大工程建设，重点研发草果芽、草果花、嫩草果做食材开发蔬菜、泡菜及叶鞘工艺品编织、手工皂制作、

精油、香水、面膜、果酱、糕点、混合香料等产品，通过深加工延长产业链，拓宽群众增收渠道，着力打响怒江生态优质草果品牌，力争到 2022 年全州草果种植面积达 130 万亩，年产值达 18 亿元以上，实现小产业、大收益的目标，助推全州脱贫攻坚和乡村振兴。（来源：云南省农业农村厅发展规划处）

三、典型之三

贡山独龙江退耕还林还草实效

党的十八大以来，贡山独龙族怒族自治县深入贯彻落实习近平生态文明思想，牢固树立"绿水青山就是金山银山"的发展理念，大力实施天然林保护、退耕还林还草、陡坡治理、水土流失综合治理、复垦复绿等生态保护建设工程，积极推进"怒江花谷"建设，实现了保护绿水青山和群众增收致富、县域经济可持续发展的互促双赢。

（一）为山川添新绿

2022 年 6 月 12 日，贡山独龙族怒族自治县独龙江乡、捧当乡、丙中洛镇等地的千余名干部群众，在沿江坡地、面山地带、搬迁安置点周边挥锹铲土，栽下了一棵棵红豆杉、冬樱花、四季茶花、金叶女贞等植物，接力开展植树造林活动，为贡山再添新绿。

贡山独龙族怒族自治县林草局局长赵福元说，种一棵树，增一片绿，已成为贡山县各族群众的共识，自 2022 年城乡绿化美化活动开展以来，贡山独龙族怒族自治县已完成绿化美化面积 201 亩，种植树木、花卉 2.4 万余株。贡山独龙族怒族自治县地处怒江大峡谷腹地，是"三江并流"世界自然遗产核心区、国家第一批重点生态功能区，境内有高黎贡山国家级自然保护区，占全县国土总面积的 55.45%。

为切实守护好国家西南生态安全屏障，贡山独龙族怒族自治县建起了四级森林资源管理队伍体系，县里成立了森林资源管护大队，乡镇成立中队，村委会成立小队，237 个村民小组成立管护小组，选聘了 4680 名生态护林员，73 条河流有了管护主人，实现"山山有人守、箐箐有人护、江河有人管"，确保林区和自然保护区的森林资源安全。同时，全面打响污染防治攻坚战，推进以蜜源花卉种植、安置点人居环境绿化为重点的"怒江花谷"建设，种植杜鹃、樱花等特色树种 13.664 万株，完成退耕还林项目 1.3 万亩、天保工程公益林建设 72.47 万亩，厚植生态优势，让生态建设与绿色生态经济协同发展，城乡各地绿意盎然。

（二）生态好，产业兴

依托良好的生态环境，立足秀美的山水风光，贡山独龙族怒族自治县各族群众牢记习近平总书记"建设好家乡，守护好边疆"的殷殷嘱托，积极发展高原特色农业、林下产业和生态旅游业，厚植绿色发展底蕴，扩增生态红利。目前，贡山独龙族怒族自治县中华蜂养殖达 3.01 万箱，草果种植面积 31.6 万亩，发展木本油料 66.7 万亩，种植中药材 0.8 万亩，林下产业组织（生态扶贫合作社）10 个，打造出独龙江乡、丙中洛及茶腊、东风、重丁、秋那桶、雾里等民族村寨和旅游特色村（镇），让生态产业"产金出银"，好风景成为大"钱"景。

（三）独龙江乡巨变

独龙族是我国 28 个人口较少民族、云南省 9 个"直过民族"之一。独龙江乡是独龙族的唯一聚居区，位于独龙江流域中缅和滇藏接合部，"三江并流"世界自然遗产核心区之一，全乡面积 1994 平方千米，

6 村 1142 户 4194 人。长期以来，独龙江乡一直是我国最偏远、最封闭、最贫困的乡镇之一，独龙族整族贫困状况突出。在习近平总书记和党中央的关怀下，当地干部和群众"苦干实干"，独龙族于 2018 年率先实现整族脱贫，创造了人类反贫困历史的中国奇迹——从食不果腹到整族脱贫。2009 年，独龙江乡贫困人口为 3946，贫困发生率高达 95.26%。2014 年，全乡识别建档立卡贫困户 609 户 2311 人，贫困发生率为 37.4%，比全国高 30 个百分点，是 28 个人口较少民族平均水平的 2 倍。2018 年，独龙江乡实现整乡脱贫出列，2020 年贫困人口 100% 脱贫。经济收入方面，独龙江乡农村经济总收入从 2009 年的 493 万元提升到 2020 年的 4263.83 万元，农民人均总收入从 2009 年的 908 元跃升至 2020 年的 10166.5 元。

从采集狩猎到多元生计。人口较少的独龙族分散居住在 1994 平方千米的辽阔土地上，独龙江河谷地带和两岸的高山密林为独龙族群众提供了多种多样的动植物资源，使独龙族群众逐渐形成"采集 - 打猎 - 种植"三位一体的经济类型，培育出特有的生态智慧、生存技能与生存空间。但随着独龙江与外部社会、经济、文化体系完全联通，独龙族群众搬迁进入现代社区，原来的"均衡"状态就面临"转型的脆弱性"。

从烧山毁山到金山银山。过去，独龙族人民靠林"吃"林、轮歇烧荒、刀耕火种、广种薄收的传统生产方式使大片的原始森林逐年减少。2001 年，独龙江乡实施退耕还林和全面停止对天然林的商品性采伐政策，结束乱砍滥挖的历史。2013 年，独龙江乡进一步探索"生态保护"与"脱贫"双赢的发展路子，在保护优先的前提下发展林下特色产业和实施生态补偿政策。2016 年，全乡通过《独龙江保护管理条例》，将独龙江生态环境保护法治化，并积极开展"保护生态，建设美好家园"主题教育，"绿水青山就是金山银山"化为每一个独龙族群众的自觉行动。2020 年，独龙江乡成功创建独龙江 AAA 级景区，国家级公益林面积达 6.1478 万亩。

从灾害频发地到全球生物多样性优先重点保护区。独龙江流域是东南亚 3 个多雨中心之一，为我国之最。在时间方面，独龙江是全云南省雨季开始得最早的地区之一，生态脆弱，再加上境内沟壑纵深，山体坡度大，长时间下雨导致自然灾害频繁。如今，独龙江乡脱贫攻坚实践中，坚持走绿色减贫、绿色富民之路，落实用活生态补偿政策，将有劳动能力的贫困户，就地选聘为生态护林员、护边巡边员，并积极发展契合当地生态的林果产业，走高端生态旅游路线，生态兴业，极大激发了群众"造绿""护绿""借绿"就地脱贫的内在活力和内生动力。

从分散的权权房到社区化的安居房。过去，独龙族群众居住在茅草房、权权房、木垒房或竹篾房中，人均住房面积不到 6 平方米，三五十里（1 里 =500 米，全书同）才有一村，每村多则七八户，少则二三户，每户相距七八里或十余里不等。如今，积极调动村民主动性，成立邻里互助组织，安居房里水、电、卫生设施齐全，村容整洁，道路宽敞，公共活动场所和公益性基础设施一应俱全，群众积极融入现代村居生活，在搬迁过程中最大限度保留了村寨原有血缘和邻里关系为基础的社会联结，就近、就地集中安置，针对居住地与生产地分离问题，保留并修缮了村民的生产性用房，并将其开发为具有古村落的原生态旅游景点。

从与世隔绝到交通生命线建成。1949 年前，独龙江乡到贡山独龙族怒族自治县只有古栈道。1999 年，独龙江简易公路竣工通车，结束了我国最后一个少数民族不通公路的历史，"人背马驮"彻底终结。2015 年，高黎贡山隧道 6.68 千米贯通，独龙江乡彻底告别半年大雪封山的历史，实现了独龙族人民"坐上汽车回家乡"，走出深山峡谷的愿望。到 2020 年，全乡铺设沥青路面和水泥路面达 150 千米，公路等级提升为三级柏油路，6 个行政村 28 个自然村全部通车，独龙江乡现代交通生命线基本建成。

第六章
绿美丽江

第一节　丽江市概况

一、位置

丽江市位于云南省西北部，处于云贵高原与青藏高原的衔接地段，位于青藏高原东南缘，横断山脉东部，是国际知名旅游城市、古代"南方丝绸之路"和"茶马古道"的重要通道。地理坐标介于东经99°23′~101°31′，北纬25°59′~27°56′，东西最大横距212.5千米，南北最大纵距213.5千米，距昆明市527千米。丽江市总面积205.66万公顷。北连迪庆藏族自治州，南接大理白族自治州，西邻怒江傈僳族自治州，东与四川凉山彝族自治州和攀枝花市接壤。丽江市下辖1个市辖区、4个县。

二、地形

地处青藏高原东南缘，滇西北横断山脉纵谷地带，西北高，东南低，呈阶梯状展开，高山峡谷相间排列，高原盆地镶嵌，间夹丘陵、江河、湖泊。金沙江由西北入境，纵贯丽江市中部，由南向东奔流而去。

三、主要山脉

玉龙雪山、绵绵山、云岭等。均为西北向东南走向。最高山峰：玉龙雪山，海拔5596米。

四、主要河流与湖泊

金沙江、李子河、冲江河、西布河、五朗河、仁里河、楚衣河等。湖泊水库有程海、泸沽湖、拉市海、西马场水库、小坪水库、浪水坪水库等。

五、交通

交通发展较快，214 国道和 220 省道、221 省道、303 省道、225 省道、217 省道穿越过境，和众多县乡道相连，昆明—丽江—香格里拉高铁、高速构成网络，丽江三义机场，四通八达。

六、风景名胜

世界文化遗产——丽江古城，玉龙雪山风景名胜区，玉龙黎明老君山国家地质公园，长江上游珍稀、特有鱼类国家自然保护区。

第二节　丽江市实施退耕还林工程情况

一、丽江市各县（区）退耕还林工程实施面积情况

云南省丽江市退耕还林工程自 2002 年全面启动，截至 2020 年，丽江市累计完成退耕还林工程建设任务 108.29 万亩，前一轮完成 69.20 万亩，其中，退耕还林 23.40 万亩，荒山荒地还林 43.30 万亩，封山育林 2.50 万亩；新一轮退耕还林工程完成 39.09 万亩，其中，退耕还林 26.99 万亩，退耕还草 12.10 万亩，使丽江市森林覆盖率提高了 3.04 个百分点。丽江市退耕还林工程实施成效显著，林草生态系统呈现健康状况向好、质量逐步提升、功能稳步增强的发展态势。丽江市各县（区）退耕还林工程实施面积统计详见表 6-1 和图 6-1。

表 6-1　丽江市各县（区）退耕还林工程实施面积统计表

单位：万亩

实施单位	合计	前一轮退耕还林				新一轮退耕还林		
		计	退耕地造林	荒山荒地还林	封山育林	计	退耕还林	退耕还草
丽江市	108.29	69.20	23.40	43.30	2.50	39.09	26.99	12.10
古城区	6.08	5.98	1.56	4.42		0.10	0.10	0.00
玉龙纳西族自治县	17.90	16.02	5.64	10.38		1.88	1.48	0.40
永胜县	21.20	12.40	5.20	7.20		8.80	7.10	1.70
华坪县	8.46	7.30	3.30	4.00		1.16	1.16	
宁蒗彝族自治县	54.65	27.50	7.70	17.30	2.50	27.15	17.15	10.00

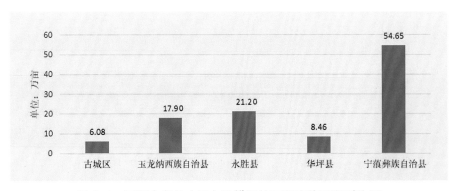

图 6-1　丽江市各县（区）退耕还林工程实施面积对比图

二、丽江各县（区）退耕还林工程中央资金补助统计

丽江市退耕还林工程自 2002 年全面启动，截至 2020 年，国家累计下达退耕还林补助资金 9.63 亿元，前一轮下达补助资金 4.21 亿元，其中，现金补助 0.37 亿元，粮食折算现金补助 3.84 亿元；新一轮退耕还林国家补助资金 5.42 亿元，其中，退耕还林补助资金 4.21 亿元，退耕还草补助资金 1.21 亿元。丽江市各县（区）国家下达退耕还林工程补助资金统计详见表 6–2 和图 6–2。

表 6-2　丽江市各县（区）国家下达退耕还林工程补助资金统计表

单位：亿元

实施单位	合计	前一轮省退耕还林			新一轮退耕还林		
		小计	现金	粮食折算现金	计	退耕还林	退耕还草
丽江市	9.63	4.21	0.37	3.84	5.42	4.21	1.21
古城区	0.31	0.29	0.02	0.26	0.02	0.02	
玉龙纳西族自治县	1.29	1.02	0.09	0.93	0.27	0.23	0.04
永胜县	2.21	0.92	0.08	0.84	1.29	1.12	0.17
华坪县	0.74	0.56	0.05	0.51	0.18	0.18	
宁蒗彝族自治县	5.07	1.41	0.12	1.29	3.66	2.66	1.00

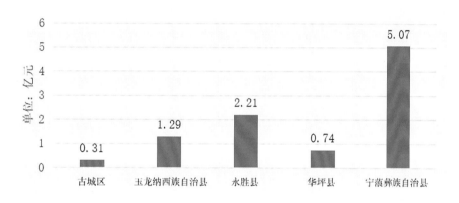

图 6-2　丽江市各县（区）国家下达退耕还林工程补助资金对比图

第三节　绿美丽江之典型

一、典型之一

丽江退耕还林兴绿色发展产业

自 2000 年启动退耕还林工程以来，丽江始终按照"结合实际、发展产业、注重生态、兼顾效益"的总体要求，不断完善政策措施，狠抓工程建设质量，强化项目管理，圆满完成了各项目标任务。截至 2013 年，丽江市累计完成退耕还林任务 46133.34 公顷（退耕还林 15600 公顷，荒山荒地造林 26866.67 公顷，封山育林 3666.67 公顷）。工程覆盖全市 1 区 4 县 63 个乡镇 5.67 万农户，受益人口 26.17 万人，户均受益 11870 元，人均受益 2572 元。至 2007 年，退耕还林前一轮政策补助到期面积全市 15599.99 公顷，其中，14633.33 公顷生态林，893.33 公顷经济林和 73.33 公顷还草，并顺利通过国家的重点核查。丽江市

抓住国家实施完善退耕还林政策的有利机遇，因地制宜地引导和带动广大农户大力发展特色经济林，通过10多年的发展，形成了古城区重点发展柠檬、桃、青梅、中药材，玉龙纳西族自治县重点发展核桃、花椒、油橄榄；永胜县重点发展花椒、核桃，华坪县重点发展茶叶、核桃、杧果、花椒，宁蒗彝族自治县重点发展核桃、花椒、中药材的产业发展格局。以产业促发展、以规模促效益的新型林业产业发展模式，给广大退耕农户带来了更多经济效益，使退耕还林政策更加深入人心。为确保退耕还林工程达到"退得下、还得上、稳得住、不反弹、能致富"的总目标，在退耕还林工程政策补助陆续到期时，国务院于2007年8月9日下发《国务院关于完善退耕还林政策的通知》，决定延长补助期限，继续对退耕农户给予适当补助，着力从加强基本口粮田、农村能源、后续产业、技术技能培训、补植补造5个方面的建设来达到巩固退耕成果的目的。至2013年，丽江市完成巩固退耕还林成果林业项目种植业面积16203.86公顷，其中，新增特色经济林13667.45公顷，林下种植1494.28公顷，优化树种1042.13公顷；完成技术技能培训19751人，补植补造2033.33公顷；完成农村能源建设沼气池19100口，节柴灶3853眼，太阳能11479台；完成巩固退耕还林成果国家专项资金9605.83万元，其中林业项目资金4842.65万元。

二、典型之二

华坪县42万亩杧果助农增收致富

在乡村振兴战略实施进程中，产业振兴是最核心、最重要的一环。华坪县杧果产业经过50多年的探索发展，从零星分散粗放种植转变为绿色生态连片规模化种植，传统种植业升级为现代化农业产业，杧果产业已成为了华坪县农民增收的第一大富民产业。

走进荣将镇龙头果子山，映入眼帘的是漫山遍野的杧果树，果实累累，果香阵阵。果农们在忙着除草修枝，做好果树管护。龙头村13组村民张洪勇告诉记者，自发展杧果产业以来，他们一直用"畜—沼—果"等绿色生态循环农业发展模式，用养鹅除草、养鸡除虫以及悬挂杀虫灯、黏虫板等生物农艺措施及病虫害绿色防控技术，进行标准化种植，严格按标准使用有机农药化肥，促进杧果绿色、有机发展。

龙头村13组村民赵德容说："我家在龙头果子山种植了80多亩杧果，近几年通过土壤改良、人工除草、施有机肥来进行有机种植，杧果品质、口感都有很大的提高。"

龙头村果子山是华坪县最大的集中连片杧果种植区。全村杧果种植从最初的13户发展到2021年底的971户，种植面积从1000余亩发展到4.39万亩，主栽品种有凯特、圣心、象牙、热农等。2013年，"华坪杧果"获得国家地理标志产品保护，龙头村成为国家地理标志产品保护"华坪杧果"的核心产区。2019年，果子山万亩杧果基地获得"最大规模的杧果种植园"吉尼斯世界纪录TM认证、3万亩杧果获得无公害认证、3865亩杧果获得绿色认证、4399亩杧果获得有机认证、3999亩杧果获得欧盟认证，龙头村也真正成为了全县产业强村富民工程的典型代表和杧果产业的"龙头"。

近年来，立足金沙江干热河谷气候优势，华坪县始终坚持把发展高原特色农业作为全县产业转型升级的首要任务来抓，高标准地编制了《华坪县杧果产业发展规划》，以规划为引领，以制度为保障，多措并举推动杧果产业科学发展。

截至2021年底，全县杧果种植面积42万亩，产量36.7万吨，杧果产值24.7亿元，占农业总产值的71%，加工产值45.4亿元，加工产值与农业产值之比为1.84∶1，杧果种植面积、产量产值均位列全省第一、全国第三，全县人均杧果种植面积位列全国第一。

　　华坪县已形成了 2 个种植规模达 10 万亩的杧果强镇（荣将镇、石龙坝镇），建设了龙头果子山有机晚熟杧果示范基地、德茂棋盘山万亩杧果示范基地、金沙江百里杧果长廊 3 个万亩有机晚熟杧果示范基地、4 个杧果科技示范村、6 个千亩优质晚熟杧果示范基地、22 个百亩科技示范园。全国"一村一品"示范村镇 7 个，石龙坝镇、荣将镇被评为 2021 年全国乡村特色产业 10 亿元镇，哲理村、民主村、临江村、龙头村 4 个村被评为"全国乡村特色产业产值超亿元村"。

第七章
绿美大理

第一节　大理白族自治州概况

一、位置

大理白族自治州地处云南省中部偏西，地理位置介于东经 98°52′~101°03′，北纬 24°41′~26°42′，东临楚雄彝族自治州，南靠普洱市、临沧市，西与保山市、怒江傈僳族自治州相连，北接丽江市。东西最大横距 320 千米，南北最大纵距 270 千米，州府驻地大理市下关，距昆明市 338 千米。大理白族自治州总面积 294.59 万公顷，山区面积占总面积的 93.4%，坝区面积占 6.6%。东西最大横距 320 千米，南北最大纵距 270 千米。全州辖有大理市、漾濞彝族自治县、祥云县、宾川县、弥渡县、南涧彝族自治县、巍山彝族回族自治县、永平县、云龙县、洱源县、剑川县、鹤庆县，共 1 市 11 县，是我国唯一的白族自治州，是闻名于世的电影"五朵金花"的故乡。

二、地形

地处云贵高原与横断山脉接合部，西北高，东南低，地形地貌复杂多样，点苍山以西为高山峡谷区，以东为中山坡耕地形。境内的山脉主要属云岭山脉及怒山山脉。点苍山位于中部，巍峨挺拔；北部雪班山是州内最高峰，海拔为 4295 米。

三、河流湖泊

干流有澜沧江，支流有黑惠江、沘江等；湖泊有洱海、剑湖、茈碧湖等。

四、交通

为滇西交通枢纽，昆明、大理、丽江高铁、高速，杭瑞高速和 214 国道、320 国道过境，多条省道纵横境内，大理机场有通往昆明、广州等地航班。

五、风景名胜

大理历史文化名城、国家风景名胜区有大理苍山国家地质公园、无量山、苍山洱海国家级自然保护区、巍宝山、东山、清华洞、灵宝山国家森林公园、石门关、西湖、千狮山、大理古城、石宝山、崇圣寺三塔等。

第二节　大理白族自治州实施退耕还林工程情况

一、大理白族自治州各县（市）退耕还林工程实施面积情况

云南省大理白族自治州退耕还林工程自2002年全面启动，截至2020年，全州累计完成退耕还林工程建设任务182.82万亩，前一轮完成120.60万亩，其中，退耕还林48.80万亩，荒山荒地还林67.30万亩，封山育林4.50万亩；新一轮退耕还林工程完成62.22万亩，其中，退耕还林56.28万亩，退耕还草5.94万亩，使全州森林覆盖率提高了3.90个百分点。大理市退耕还林工程实施成效显著，林草生态系统呈现健康状况向好、质量逐步提升、功能稳步增强的发展态势。大理白族自治州各县（市）退耕还林工程实施面积统计详见表7-1和图7-1。

表7-1 大理白族自治州各县（市）退耕还林工程实施面积统计表

单位：万亩

实施单位	合计	前一轮退耕还林				新一轮退耕还林		
		计	退耕地造林	荒山荒地还林	封山育林	计	退耕还林	退耕还草
大理白族自治州	182.82	120.60	48.80	67.30	4.50	62.22	56.28	5.94
大理市	8.49	7.00	3.00	4.00		1.49	1.49	
漾濞彝族自治县	10.18	6.00	2.40	2.60	1.00	4.18	3.58	0.60
祥云县	14.38	11.00	5.80	5.20		3.38	3.28	0.10
宾川县	16.24	10.60	3.80	6.80		5.64	5.04	0.60
弥渡县	13.16	9.10	4.00	5.10		4.06	4.06	
南涧彝族自治县	15.39	10.60	3.40	6.20	1.00	4.79	4.79	
巍山彝族回族自治县	27.72	12.40	5.50	6.90		15.32	14.10	1.22
永平县	16.36	9.40	3.20	4.70	1.50	6.96	5.46	1.50
云龙县	20.73	8.40	3.70	3.70	1.00	12.33	11.83	0.50
洱源县	17.32	15.60	6.40	9.20		1.72	0.80	0.92
剑川县	7.84	7.30	3.00	4.30		0.54	0.54	
鹤庆县	15.01	13.20	4.60	8.60		1.81	1.31	0.50

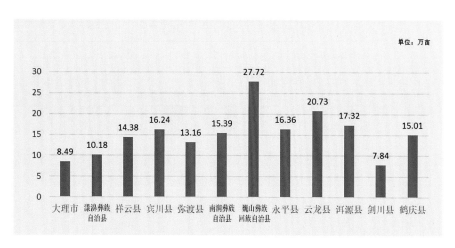

图7-1 大理白族自治州各县（市）退耕还林工程实施面积对比图

二、大理白族自治州各县（市）退耕还林工程中央资金补助统计

大理白族自治州退耕还林工程自2002年全面启动，截至2020年，国家累计下达大理退耕还林补助资金18.28亿元，前一轮下达补助资金8.86亿元，其中，现金补助0.77亿元，粮食折算现金补助8.09亿元；新一轮退耕还林补助资金9.42亿元，其中，退耕还林补助资金8.83亿元，退耕还草补助资金0.59亿元。大理白族自治州各县（市）国家下达退耕还林工程补助资金统计详见表7-2和图7-2。

表7-2 大理白族自治州各县（市）国家下达退耕还林工程补助资金统计表

单位：亿元

实施单位	合计	前一轮省退耕还林			新一轮退耕还林		
		小计	现金	粮食折算现金	计	退耕还林	退耕还草
大理白族自治州	18.28	8.86	0.77	8.09	9.42	8.83	0.59
大理市	0.80	0.56	0.05	0.51	0.24	0.24	
漾濞彝族自治县	1.04	0.44	0.04	0.40	0.60	0.54	0.06
祥云县	1.54	1.03	0.09	0.94	0.51	0.50	0.01
宾川县	1.54	0.68	0.06	0.62	0.86	0.80	0.06
弥渡县	1.36	0.72	0.06	0.66	0.64	0.64	
南涧彝族自治县	1.40	0.63	0.05	0.57	0.77	0.77	
巍山彝族回族自治县	3.35	1.01	0.09	0.92	2.34	2.22	0.12
永平县	1.61	0.59	0.05	0.54	1.02	0.87	0.15
云龙县	2.54	0.66	0.06	0.60	1.88	1.83	0.05
洱源县	1.37	1.15	0.10	1.05	0.22	0.13	0.09
剑川县	0.64	0.55	0.05	0.50	0.09	0.09	
鹤庆县	1.08	0.83	0.07	0.76	0.25	0.20	0.05

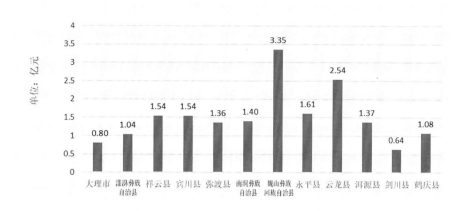

图7-2 大理白族自治州各县（市）国家下达退耕还林工程补助资金对比图

第三节 绿美大理之典型

一、典型之一

大理白族自治州退耕还林工程成效显著

大理白族自治州退耕还林自2000年启动实施以来，在各级党委政府的重视下，工程进展顺利，取得了阶段性成效，初步实现了生态、经济双赢。到2012年6月底，大理白族自治州已累计完成退耕还林117.6万亩，其中，退耕还林48.8万亩，荒山荒地造林64.3万亩，封山育林4.5万亩。工程覆盖了全州12个县（市）109个乡镇821个行政村156640户农户和639020名农民。通过退耕还林工程项目的实施，全州新增森林植被面积117.6万亩，现已成林56.18万亩，森林覆盖率提高了1.3个百分点，退耕农户从退耕还林工程中户均获得国家政策补助2664.4元，人均1641.7元。与此同时，结合退耕还林工程项目的实施，全州累计种植核桃、蚕桑、柑橘、茶叶等特色经济林58.1848万亩，目前已初步产生效益的有23.1425万亩，产值12358.4万元，每年退耕农户户均获利788.9元，人均193.4元。退耕还林工程在改善大理白族自治州生态环境的同时，也为山区群众增收致富开辟了新的途径。

自2014年实施新一轮退耕还林工程以来，大理白族自治州坚持生态优先、尊重科学规律、强化政策落实、加强后期管护、全面落实责任，以生态脆弱地区为重点，将生态效益、经济效益与精准扶贫相结合，在保护和修复生态环境的同时，大力发展特色林业产业，促进了山区农民增收致富。截至2018年底，全州共实施新一轮退耕还林30.76万亩，新一轮退耕还林生态效益、经济效益、社会效益不断显现。

生态环境明显改善。依托退耕还林、天然林保护、造林绿化等工程，洱海流域、红河源头、澜沧江流域、金沙江流域等重点流域生态脆弱区，主要道路沿线重点地段及水土流失严重区域的坡耕地已被林地覆盖，增加了地表植被覆盖度，扭转了治理区生态恶化的趋势，实现了森林面积、蓄积的双增长，涵养了水源，减少了土壤侵蚀，有效减少了洱海等重点流域的农业面源污染，全州生态环境得到了明显改善，全州森林覆盖率由1998年的48.67%增加到2017年的60.81%，增加近12个百分点。

经济效益不断显现。新一轮退耕还林工程以深度贫困地区为主攻方向，与贫困地区退耕需求、产业发展、易地搬迁后土地安置等紧密结合，优先安排新一轮退耕还林工程保障搬迁农户和贫困户退耕需求，新一轮退耕还林实施以来已惠及了全州12个县（市）10731户贫困户42154名贫困人口，力争到2020年，实现全州贫困地区应退尽退，建档立卡贫困户应纳尽纳，助力贫困群众持续增收。结合退耕还林工程的实施，因地制宜推进了以核桃产业为主，石榴、蚕桑、茶叶、云南红梨等一批藏富于民的绿色产业的蓬勃发展。2017年底，全州核桃种植面积达1015万亩，全州农民人均核桃种植面积达3.8亩以上，核桃产量33.86万吨，产值达76.08亿元，农民人均核桃产值3706元，很多山区农户依靠种植核桃摆脱了贫困，核桃产业成为了全州带动性强、受益面广的富民产业。依托退耕还林的生态旅游迅速发展，林草、林药、林下养鸡等多种林下种植和养殖业发展迅速，生态与产业协调发展的新模式不断涌现，实现了生态与经济的双赢。

社会效益日益凸显。退耕还林工程的实施使土地资源得到合理利用，促进了项目区农村劳动力的转移，改变了山区农民世世代代依赖土地、靠山吃山、广种薄收的生产、生活习惯，大批农民从单一的农耕劳动中解放出来，逐步转向养殖、加工、劳务输出等行业，改变了农村家庭经济收入结构，拉动了农村经济的大发展，为农村经济社会发展注入了新的活力。同时，退耕还林工程的实施还提高了农民群众以及全社会的生态意识、环保意识和文明意识，为全州经济社会可持续发展奠定了基础。

二、典型之二

大理巍山新一轮退耕的金果银果

巍山彝族回族自治县位于大理白族自治州南部，北连大理，东邻弥渡，南邻南涧、凤庆，西临漾濞、昌宁，县城所在地南诏镇距离下关51千米。全县辖6乡4镇83个村（居）委员会1344个村民小组，土地面积2200平方千米，其中，山区2052平方千米，坝区148平方千米。境内共有25个民族，其中有汉族、彝族、回族、白族、苗族、傈僳族6个世居民族。全县总人口32.02万人，其中少数民族人口14.6万人，占总人口的45.75%。

巍山有悠久的历史文化，是南诏国的发祥地和古都、茶马古道重镇和彝族寻根祭祖圣地，清代曾被御封为"文献名邦"。境内有距今600余年的巍山古城，有各级文物保护单位59项，有国家级森林公园、道教名山巍宝山，有鸟类迁徙的要道鸟道雄关，是国际河流红河的发源地。拥有"文献名邦""国家历史文化名城""中华彝族祭祖圣地""中国彝族打歌之乡""中国民间扎染艺术之乡""中国名小吃之乡""中国最佳旅游魅力名县"等多项殊荣。"南诏古都、彝祖故里、道教圣地、鸟道雄关、红河之源、和谐回村"是巍山极具地方特色和民族特点的6张名片。

巍山县林业用地238.65万亩，占全县土地总面积的72.87%；有林地193.8万亩，占全县土地总面积的59.18%，活立木总蓄积量为617.57万立方米。全县生态公益林面积108.45万亩，占47.9%；商品林面积118.05万亩，占52.1%。全县核桃基地面积95.3万亩，华山松基地面积达22万亩，林业总产值14亿元，森林覆盖率达到64.07%。现有自然保护区3个，保护区面积4.94万亩，其中，省级自然保护区1个（青华绿孔雀省级自然保护区），面积1.5万亩；州级自然保护区2个（巍宝山州级自然保护区、鸟道雄关州级自然保护区），面积3.44万亩。

（一）新一轮工程实施情况

2014—2020年，上级下达巍山彝族回族自治县新一轮退耕还林建设计划任务14.1万亩，目前完成造林14.1万亩，其中，2014年、2015年、2016年、2017年、2018年、2020分别完成0.5万亩、0.5万亩、2万亩、4万亩、6万亩、1.1万亩，完成计划任务的100%。新一轮退耕还林工程项目涉及10个乡镇 30638 户退耕户 105685 退耕人口，其中，涉及贫困户 1928 户，贫困人口 12750 人参与退耕还林，贫困户实施退耕还林面积 2.0992 万亩，贫困户可累计得到国家政策补助资金 3358.72 万元，户均累计可得到国家政策补助资金 17421 元。

工程建设按照"因地制宜，适地适树"原则，结合当地产业结构状况、林业发展现状和群众意愿，选取树种，科学进行设计。退耕地还林工程分别选取了核桃、红雪梨、香橼、柠檬、木瓜、杧果、澳洲坚果等适合当地条件以及产业发展需求的经济林木品种，充分将工程的生态效益、社会效益和经济效益相统一。

（二）主要做法

1.强化组织领导，狠抓责任落实

新一轮退耕还林工程建设项目在县委、县政府高度重视和上级部门的指导下，设立了天然林资源保护暨退耕还林工程建设领导小组，下设办公室，对工程项目的实施进行全面监督，及时解决发现的问题。为保证工程顺利实施，不定期召开全县专题会议，对新一轮退耕还林工作进行研究部署，并专题研究种苗采购、林种质量把关及整地、种植、验收等各项工作，县人民政府与各项目乡镇签订各年度的目标责任状，明确任务，落实责任，进一步推动了工程建设。

2.聚焦脱贫攻坚，优化项目布局

在项目实施过程中，始终聚焦精准扶贫、精准脱贫的要求，认真贯彻落实全县扶贫"一盘棋"的要求，把项目优先安排到贫困乡村实施，真正做到项目扶持精准到村、到户、到人，让贫困群众通过实施新一轮退耕还林工程发展产业和增加收入。在实施退耕还林过程中，始终坚持生态建设产业化、产业发展生态化的思路，结合全县产业发展规划，选择既有生态功能，又有经济价值的树种进行退耕，通过种植核桃、红雪梨、板栗、石榴、柑橘、杧果、坚果、柠檬等经济林果，既改善了黑惠江沿线、坝区城镇面山的生态环境，又带动了贫困地区群众的产业发展，充分将工程的生态效益、社会效益和经济效益相统一。

3.强化协作配合，加强工作督导

在项目过程实施中，县级林草、自然资源、农业、财政、发改、扶贫等部门密切配合、通力协作，确保了项目的顺利推进。同时县委、县政府督查室和县林业局相关人员组成联合督查组，对新一轮退耕还林工作进展情况和工程建设质量进行了多次督查，促进工程保质保量快速推进。

4.广泛宣传动员，营造良好氛围

巍山县加大新一轮退耕还林相关政策的宣传力度，特别是对省政府办公厅《关于完善政策鼓励和引导社会资本推进新一轮退耕还林还草工程建设的指导意见》（云政办发〔2017〕129 号）文件进行广泛宣传，大力宣传吸引社会资本参与退耕还林工程建设的政策和措施，鼓励群众积极参与，充分享受规模化、集约化经营带来的综合效益，营造社会资本参与工程建设的良好社会环境和舆论氛围。

5.加强培训指导，强化技术运用

为了做好新一轮工程的实施，县林业局派出 22 名技术人员挂钩项目实施乡镇进行技术指导及工程作业设计的外业工作，同时为进一步提高工作效率和工程建设质量，巍山彝族回族自治县多次召开技术业务培训会议，通过实践提出将谷歌地球软件、91 卫图助手软件和 ArcGIS 软件相结合，组合应用于退耕还林地块勾绘、地块面积测算、矢量文件编制、检查验收和工程管理等工作中，极大地节省了人力、物力和财力，进一步提高了工作效率。

6. 定期检查验收，确保工程质量

为推进工程项目的实施和保证工程项目建设质量，对工程进展情况实行按月通报制度，同时对每年实施的退耕还林工程项目，按照上级要求组织完成县乡年度检查验收，并将县级检查验收成果通报到项目实施乡镇，根据县级检查验收合格面积进行补助资金的兑付，对检查验收不合格面积要求项目乡镇及时组织补植补造，直至达到验收合格标准。

（三）建设成效

通过退耕还林工程的实施，项目建设取得了显著效益，为生态状况改善、产业结构调整、农村经济发展和农民及贫困户的增收致富及脱贫成果的巩固作出了突出贡献。

1. 取得了良好生态效益

巍山彝族回族自治县是红河的源头。山区面积占全省总面积的93.3%，水土流失面积占全县土地总面积的17.7%，自工程启动以来，全县实施新一轮退耕还林工程14.1万亩，有效地减少了全县陡坡耕作面积，工程区水土流失面积大幅度下降。通过实施新一轮退耕还林等工程，局部遏制了水土流失，有效地控制了泥沙流量，森林面积和蓄积明显增加，森林质量得到提高，工程区生态环境得到了较大改善，为加快巍山彝族回族自治县经济社会发展、维护国家生态安全作出了重要贡献。

2. 取得了良好经济效益

退耕还林的补助资金超过了农户从原广种薄收的耕地中获得的收益，已成为农户的重要经济收入。全县获得新一轮退耕还林补助资金17460万元，退耕农户户均累计从退耕还林补助中直接获得收入0.5699万元，人均获得收入1652元，促进了农民的增收，特别是贫困人口的增收。通过退耕还林工程的实施，使1928贫困户退耕农户参与实施退耕还林2.0992万亩，累计可得到国家补助资金3358.72万元，贫困户户均可累计得到国家补助资金1.742万元，使贫困人口从生态建设与修复中得到更多的实惠，较好地巩固了脱贫成果。另外，退耕地还林选取的核桃、红雪梨、香橼、柠檬、木瓜、杧果、澳洲坚果等适合当地条件以及产业发展需求的经济林木品种已取得初步经济成效。

2014年，五印乡在龙街村委会新联片区实施了0.15万亩退耕还林项目，种植树木为杧果，现长势良好已挂果，杧果每年每亩增加收入1200元，总产值达到180万元，受益范围覆盖龙街村委会大塘子、新联上、新联中、新联下、地固村5个村组共计180多户沿江群众。

青华乡茶国正农户2015年种植的250亩石榴，目前每亩收益2000元，除得到国家补助资金40万元外，每年增加收入50万元，取得较好的经济效益。

2018年，牛街乡新一轮退耕还林项目在爱民小密习村实施柠檬0.0112万亩，种植沃柑0.019万亩，目前柠檬、沃柑已经初具成效。按2019年市场价格计算，柠檬1万元/亩，沃柑3200元/亩左右，该村除得到国家补助资金48.32万元外，新增种植收入172.8万元，新一轮退耕还林项目为牛街乡林农注入了信心，为牛街产业发展夯实基础，很好地助力了乡村振兴。

3. 取得了良好社会效益

在工程建设过程中，巍山彝族回族自治县按照省委、省政府提出的"生态建设产业化，产业发展生态化"的发展思路，紧紧抓住国家实施退耕还林的机遇，结合林产业发展，充分利用退耕还林补助期长、投资高、涉及农户多的特点，引导和带动广大农户大力培植特色经济林，努力扩大种植面积，推动林产业大发展，增强脱贫致富的后劲。按照"因地制宜，适地适树"原则，选取了核桃、杧果、红雪梨、板栗、

石榴、木瓜、香橼、坚果、柠檬等适合当地条件及产业发展需求的经济林木品种，调整了贫困地区林业产业的结构，在退耕还林工程的带动下，全县进入了发展特色经济林的新一轮高潮。目前，营造的部分林木已经开始产生经济效益。随着工程的不断推进，有效地促进了山区产业结构调整和巩固脱贫成果，逐步培植了工程区的后续产业，为巍山彝族回族自治县林产业发展夯实了基础，推动了地方经济的健康发展。同时工程实施后，有效推动了农村剩余劳动力向城镇和二、三产业的转移，促进了退耕农户生产经营由原来以种植、养殖为主向多元化格局的转变，拓宽了增收渠道。

第八章
绿美迪庆

第一节　迪庆藏族自治州概况

一、位置

迪庆藏族自治州，藏语意为"吉祥如意的地方"，是云南省唯一的藏族自治州，位于云南省西北部，地理位置介于东经 98° 20′ ~ 100° 19′，北纬 26° 52′ ~ 29° 16′，东西最大横距 165 千米，南北最大纵距 225 千米，州政府驻香格里拉市建塘镇，距昆明市 683 千米。全州总面积 238.70 万公顷，东部毗邻四川省，东南部与丽江市交界，西南部邻怒江傈僳族自治州，西北部与西藏自治区接壤。

迪庆藏族自治州管理 1 个县（德钦县）、1 个自治县（维西傈僳族自治县），代管 1 个县级市（香格里拉市）。

二、地形

迪庆藏族自治州地处青藏高原东南缘，横断山脉腹地，是云贵高原向青藏高原的过渡带，这里地貌独特，有古高原面，也有大山、大川、大峡，是世界著名景观"三江并流"的腹心地带。迪庆藏族自治州有梅里雪山、白茫雪山和哈巴、巴拉格宗等北半球纬度最低的雪山群，并拥有明永恰、斯恰等罕见的低海拔（海拔 2700 米）现代冰川。

三、河流湖泊

主要河流有金沙江、澜沧江。湖泊有碧塔海、属都湖等。神女千湖山、碧塔海、硕都湖、纳帕海、天鹅湖等高山湖泊是亚洲大陆最纯净的淡水湖泊群，大、小中甸及硕都湖等秀丽草甸占迪庆州土地面积的 1/5。

四、交通

昆—大—丽—香高铁、高速；214 国道斜穿过境，并和 303 省道、233 省道、224 省道、226 省道连通各县乡公路；香格里拉机场有定期到省内州（市）和省外的航班。

五、风景名胜

"三江并流"世界自然遗产地，梅里雪山、白马雪山国家级自然保护区、普达措国家公园、哈巴雪山省级自然保护区、白水台风景区等。

第二节　迪庆藏族自治州实施退耕还林工程情况

一、迪庆藏族自治州各县（市）退耕还林工程实施面积情况

云南省迪庆藏族自治州退耕还林工程自 2002 年全面启动，截至 2020 年，全州累计完成退耕还林工程建设任务 58.87 万亩，前一轮完成 37.90 万亩，其中，退耕还林 15.60 万亩，荒山荒地还林 22.30 万亩；新一轮退耕还林工程完成 20.97 万亩，其中，退耕还林 20.65 万亩，退耕还草 0.32 万亩，使迪庆藏族自治州森林覆盖率提高了 1.64 个百分点。迪庆藏族自治州退耕还林工程实施成效显著，林草生态系统呈现健康状况向好、质量逐步提升、功能稳步增强的发展态势。迪庆藏族自治州各县（市）退耕还林工程实施面积统计详见表 8-1 和图 8-1。

表 8-1　迪庆藏族自治州各县（市）退耕还林工程实施面积统计表

单位：万亩

实施单位	合计	前一轮退耕还林				新一轮退耕还林		
		计	退耕地造林	荒山荒地还林	封山育林	计	退耕还林	退耕还草
迪庆藏族自治州	58.87	37.90	15.60	22.30		20.97	20.65	0.32
香格里拉市	22.16	19.50	6.00	13.50		2.66	2.54	0.12
德钦县	12.11	7.00	3.80	3.20		5.11	5.11	
维西傈僳族自治县	24.60	11.40	5.80	5.60		13.20	13.00	0.20

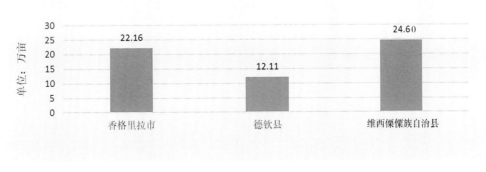

图 8-1　迪庆藏族自治州各县（市）退耕还林工程实施面积对比图

二、迪庆藏族自治州各县（市）退耕还林工程中央资金补助统计

迪庆藏族自治州退耕还林工程自 2002 年全面启动，截至 2020 年，国家累计下达迪庆藏族自治州退耕还林补助资金 6.04 亿元，前一轮下达补助资金 2.82 亿元，其中，现金补助 0.25 亿元，粮食折算现金补助 2.58 亿元；新一轮退耕还林国家补助资金 3.22 亿元，其中，退耕还林补助资金 3.19 亿元，退耕还草补助资金 0.03 亿元。迪庆藏族自治州各县（市）国家下达退耕还林工程补助资金统计详见表 8-2 和图 8-2。

表 8-2　迪庆藏族自治州各县（市）国家下达退耕还林工程补助资金统计表

单位：亿元

实施单位	合计	前一轮省退耕还林			新一轮退耕还林		
		小计	现金	粮食折算现金	计	退耕还林	退耕还草
迪庆藏族自治州	6.05	2.83	0.24	2.58	3.22	3.19	0.03
香格里拉市	1.48	1.08	0.09	0.99	0.40	0.39	0.01
德钦县	1.48	0.68	0.06	0.62	0.80	0.80	
维西傈僳族自治县	3.09	1.07	0.09	0.97	2.02	2.00	0.02

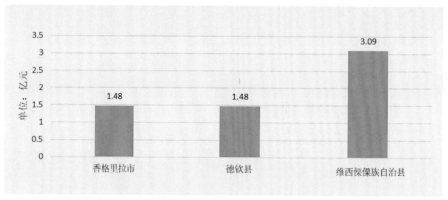

图 8-2　迪庆藏族自治州各县（市）退耕还林工程补助资金对比图

第三节　绿美迪庆之典型

一、典型之一

守护好绿水青山，方能收获金山银山

迪庆藏族自治州坚持把脱贫攻坚作为重大政治任务、最大发展机遇和第一民生工程，树牢生态立州发展理念，积极探索绿色富民的高原生态扶贫新路径，根治生态问题，厚积生态基础，在脱贫攻坚实践中努力让每一片绿叶都焕发出财富光芒，攻克深度贫困堡垒，实现了从"靠山吃山山吃空"的传统思想，到"养山吃山唱山歌"的华丽转身，实现现行标准下建档立卡贫困人 19553 户 74139 人稳步脱贫，147 个贫困村全部出列，3 个深度贫困县全部"摘帽"，贫困发生率下降至 0.53%，深度贫困的雪域高原实现全州脱贫，在绿水青山与金山银山之间画出了优美的"等号"。

（一）实施生态为民之策，用绿水青山取代穷山恶水

为彻底摒弃"靠山吃山山吃空，靠水吃水水吃穷"的发展方式，多年来，迪庆藏族自治州高举"生态立州"旗帜，带领全州各族群众加快生态建设步伐，增厚绿色发展底色，奏响了绿色发展的时代最强音。

1. 吸取教训转观念

香格里拉被称为人类工业革命后剩下的"最后一片净土"，是"三江并流"世界自然遗产的核心腹地。然而，在"木头财政"时期，"财政用钱靠木头，群众挣钱靠砍树"，导致森林植被深度破坏，生态环境急剧恶化。天然林禁伐后，历届州委政府不断总结经验教训，结合州内实际，重新定位发展优势，确立了"生态立州、文化兴州、产业强州、和谐安州"的可持续发展战略，坚决摒弃以牺牲生态环境换取一时一地经济增长的短视做法，力争让良好的生态环境成为人民幸福指数的增长点、经济社会持续健康发展的支撑点，坚决把生态文明建设摆在全局工作突出地位，抓紧、抓实、抓好，像保护眼睛一样保护生态环境，对待生命一样对待生态环境，做到抓发展必须抓环保，抓产业必须抓环保，抓建设必须抓环保，建成高效顺畅的部门协调协作机制，形成全州齐抓共管抓生态保护的工作格局。迪庆人民以敢为人先的创新精神和敢想敢干的高原情怀率先创建大陆第一个国家公园的生动实践，充分证明"绿水青山就是金山银山"的科学发展理念，也探索出一条政府、企业、百姓多方共赢的保护发展新路径。目前，全州自然保护地面积100.43万公顷，占总面积的43.54%；优化整合后面积为103.67万公顷，占总面积的44.71%。生态保护红线面积已经占全州总面积的67.3%，切实让更大范围内的生态系统得到了有效保护。"绿色"已经成为迪庆的底色，"绿色能源""生态旅游""有机食品"逐渐成为迪庆的标签，越来越多人吃上了"生态饭"。

2. 绿化造林兴生态

在国家出台禁伐天然林决定后，迪庆全面停止天然林采伐，"斧锯入库、锄头上山"，积极推进天然林保护工程，开展以消灭宜林荒山荒地为主的"荒山复绿"工程，以荒山造林难度较大地区为主的"山上治本"工程，以城乡绿化为主的"身边增绿"工程，以核桃和油橄榄等木本油料产业为主的经济林木工程，先后实施了退耕还林、公益林、长江防护林、木本油料基地、农村能源等建设工程和石漠化治理、生物多样性保护等一大批工程项目，"十五"以来累计完成绿化造林185万亩，封山育林59.9万亩，义务植树1259万株，累计2848万亩天然林资源得到有效管护，森林覆盖率由工程实施前的65%提高到现在的76.58%，居全国10个藏族自治州榜首；森林面积达2663万亩，居全省第四；森林蓄积量达2.68亿立方米，居全省第二；林木绿化率达81%，居全省第三；森林生态系统服务功能价值每年达1.48万亿元，居全国前列。2019年，迪庆藏族自治州林业产值达4.05亿元，林业收入在农民年人均可支配收入中的占比达23.7%，实现了生态改善、农民增收、林业增效的良好效益。

3. 绘好蓝图干到底

习近平总书记指出，良好生态环境是最公平的公共产品，环境就是民生，青山就是美丽，蓝天也是幸福。迪庆藏族自治州坚持以建设美丽迪庆为目标，以深化改革和创新驱动为动力，以生态文明示范区建设为重要抓手，完善体制机制，强化监管执法，严格执行生态环境保护"党政同责、一岗双责"制度，落实各级党委政府和各部门生态环境保护责任，强力推进生态文明建设。以"两江"流域、河道库区、湖泊湿地和水源地为重点，深入实施"河变湖"工程，结合"河长制"工作，突出抓好龙潭湖、纳赤河、奶子河等生态湿地公园建设，打造具有香格里拉文化底蕴的湖滨景观带，"制成"香格里拉又一张生态

名片。以"山水生态化、道路林荫化、庭院花园化"为目标，深入实施"树进城"工程，能绿化的地方都绿化，大力实施控绿、造绿、植绿、护绿工作。以公路沿线、城市面山、水源地等区域为重点，深入开展全民义务植树和全域绿化活动，实施城区主干道绿化提升改造工程，争创园林城市。以显著减少薪柴消耗为目的，深入实施"暖入户"工程，力争用5年时间全面完成供暖项目工程建设，奋力实现"天蓝、水清、山绿、湖美，人与自然更加和谐，人民生活更加幸福"的宏伟蓝图。

（二）实施生态利民之举，用绿水青山引来金凤筑巢

只有种好梧桐树，才能引来金凤凰。迪庆藏族自治州坚持"共抓大保护、不搞大开发"的重大战略举措，树牢绿色发展理念，发挥资源禀赋优势，全力打造"绿色能源、绿色旅游、绿色食品"，让"绿色"真正成为迪庆州产业转型升级、经济高质量发展的基本底色。

1. 推进绿色能源建设

坚持"生态优先、移民先行、有序开发"原则，稳步推进能源资源开发和结构调整，建设澜沧江上游、金沙江上游电力外送通道，着力打造安全、可靠、绿色、高效的一体化能源网。随着总装机141万千瓦的里底、乌弄龙2个大型水电站全部机组发电投产，"两江流域"绿色水电开发有了实质性突破，全州中小水电装机容量达到152万千瓦时。华能集团澜沧江公司作为云南省培育电力支柱产业和实施"西电东送""云电外送"的核心企业和龙头企业，在建设迪庆境内电站过程中，坚持以"打造精品工程、对标国际一流"为目标，注重统筹电力开发与移民群众和谐发展、与生态环境协调发展、与地方经济协同发展，不断将"建好一座电站，带动一方经济，保护一片环境，造福一方百姓，共建一方和谐"的理念融入工程建设中，形成了电站建设与地方利益共同受益、共同发展的新局面。

2. 壮大生态旅游产业

紧紧围绕打造"世界的香格里拉"这一国际品牌，依托秀美的自然风光和丰富的民族文化资源，以文化为灵魂，凝心聚力发展壮大旅游产业，统筹推进大滇西旅游环线和大香格里拉旅游建设，聚力打造世界著名的文化旅游目的地。推进旅游业与文化、体育等产业融合发展，不断拓展旅游线路和旅游景点，不断提质升级独克宗古城、普达措、虎跳峡、巴拉格宗、梅里雪山、白马雪山等重点文化旅游精品景区，稳步推进香格里拉月光城、巴拉格宗旅游小镇、梅里雪山摄影小镇建设和松赞林寺5A级旅游景区创建工作，扎实推进一批乡村旅游示范点、民族文化特色项目和旅游综合观景台项目建设，先后引进新加坡悦榕酒店集团、香格里拉酒店集团等一批高星级酒店管理投资企业和云南省城投、文投等一批景点景区运营企业，旅游文化产业不断发展壮大，带动全州经济社会发展能力显著增强。

3. 扶持高原特色农业发展

依托高原绿色无污染的自然环境优势和生物多样性资源优势，把高原特色农业产业化发展作为脱贫攻坚和乡村振兴的重点方向，突出绿色化、优质化、特色化、品牌化，围绕特色畜禽、中药材、食用菌、木本油料、葡萄、青稞、蔬菜等特色产业进行重点扶持培育，产业基础不断巩固，形成了高原坝区以青稞、特色畜禽、食用菌为主，山区以中药材、木本油料为主，河谷地区以葡萄、蔬菜为主的优势产业带。培育国家级龙头企业1家、省级15家、州级44家，农民专业合作社3174家，累计获得"三品一标"认证的农产品89个、原产地地理标志6个。箐口绿色产业创业园、维西现代农业示范园和德钦生态葡萄产业园等一批高原特色农业产业园区建成，入驻企业达50多家，园区总产值达41亿元，有力带动高原特色农业快速发展。2019年，全州农林牧渔业总产值达25.8亿元，农村常住居民人均可支配收入达8515元。

（三）实施生态富民之业，用"绿水青山"换来"金山银山"

守护好绿水青山，方能收获"金山银山"。经济林果是贫困群众摘掉"穷帽子"的"摇钱树"。迪庆藏族自治州坚持"生态建设产业化、产业发展生态化"的发展模式，依托资源优势和自然禀赋，全面动员和整合社会扶贫力量，聚焦贫困村寨，瞄准贫困人口，深入实施"业富民"工程，努力探索不砍树也能致富的新路子，初步形成以木本油料、林下采集、种植养殖业和森林旅游为重点的林产业发展新格局。

1."木本油料"模式

独特的立体气候特征孕育了极为丰富的植物资源，为发展木本油料提供了有利的地形、气候及土壤条件。州委政府出台《核桃产业发展规划》《葡萄产业中长期发展规划》《"十三五"生物产业发展规划》和《生态文明时代迪庆农业庄园规划》，围绕"一酒两油三品"建设，累计种植核桃 75.1 万亩，油橄榄 1.56 万亩，青刺果 2.52 万亩，花椒 7.8 万亩，漆树 4.5 万亩，省级林农专业合作社 14 家。林产业的发展，既让世世代代靠山吃山的农牧民在"吃"法上有了新变化，也让脱贫致富奔小康更有"底气"。按照"小酒庄、大产业、精品化"的发展路径，先后引进和培育了香格里拉酒业、梅里酒业、铭悦轩尼诗酒业、藏地天香酒业等企业，打造高原特色农产品精深加工产业链。目前，仅葡萄产业的年产值就达 15 亿元，销售收入超过 10 亿元，葡萄与葡萄酒产业不仅初步形成了"公司＋基地＋农户"的产业发展模式，而且已成为全州农产品产业链条最完整的高原、高效、高端现代农业。

2."林下采摘"模式

提起迪庆香格里拉，人们首先想到的就是天堂般的美景。然而，香格里拉还有一个享誉海内外的"天堂精灵"，那就是"菌中之王"——香格里拉松茸。得益于保护良好的生态环境，迪庆全境都产松茸，年均自然生长量达 1000 吨以上，年均采集量为 600～900 吨。此外，由于地处滇、川、藏毗邻地区的重要商品集散地，年均从迪庆中转出境的松茸近 500 吨，年均松茸贸易量达 1000～1300 吨，占全省鲜松茸出口的 65% 以上，占四川省松茸制品出口供货的 40% 以上，已成为云南乃至中国的"松茸之乡"。另外，迪庆也是中华医药瑰宝——冬虫夏草的主产区之一。松茸和虫草都是迪庆广大农牧民的重要经济收入来源，州委、州政府通过采取各项政策支持措施，积极发展以松茸为主的林下野生菌采集及加工产业，全州林下经济产值中以松茸为主的野生食用菌采集加工产值达 1.24 亿元，已连续多年保持第一大出口林产品的地位。

3."林＋种养"模式

为进一步利用好丰富的林地资源，州委、州政府出台《林下经济发展规划》，积极支持发展林下采集及加工业、林下种养殖加工业等林下经济。发展以松茸为主的林下野生菌采集加工业，发展林下种植重楼、金铁锁、秦艽、当归、白术、桔梗、油用牡丹、魔芋，退耕还林地间种玛咖等，建成种植基地 54 个，面积 5 万亩；发展林下畜禽养殖，如林下养尼西鸡、土鸡、土猪、黑山羊，建成养殖基地 152 个，面积 2 万亩，固定资产达 4951 万元，营业收入 5000 多万元，有各种森林生态农庄 129 家。2019 年，全州林下经济及林下种植产值达 9.3 亿元，为农村居民年均可支配收入贡献 1540 元。

4."林＋旅游"模式

森林覆盖率达 76.58% 的迪庆藏族自治州，坚持"绿水青山就是金山银山"的科学发展理念，依托国家公园、自然保护区、风景名胜区、森林生态等独具特色的原生态旅游资源，以及藏族、傈僳族、纳西族等多民族集聚、多宗教共存、多文化交融的人文资源条件，按照"望得见山、看得见水、记得住乡愁"的要求，加大传统村落民居和历史文化名镇、名村保护力度，打造了一批集乡土建筑和乡村民俗于一体的综合性特色示范村，建设乡村旅游示范点 20 个。积极发展避暑旅游、摄影徒步旅游、森林草原旅游等新业态，挖掘出民居民宿、观光体验等各类旅游项目和产品，探索出一种政府、企业、百姓多方共赢的全域旅游发展模式，全州不少农牧民尝到了生态保护的甜头，吃上了"旅游饭"，生态旅游业极大地带动了全州社会经济的发展，2019 年实现森林旅游收入超过 6 亿元，接待国内外游客 2410 万人次，实现旅游总收入 275.24 亿元。

（四）实施生态惠民之法，用绿水青山攻克贫困堡垒

为了改变"坐拥绿水青山，深陷贫困泥潭"的窘境。迪庆藏族自治州坚持扶贫开发与生态保护并重，采取超常规举措，通过实施重大生态工程建设、加大生态补偿力度等办法措施，重点强化生态扶贫工作力度，推动贫困地区扶贫开发与生态保护相协调、脱贫致富与可持续发展相促进，切实让贫困人口从生态保护中得到更多实惠。

1. 选聘生态护林员

根据生态扶贫政策，设立生态管护员工作岗位，让能胜任岗位要求的贫困人口参加生态管护工作，通过生态公益性岗位得到稳定的工资性收入，实现家门口脱贫。全州启动了建档立卡贫困人口就地转换为生态护林员工作，共聘用生态护林员 16688 人，做到符合条件的建档立卡户全覆盖。人均每年增加收入 1 万元，每年增加生态护林员收入共 1.5 亿元，真正实现了建档立卡贫困人口"转化一人，带动一家"的生态脱贫目标，全州共带动 4 万以上人口脱贫。

2. 大力实施生态补偿

进一步深化集体林权制度改革，加强落实生态效益补偿制度和转移支付力度，通过森林生态效益补偿，实现"山有其主，主有其权，权有其责，责有其利"的四统一。在安排补助资金时，优先支持有需求、符合条件的贫困人口，使贫困人口通过生态保护补偿等政策增加转移性收入。以生态公益林补偿为例，全州公益林总面积为 2651 万亩，占林业用地面积的 93.77%，纳入生态补偿面积达 1251 万亩。自 2009 年实施公益林生态效益补偿以来，全州累计支付生态效益补偿资金 14.57 亿元，其中，中央财政补偿基金 11.58 亿元，省级财政补偿资金 2.99 亿元，惠及 8 万多农户 31 万余人。

3. 推进林业科技扶贫

主要是通过实施林业科技项目，带动脱贫户增收。林业项目的实施，重点向建档立卡贫困户倾斜，将其符合退耕条件的土地纳入退耕范围，并引导农户种植经济林果，实现经济效益与生态效益双赢。自 2015 年以来，开展了退耕还林还草、石漠化治理、森林抚育、低效林改造、林产业提质增效、工程造林、封山育林等林业重大项目建设。其中，自 2015 年以来实施的新一轮的退耕还林任务累计 16.15 万亩，涉及贫困户退耕面积 4.92 万亩，共 6519 户贫困户 24873 名贫困人口受益。

4. 创新开展生态反哺

香格里拉普达措国家公园作为我国第一个按国际先进理念建设的国家公园，以 2.3% 的面积开发利用，实现对区域 97.7% 范围的有效保护，并使保护区面积由 141.33 平方千米增加到 602 平方千米，让更大范围的动植物资源、人文资源和生物多样性得到保护。自普达措国家公园建立以来，建立旅游反哺机制、社会参与机制，探索出了一条生态系统共管共建的新路子。对公园辖区内的 3 个类区 3 个村委会 23 个村民小组 866 户 3696 名村民实施直接经济补贴、教育补助、提供社区就业（社区员工占企业员工总

数的32%）以及支持社区内传统农业转型发展等方式，提供反哺资金达1.5亿元以上，社区生活水平显著提高，促进公园、社区共建共管共享的可持续发展。

（五）实施生态移民之路，用绿水青山织就幸福家园

作为"一方水土养活不了一方人"的典型地区，迪庆藏族自治州坚持"住房安全有保障"的脱贫要求和"搬得出、稳得住、逐步能致富"的脱贫目标，实施了易地扶贫搬迁工程，探索实践生态移民之路。

1. 生态移民建设美丽家园

根据州情实际，创新扶贫开发模式，大胆探索实施"人下山、树上山"工程，变"撒胡椒面"式移民扶贫为集中连片开发的生态移民模式。按照"规模适宜、功能合理、经济安全、环境整洁、宜居宜业"的原则，集中财力、物力和人力实施生态移民，将扶贫的靶心瞄准贫困村组和贫困户，将其整体搬迁到条件较好的江边河谷地带、集镇或县城。累计实施3601户13879人的易地扶贫搬迁任务，对4类、非4类危房实现存量"清零"。同时，针对搬迁到江边河谷地带的人口，加大移民产业的扶持投入，推广种养殖业，增加移民收入；针对搬迁到城镇的贫困户，通过安排公益性岗位等政策措施，确保收入稳定，基本实现了"搬得出、稳得住、逐步能致富"的目标要求。另外，加快推进高原新型特色城镇化建设步伐，"美丽县城""特色小镇"建设积极推进，有效带动区域内产业加快发展，促进城镇居民稳定就业，巴拉格宗小镇荣获"云南省特色小镇"荣誉称号，香格里拉市被命名为云南首批"美丽县城"。2019年，全州常住人口城镇化率达到35.75%，城镇常住居民人均可支配收入达34411元。

2. 用心、用情守护幸福家园

以"四美创建"为抓手，积极开展农村人居环境整治，在全州2176个自然村中，2169个自然村完成道路硬化，2099个自然村的畜禽粪污得到收集综合利用，2079个自然村开展了村庄绿化，2059个自然村建立了秸秆农田残膜等农业生产废物收集利用制度，农村房屋、饮用水、农村公路、水利、通信等基础设施建设加快推进，村容村貌得到大幅提升，农村发展呈现出崭新面貌。全州获评省级生态文明建设示范县1个、省级生态文明乡镇15个、州级生态文明示范村123个，2019年迪庆公众生态环境满意度为94.3%，位居全省第一。现在，雪域高原上一栋栋藏式风格的民居建筑散布在江河畔、城镇里，这些崭新的住房与昔日低矮、寒冷、潮湿的"蜗居"形成鲜明对比。走进香格里拉市小中甸镇联合村委会达拉村民小组，清洁优美的新村庄让人眼前一亮，一排排藏式民居错落有致，新房又大又漂亮，平坦的水泥路和清澈的自来水通向各家各户。在新房周边，新盖了畜厩，人畜分离后，再也闻不到畜禽粪便的臭味。住在新房里的各族群众思想变活了，生活质量提高了，人人心情舒畅了，家家温暖如春，户户充满阳光。不少和达拉村民小组一样的群众，尝到了地变肥、路变畅、村变美、人变富、山变绿、水变清的甜头后，生态保护意识、绿色消费意识和维护环境卫生的意识明显提高，彻底改变了"靠山吃山不养山，靠水吃水不护水"的落后思想观念，自发地用心用情用力守护好香格里拉的绿色、美丽、幸福家园。

二、典型之二

德钦县奔子栏镇"三产"融合发展

奔子栏镇积极推动农村一、二、三产业融合发展，初步形成了富有特色、规模适中、安全可控的乡村产业发展格局。近年来，奔子栏镇加快政府职能转变，全力抓好关于融生酒庄管理有限公司生产基地落地各项服务。通过把龙头企业引进来，打造带动能力强的葡萄产业园，进一步优化产业链条，增强联

农带农机制。持续优化和扩大葡萄产业推广种植，提升葡萄产业与农业农村发展的融合度。

奔子栏镇依托金沙江干热河谷地带特殊的气候条件，鼓励达日村等4个沿江村（社区）种植油橄榄。近年来，奔子栏镇不断加大财政对油橄榄产业的支持力度，持续巩固油橄榄种植基地配套基础设施建设，逐年推进油橄榄扩种，将发展油橄榄产业作为农户实现持续增收的主要措施，根据《德钦县2022年农民增收实施方案》，奔子栏镇800余户种植户可通过油橄榄产业获得产业奖补资金120万元。该镇以政府牵头，村级集体经济组织具体落实的模式，加大与康邦美味绿色资源开发公司等州、县龙头企业的合作力度，签订供销合同，保障农户收益。目前，该镇油橄榄种植面积约为0.35万亩，年产量可达150吨，年销售收入为120余万元，现达日村油橄榄产业已成功入选迪庆藏族自治州"一村一品"评审名单。

近年来，奔子栏镇依托区位、交通优势，进一步巩固拓展脱贫攻坚成果，推进乡村振兴，以"百千万"示范工程为抓手，打造和推进一批特色突出、融合发展、持续增收的示范休闲农业特色采摘体验区。有序推进叶央村阳光玫瑰葡萄采摘体验区建设，谋划和储备一批以叶央村格浪水为主体的、集休闲、观光、采摘体验于一体，农旅结合的田园综合示范区。结合玉杰村美丽乡村建设，推动乡村旅游基础设施项目建设，通过创新项目与农民利益联结机制，带动农民持续稳定增收。加强农村污染治理和生态环境保护，推进乡村振兴"百千万"示范工程等，金沙江畔柳绿花红，珠巴洛河流水淙淙，村村寨寨村容村貌焕然一新。2022年，迪庆藏族自治州完成上报1个乡村振兴示范乡镇、4个精品示范村、69个美丽村庄、截至目前，迪庆藏族自治州乡村振兴"百千万"示范工程建设列入项目库有3个示范乡镇、14个精品村、43个美丽村庄。2022年，迪庆藏族自治州制定出台了《关于做好2022年全面推进乡村振兴重点工作的实施意见》《迪庆藏族自治州农村人居环境整治五年行动实施方案（2021—2025年）》《迪庆藏族自治州种业振兴行动方案》等政策文件，起草了《迪庆藏族自治州中药材产业高质量发展三年行动工作方案（初稿）》等政策文件，为实现农业农村可持续发展，推进新一轮农村改革，激发乡村发展活力提供了依据。全州193个村集体股份经济联合社和2387个组集体股份经济合作社已全部挂牌成立，建立了股份合作机制，维西县土地延包试点工作有序推进。据州农业农村局负责人介绍，下一步，迪庆藏族自治州将持续聚焦落实粮食安全主体责任、农产品稳产保供、品牌创建、农村社会事业发展、高标准农田建设、重大动物疫病防控、涉农领域综合改革、农业行业安全风险预警防控等方面重点工作，全面推动农业农村现代化迈出新步伐。

三、典型之三

香格里拉三坝绿色脱贫"答卷"

近年来，迪庆藏族自治州香格里拉市三坝乡牢牢守住生态底线，做美绿水青山，做好生态旅游，做大绿色产业，交出了绿色脱贫"答卷"。

哈巴雪山位于香格里拉市东南部，海拔5396米，山顶终年积雪，冰川密布，一直是登山爱好者首选的入门级山峰。据统计，2020年6—10月已累计5000余人次参与登山探险。"在这里觉得非常的自然，环境也很好，空气也很好，还可以看到雪山，是平常看不到的一种风景，这也是一个户外的魅力。"来自安徽的游客王青说。

依托哈巴雪山的区位优势，三坝乡哈巴村几年前就发展起了乡村旅游。和继生是村里的建档立卡贫困户，2018年通过政府危房改造的3万元补助，在市领导的建议下，他把自家危房改造成了民宿，再加上儿子在哈巴雪山做登山协作，两父子依靠旅游服务，顺利实现了脱贫。"自从开了这个民宿客栈以来，我家经济收入也上来了，最低那年有两万左右收入，高的时候达到四五万收入，我家也顺利脱贫了。"和继生说。据悉，目前三坝乡哈巴村共有 18 家饭店、62 家民宿酒店，旅游从业人员超过 600 人。

花椒是哈巴村的主导产业，当地政府结合退耕还林政策，积极引导农户在田间地头、房前屋后种植花椒，目前，哈巴村花椒产业面积已达 4000 余亩。

村民段海军已经做了 30 多年的花椒生意，由于以前市场行情波动较大，花椒产品的储存成了难题。2018 年，在政策资金的扶持下，段海军建起了扶贫车间冷库，彻底解决了储存等一系列问题，农户种植风险大大降低，销路也得到了保障。"有了冷库，老百姓也不怕花椒卖不掉，我们也给了（群众）一个保护价，红花椒在 60 元每千克，我们如果受到市场冲击，我们可以把花椒库存起来，库存两年都没什么问题，如果没有这个扶贫车间，花椒会变质，也不敢冒这个风险。"段海军说。据了解，香格里拉三坝乡深入贯彻"绿水青山就是金山银山"的理念，持续巩固坡耕地治理、退耕还林、封山育林等重大生态修复工程，继续抓好"百万林"造林绿化建设，勇于探索乡村旅游产业，严格落实各项生态补助政策，真正实现"生态美、百姓富"，交出了绿色脱贫的"答卷"。

第九章
绿美昭通

第一节　昭通市概况

一、位置

昭通市位于云南省东北部，金沙江下游右岸，与四川、贵州两省接壤，处于云、贵、川三省接合部，史称"鸡鸣三省"之地。地理位置位于东经 102°05′~105°19′，北纬 21°34′~28°40′，其东南部与贵州省毕节市相接，西南部与曲靖市的会泽县、昆明市的东川区相连，西部、北部、东北部与四川省凉山彝族自治州、宜宾市、泸州市毗邻。全市总面积 224.52 万公顷。昭通市辖昭阳区、鲁甸县、巧家县、盐津县、大关县、永善县、绥江县、镇雄县、彝良县、威信县、水富市等 1 个区、9 个县，代管 1 个县级市，共 11 个县（市、区）。

二、地形、山峰与河流

地处滇东北中山山原，地势南高北低。属乌蒙山系，五莲峰如屏障耸立于西部。主高峰：药山的轿顶山，海拔 4041 米。金沙江属主要河流，东部威信属赤水河支流。

三、交通

昭通市是云南省通往四川、贵州的交通要道，内六铁路、渝昆高速、213 国道贯通全境，301 省道、101 省道、502 省道和县乡公路纵横全境。绥江港直航金沙江，水富港开通了直达上海货运线和澜沧江—湄公河国际航运线。

四、风景名胜

大山包国家级自然保护区、药山自然保护区、绥江向家坝川第一长湖、威信扎西会议旧址、盐津豆沙关悬棺等。

第二节　昭通市实施退耕还林工程情况

一、昭通市各县（市、区）退耕还林工程实施面积情况

云南省昭通市退耕还林工程自 2002 年全面启动，截至 2020 年，昭通市累计完成退耕还林工程建设任务 545.27 万亩，前一轮完成 142.70 万亩，其中，退耕还林 54.20 万亩，荒山荒地还林 85.90 万亩，封山育林 2.60 万亩；新一轮退耕还林工程完成 402.57 万亩，其中，退耕还林 357.29 万亩，退耕还草 45.28 万亩，使昭通市森林覆盖率提高了 14.77 个百分点。昭通市退耕还林工程实施成效显著，林草生态系统呈现健康状况向好、质量逐步提升、功能稳步增强的发展态势。昭通市各县（市、区）退耕还林工程实施面积统计详见表 9-1 和图 9-1。

表 9-1　昭通市各县（市、区）退耕还林工程实施面积统计表

单位：万亩

实施单位	合计	前一轮退耕还林				新一轮退耕还林		
		计	退耕地造林	荒山荒地还林	封山育林	计	退耕还林	退耕还草
昭通市	545.27	142.70	54.20	85.90	2.60	402.57	357.29	45.28
昭阳区	23.67	8.30	4.10	4.20		15.37	13.47	1.90
鲁甸县	33.89	11.50	5.30	6.20		22.39	18.39	4.00
巧家县	74.72	22.30	5.10	17.20		52.42	46.72	5.70
盐津县	42.13	10.60	4.80	5.20	0.60	31.53	30.55	0.98
大关县	43.13	15.80	4.80	11.00		27.33	24.43	2.90
永善县	45.72	9.70	4.00	4.70	1.00	36.02	24.44	11.58
绥江县	22.20	13.80	5.50	7.30	1.00	8.40	8.40	
镇雄县	125.22	14.40	6.90	7.50		110.82	101.92	8.90
彝良县	88.28	29.10	8.10	21.00		59.18	55.26	3.92
威信县	42.37	4.80	3.20	1.60		37.57	33.37	4.20
水富市	3.94	2.40	2.40			1.54	0.34	1.20

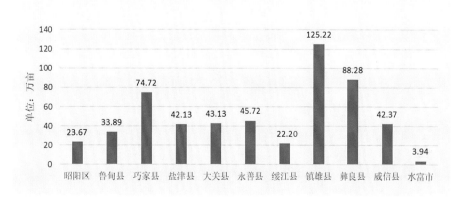

图 9-1　昭通市各县（市、区）国家下达退耕还林工程实施面积对比图

二、昭通市各县（市、区）退耕还林工程中央资金补助统计

昭通市退耕还林工程自 2002 年全面启动，截至 2020 年，国家累计下达昭通市退耕还林补助资金 70.5 亿元，前一轮下达补助资金 9.78 亿元，其中，现金补助 0.85 亿元，粮食折算现金补助 8.93 亿元；新一轮退耕还林国家补助资金 60.72 亿元，其中，退耕还林补助资金 56.25 亿元，退耕还草补助资金 4.47 亿元。昭通市各县（市、区）国家下达退耕还林工程补助资金统计详见表 9-2 和图 9-2。

表 9-2 昭通市各县（市、区）国家下达退耕还林工程补助资金统计表

单位：亿元

实施单位	合计	前一轮省退耕还林			新一轮退耕还林		
		小计	现金	粮食折算现金	计	退耕还林	退耕还草
昭通市	70.5	9.78	0.85	8.93	60.72	56.25	4.47
昭阳区	3.07	0.75	0.07	0.69	2.32	2.13	0.19
鲁甸县	4.25	0.96	0.08	0.88	3.29	2.90	0.39
巧家县	8.90	0.94	0.08	0.85	7.96	7.42	0.54
盐津县	5.84	0.88	0.08	0.81	4.96	4.86	0.10
大关县	5.03	0.88	0.08	0.81	4.15	3.86	0.29
永善县	5.72	0.73	0.06	0.67	4.99	3.85	1.14
绥江县	2.32	0.99	0.09	0.90	1.33	1.33	
镇雄县	18.14	1.23	0.11	1.13	16.91	16.02	0.89
彝良县	10.40	1.41	0.12	1.29	8.99	8.60	0.39
威信县	6.21	0.57	0.05	0.52	5.64	5.22	0.42
水富市	0.61	0.43	0.04	0.39	0.18	0.06	0.12

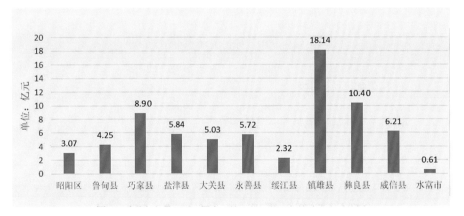

图 9-2 昭通市各县（市、区）国家下达退耕还林工程补助资金对比图

第三节 绿美昭通之典型

一、典型之一

昭通的天更蓝了，地更绿了，水更清了

2018 年，昭通市林草局制定下发了《关于开展 2018 年新一轮退耕还林调研工作的通知》，细化工作方案，明确调研内容、方法和分组，按照文件要求，各调研组分别对各自负责的县（市、区）进行调研。2022 年 5 月 24 日，召开新一轮退耕还林调研专题汇报会。各调研组对各自调研县（市、区）的基本情况和存在问题作了汇报。通过调研，基本掌握了相关情况，分析存在的问题。昭通市自 2000 年开展退耕还林以来，省里累计下达退耕还林面积 101.9 万亩。截至 2003 年底，全市已累计获得国家投资 2.37 亿元，完成造林面积 90.07 万亩。如今，先期开展退耕还林的区域，天更蓝了，地更绿了，水更清了，群众富了。昭通市新一轮退耕还林还草工程覆盖 4.54 万户建档立卡贫困户。据初步调查，新一轮退耕还林还草工程覆盖建档立卡贫困户 4.54 万户 17.3 万人，户均可增加收入 5600 元，人均增加 1500 元。前段时间退耕还林还草工程的实施，带动了农业自然资源利用和农业产业结构调整，生产经营组织方式向集约化经营、规模化发展、产业化开发经营方向转变，各类特色经济林和种草养畜正逐步成为退耕农户稳定的收入来源，有效促进了贫困地区扶贫开发建设。通过实施退耕还林还草工程，每年有 30 多万农村劳动力从坡耕地上解放出来，向城镇和二、三产业转移，有效增加了农民收入。

今后 3 年，昭通市新一轮退耕还林还草工作要全面覆盖建档立卡贫困户和易地搬迁区域，全面覆盖城市面山和主要交通沿线面山，全面覆盖江河岸线和湖库周围，全面覆盖昭鲁苹果产业适宜区。要培育好特色林产业和畜牧业，推进规模化发展、集约化经营，推动农业产业结构调整，带动农民发展产业，促进农民增收致富，助力脱贫攻坚。要规范项目资金管理，落实"先建后补"政策，保障各经营主体利益。要切实保障新型农村经营主体与农户享有同等的退耕还林还草补助政策，由农户自行实施的，国家新一轮退耕还林还草政策补助资金通过"惠农一折通"直接兑现给农户。由新型农村经营主体流转土地或采取转包、互换、出租、入股等形式获得经营权实施退耕还林的，必须依法与原土地承包经营权人签订合同，在明确流转补偿资金、国家新一轮退耕还林还草政策补助资金、收益分配方式和比例的基础上，完善相关法律手续，根据合同约定和比例兑现政策补助资金，确保新一轮退耕还林还草各项工作任务落到实处。

二、典型之二

赤水河畔种竹人

很多人认识扎西，是因为中央红军曾在这里开过一系列著名的会议，史称"扎西会议"。但是很少有人知道，扎西是赤水河的源头地区之一。赤水河上游的重要支流扎西河，源于云南省昭通市威信县城扎西镇。它向南流 21 千米，到达一个叫"二龙抢宝"的地方，与从镇雄流过来的赤水河汇合。

发展方竹产业是威信县退耕还林的重要内容，也是威信县农民致富的重要途径。记者采访了威信兴驰种植养殖专业合作社负责人王兴江。他是威信的退耕还林大户，栽种方竹总面积 3800 亩，其中纳入国家退耕还林计划的有 1000 亩。

王兴江今年 40 岁，斑鸠村人。"我是 2008 年退伍的老兵，回到家乡，发现这里的土地大量闲置，青壮年纷纷外出打工，只剩下老人和孩子，昔日热闹的村庄显得萧条落寞，当时我就想，一定要发展一

项事业，把人气重新聚拢起来，把村子振兴起来。"王兴江回忆说。

"2014年9月，我到盐津县看望在军队服役时的老领导。碰巧盐津县是方竹产区，正值方竹抽笋，我走进竹林一看，好家伙！每平方米土地冒出几十株嫩笋。一打听，方竹笋材两用，效益好！内行人指点我说，斑鸠村土壤好，水分足，海拔1300～1600米，特别适合发展方竹，我心头豁然开朗，下决心发展这种植物。"王兴江追忆当年退耕还竹的缘起时，眼里还闪烁着光芒。"我父亲也热爱造林，但因为没有选好树种，结果失败了。因此，我意识到因地制宜、适地适树很重要。"王兴江告诉记者。

"我们合作社自2014年至今共种植方竹3800余亩，基地涉及农户132户，现进入产出阶段的竹笋约1000亩，初步采笋量亩产达300斤。出笋季节，每天30～40名工人上山采笋，预计5～6年时间，将实现1200万元以上的年产值，不仅为当地农民群众提供了就业机会，同时带动了运输业、加工业和乡村旅游业等其他产业的延伸发展。"王兴江在接受媒体采访时如是说。

说到方竹给当地百姓带来的实惠，王兴江举了一个例子。他说，斑鸠村有一户孤人，叫何友贵，50多岁，住在大汉寨村民小组一个高坡上，有承包地80多亩，王兴江动员他流转土地种竹，他动心了。现在，何友贵光租金收入每年就有8000元，还有20%的股份收益。

王兴江说，早期每亩生产方竹300斤左右，可获得收入150元，20%的股份收益就是30元。等到进入高产期，预计每亩产笋800～1000斤，收益就更好了。

何友贵不但有方竹收益，还有政府的特困补助，加上政府生态移民搬迁出钱给他修了房，他现在的日子越来越红火了。

在退耕还林的推动下，威信县的方竹产业从无到有，从小到大，以方竹等为主导的高原特色产业体系初具规模。目前，全县建成连片方竹基地11个，种植方竹规模达54.2万亩。

第十章
绿美曲靖

第一节　曲靖市概况

一、位置

曲靖市地跨东经 102° 42′ ~ 104° 50′，北纬 24° 19′ ~ 27° 03′，东与贵州省六盘水市、兴义市和广西壮族自治区隆林县毗邻，西与昆明市嵩明县、寻甸回族彝族自治县、东川区接壤，南与文山壮族苗族自治州丘北县、红河哈尼族彝族自治州泸西县及昆明市石林彝族自治县、宜良县相连，北与昭通市巧家县、鲁甸县及贵州省威宁县交界。市境东西最大横距 103 千米，南北最大纵距 302 千米。总面积 289.42万公顷，占云南省面积的 13.63%。市政府位于麒麟区。

曲靖市是国家"一带一路"倡议、长江经济带战略、区域全面经济伙伴关系协定（RCEP）、云南建设面向南亚东南亚辐射中心的重要节点，是粤港澳大湾区、成渝地区双城经济圈的辐射带动区、滇中城市群的核心区，是全国性综合交通枢纽和区域级流通节点城市、云南省第二大经济体和第二大城市。曲靖市先后 6 次登"中国十佳宜居城市"榜，获"国家生态园林城市""国家卫生城市"等称号，被列为第一批国家新型城镇化综合试点地区，被授予"国家森林城市""国家园林城市"称号。

二、地形、山脉、河流

地处滇中高原东部的滇东喀斯特高原。地势西北高，东北低。地形多为高原山地、丘陵和坝子。属乌蒙山系，最高峰在东川区与会泽县交界的大牯牛山，海拔 4017 米。主要河流有南盘江、牛栏江。湖泊有珠江源、独木水库、毛家村水库等。

三、交通

境内有贵昆、南昆铁路及盘西、羊场支线铁路和渝昆、沪昆、曲陆高速公路。213 国道、326 国道、

320 国道、324 国道和众多省道纵横境内，构成主干网。

四、风景名胜

珠江源省级森林公园与自然保护区、鲁布革国家级森林公园、九龙瀑布、彩色沙林等。

第二节　曲靖市实施退耕还林工程情况

一、曲靖各县（市、区）退耕还林工程实施面积情况

云南省曲靖市退耕还林工程自 2002 年全面启动，截至 2020 年，曲靖市累计完成退耕还林工程建设任务 225.17 万亩，前一轮完成 136.00 万亩，其中，退耕还林 39.80 万亩，荒山荒地还林 82.20 万亩，封山育林 14.00 万亩；新一轮退耕还林工程完成 89.17 万亩，其中，退耕还林 86.27 万亩，退耕还草 2.90 万亩，使曲靖市森林覆盖率提高了 4.80 个百分点。曲靖市退耕还林工程实施成效显著，林草生态系统呈现健康状况向好、质量逐步提升、功能稳步增强的发展态势。曲靖市各县（市、区）退耕还林工程实施面积统计详见表 10-1 和图 10-1。

表 10-1　曲靖市各县（市、区）退耕还林工程实施面积统计表

单位：万亩

实施单位	合计	前一轮退耕还林				新一轮退耕还林		
		计	退耕地造林	荒山荒地还林	封山育林	计	退耕还林	退耕还草
曲靖市	225.17	136.00	39.80	82.20	14.00	89.17	86.27	2.90
麒麟区	6.32	6.20	3.10	2.10	1.00	0.12	0.12	
宣威市	74.00	27.60	8.50	17.10	2.00	46.40	44.40	2.00
沾益区	14.46	13.90	4.40	7.50	2.00	0.56	0.56	
马龙区	2.79	2.70	0.70	2.00		0.09	0.09	
富源县	21.26	15.80	5.20	7.60	3.00	5.46	5.46	
罗平县	15.24	8.70	3.00	5.70		6.54	6.54	
师宗县	22.70	14.80	4.50	10.30		7.90	7.90	
陆良县	14.85	14.70	1.90	6.80	6.00	0.15	0.15	
会泽县	53.55	31.60	8.50	23.10		21.95	21.05	0.90

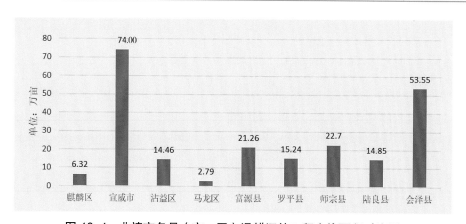

图 10-1　曲靖市各县（市、区）退耕还林工程实施面积对比图

一、曲靖市各县（市、区）退耕还林工程中央资金补助统计

曲靖市退耕还林工程自 2002 年全面启动，截至 2020 年，国家累计下达曲靖市退耕还林补助资金 21.07 亿元，前一轮下达补助资金 7.23 亿元，其中，现金补助 0.63 亿元，粮食折算现金补助 6.60 亿元；新一轮退耕还林国家补助资金 13.84 亿元，其中，退耕还林补助资金 13.55 亿元，退耕还草补助资金 0.29 亿元。曲靖市各县（市、区）国家下达退耕还林工程补助资金统计详见表 10-2 和图 10-2。

表 10-2　曲靖市各县（市、区）国家下达退耕还林工程补助资金统计表

单位：亿元

实施单位	合计	前一轮省退耕还林			新一轮退耕还林		
		小计	现金	粮食折算现金	计	退耕还林	退耕还草
曲靖市	21.07	7.23	0.63	6.60	13.84	13.55	0.29
麒麟区	0.57	0.55	0.05	0.50	0.02	0.02	
宣威市	8.74	1.56	0.14	1.43	7.18	6.98	0.20
沾益区	0.87	0.79	0.07	0.72	0.08	0.08	
马龙区	0.14	0.13	0.01	0.12	0.01	0.01	
富源县	1.82	0.95	0.08	0.87	0.87	0.87	
罗平县	1.58	0.55	0.05	0.50	1.03	1.03	
师宗县	2.05	0.82	0.07	0.75	1.23	1.23	
陆良县	0.36	0.34	0.03	0.31	0.02	0.02	
会泽县	4.94	1.54	0.13	1.40	3.40	3.31	0.09

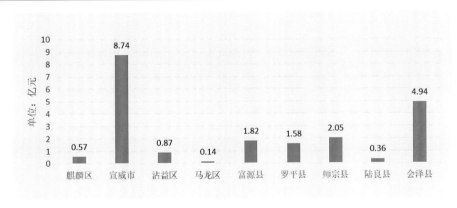

图 10-2　曲靖市各县（市、区）国家下达退耕还林工程补助资金对比图

第三节　绿美曲靖之典型

一、典型之一

新一轮退耕还林建设生态文明美丽曲靖

曲靖市林草局召开新一轮退耕还林推进会，会议指出，自 2014 年启动国家新一轮退耕还林工程以来，在曲靖市委、市政府的高度重视和坚强领导下，全市各级林业部门认真贯彻落实国家和省决策部署，把新一轮退耕还林作为建设生态文明美丽曲靖和珠江源头生态屏障的具体实践，以及加快贫困地区脱贫致

富和全面建成小康社会的重要抓手,突出组织领导、部门协调、规范操作、产业发展、宣传引导,攻坚克难、强力推动,实现了新一轮退耕还林工程有序推进,取得了积极进展,但也还存在各地任务完成不平衡、地块落实难且零星分散等问题。

会议要求,各级林业部门要切实增强做好新一轮退耕还林工作的责任感和紧迫感,进一步把握要求,理清思路,突出重点,强化措施,抓好、抓实这项惠民工程、生态工程、德政工程。在工作思路上,要注重"三个结合"。把退耕还林与扶贫开发、新村建设、产业发展相结合。既要"输血",落实好中央直补政策,让贫困退耕农户得到实惠,又要"造血",大力发展后续产业,提高土地比较效益,让贫困农户获得稳定收入,促进脱贫致富、全面小康。要围绕"业兴、家富、人和、村美",推进幸福美丽新村建设。要立足助农增收,因地制宜,着力打造一批经济林果产业基地,做大、做强退耕还林特色后续产业,实现生态经济双赢。

在工作环节上,要抓住"两个关键"。抓住落实地块和种苗保障两个关键环节。在地块落实上,要严格按照国家和省有关政策规定,采取合理调整25°以上坡耕地中的基本农田布局等办法,解决"地块难找"的问题。在种苗采购上,要加强行业监管,既要适地适树,又要适品种、适种源、适产地,决不能随意引进不适合本地的品种。要合理制定招标方式和招标文件,确保优质优价。要严厉查处种苗供应中以次充好、坑农害农行为。

在工作机制上,要突出"三个创新"。一要创新投入机制。统筹整合扶贫开发、农业综合开发、农田水利建设、农村交通建设等项目资金,实现集中投入、整体打造。鼓励和支持各类工商资本投资工程建设。二要创新经营机制。抓住国家鼓励大众创业、万众创新契机,大力培育家庭林场、专业大户、专合组织、龙头企业等新型经营主体,推动适度规模经营。三要创新管护机制。要完善多元化、专业化、市场化的林业社会化服务体系,探索集体合管、联户共管、流转统管、委托代管等有效管护形式。退耕还林后,要依法确权并颁发林权证,坚决打击毁坏退耕林地成果的违法行为。

在工作要求上,要做到"三个确保"。一要确保农户利益不受损。充分尊重农民意愿,不搞强迫命令。不折不扣落实直补政策,及时通过"一卡通"足额兑现,做到"阳光退耕"。

会议强调,新一轮退耕还林涉及广大农户切身利益,政策性强,责任重大,任务艰巨。各级林业部门要积极践行"绿水青山就是金山银山"基本理念,主动适应退耕还林工作新常态,强化组织领导、强化部门协作、强化宣传引导、强化检查验收,以务实的作风、创新的精神,扎实抓好新一轮退耕还林工作。一是各地要及时传达学习会议精神,及时向地方党委政府汇报,结合实际研究贯彻落实意见。二是迅速掀起秋冬造林高潮,按期完成新一轮退耕还林栽植任务。三是要认真开展历年新一轮退耕还林任务自查工作,及时查缺补漏,对仍未完成的建设任务,加快地块落实,加快栽植进度,确保造林质量达到国家验收标准。四是全面完成历年新一轮退耕还林政策兑现工作。(来源:云南省林业和草原局 国家林业和草原局政府网)

二、典型之二

会泽娜姑镇的石榴熟了

会泽县共发展石榴8万亩,其中娜姑镇5.3万亩,占比达66%。站在娜姑镇山头上,但见满眼都是石榴树,这是全国最大的连片石榴林,一共2.1万亩。为了预防病虫害,果农为石榴果套上纸袋,远远看去,像一个个灯笼，在夕阳照射下，微微泛着白光，煞是好看！

"这里生产的石榴叫软籽石榴，果大色艳，颗粒饱满，肉厚多汁，深受市场青睐，一上市就被订购一空。"张元周告诉我们。

"目前，在全镇 5.35 万亩石榴中，有 3.8 万亩已挂果，2 万多亩进入盛果期，产量约 4.6 万吨，可实现产值 6 亿元。"张元周补充说。

干海子村种植专业合作社种植石榴面积 5400 多亩。主人算了一笔账，干海子村石榴种植基地为就近务工农民每年发放工资约 540 万元；流转土地近 4000 亩，每年支付租金约 480 万元。娜姑镇石榴品牌的形成，离不开退耕还林工程。全镇共实施退耕还林 1.3 万多亩，坡耕地治理工程 2000 亩，共带动 1400 多户贫困户脱贫致富。2014 年以来，退耕还林为全镇石榴产业提供政策补助资金 2100 余万元。"传承自强不息的革命传统，发扬泽世担当、汇智图强的会泽精神，我们正在谱写会泽生态建设新篇章！"当地一位干部说。

三、典型之三

金沙江畔的树桔渡

树桔渡，彝语为"种稻谷的地方"，是金沙江边的一条狭窄的河滩地，它的对面就是四川的大凉山。这里属于乌蒙山区，连绵不断的群山巍峨耸立，直逼云端。很难想象，当年那些衣不蔽体、食不果腹的红军战士是如何克服重重障碍，翻过这些崇山峻岭的。树桔村的村主任当过兵，是个年轻的"80"后，他说，自小在金沙江里钓鱼摸虾，对这里的一草一木都十分熟悉。

这个村地处白鹤滩上游，全村共有 1800 人。"全村新一轮退耕 1491 亩，涉及 8 个村民小组 237 户 830 人，带动建档立卡贫困户 180 户，发展杧果、桃子等，其中种植杧果 700 多亩，已有 527 亩挂果，年产量 15 吨，产值 9 万元。"说起村里的情况，村主任如数家珍。

"农民出租土地，每年每亩土地租金 400 元；每亩土地农户还能领取退耕还林管护补贴 2000 元；每年带动当地农户务工，平均每年工资收入 2.92 万元。"村主任算了一笔账。

谈到退耕还林前后的变化，村主任说，自从实施退耕还林等生态工程建设以来，金沙江水变清了，野鸡、野兔也屡见不鲜，最近还发现了七八只猴子。

村主任还说，为了保护长江母亲河，除了植树造林，最近政府还实施金沙江 10 年禁渔。

新店房与树桔村相邻。新店房村实施退耕还林发展石榴和脐橙 1000 亩，助力农民脱贫致富。新店房村 2018 年实施退耕还林 2400 余亩，涉及 8 个村民小组 370 多农户 1400 多人，其中建档立卡户 160 余户，近 1000 人。退耕种经济林的成效日益显现。据介绍，新店房村种植脐橙 500 亩，已有 200 亩挂果，预计收入 30 余万元。脐橙产业带动农户 264 户，农民除收取租金外，每亩还有 2000 元退耕还林管护补贴，同时还带动 100 多人务工，每年常驻务工人数 26 人，每人务工增收近 3 万元。

"这些地方以前遇到旱灾经常颗粒无收，现在通过土地流转集中种植软籽石榴、脐橙，3 年下来先后都挂果了，收入比种马铃薯、玉米要高很多。村民还能在这里打工，不仅学到了技术，每天还有收入。"新店房村负责人说。

"由于采取土地流转加优先雇佣加社会保障的利益链接方式，对零散土地进行流转，规模土地农户自己耕种，退耕资金全部属于农户，退耕还林给拖布卡镇农户带来了实实在在的经济效益。"

第十一章
绿美昆明

第一节　昆明市概况

一、位置

昆明市地处云南省中北部，地理位置介于东经 102°10′03″~103°39′59″，北纬 24°23′24″~26°32′42″。其东面与曲靖市的麒麟区、会泽县、马龙区、陆良县交界，北部和西北部与四川省的会东县和会理县隔金沙江相望，南部与玉溪市的易门县、红塔区、江川区、澄江市、华宁县和红河哈尼族彝族自治州的弥勒市、泸西县毗邻，西部与楚雄彝族自治州的禄丰市、武定县接壤。全市总面积 210.35 万公顷。

昆明市辖五华区、盘龙区、西山区、官渡区、东川区、呈贡区、晋宁区、安宁市、富民县、嵩明县、宜良县、石林彝族自治县、禄劝彝族苗族自治县、寻甸回族彝族自治县 6 个市辖区、1 个县级市、7 个县，共 14 个县（市、区）。

二、地形、山脉、河流（湖泊）

地势北高南低，北部山高谷深，东南部喀斯特地貌发育，中南部起伏较小，镶嵌着大小不等的坝子和湖泊。有云贵高原上最大的昆明坝子和最大的湖泊——滇池。总体有两大山系，一是拱王山，二是梁王山，由东北往西南走向，最高峰在拱王山雪岭，海拔 4344 米。河流主要有南盘江、小江、普渡河、盘龙江、太平河等。湖泊除了滇池之外，还有阳宗海、云龙水库、清水海、柴石滩水库等。

三、交通

云南省交通枢纽，成昆、贵昆、南昆、昆河、昆阳铁路在此交会。渝昆、广昆、京昆、昆磨、杭瑞等高速公路与高铁相连。长水国际机场有国际、国内航班。

四、风景名胜

昆明，四季如春，世界花都，旅游天堂，风景名胜古迹众多，是国际旅游目的地之一，风景区不胜枚举。

第二节　昆明市实施退耕还林工程情况

一、昆明市各县（市、区）退耕还林工程实施面积情况

云南省昆明市退耕还林工程自 2002 年全面启动，截至 2020 年，昆明市累计完成退耕还林工程建设任务 125.02 万亩，前一轮完成 77.80 万亩，其中，退耕还林 26.30 万亩，荒山荒地还林 46.70 万亩，封山育林 4.80 万亩；新一轮退耕还林工程完成 47.22 万亩，其中，退耕还林 45.28 万亩，退耕还草 1.94 万亩，使昆明市森林覆盖率提高了 3.75 个百分点。昆明市退耕还林工程实施成效显著，林草生态系统呈现健康状况向好、质量逐步提升、功能稳步增强的发展态势。昆明市各县（市、区）退耕还林工程实施面积统计详见表 11-1 和图 11-1。

表 11-1　昆明市各县（市、区）退耕还林工程实施面积统计表

单位：万亩

实施单位	合计	前一轮退耕还林				新一轮退耕还林		
		计	退耕地造林	荒山荒地还林	封山育林	计	退耕还林	退耕还草
昆明市	125.02	77.8	26.3	46.70	4.80	47.22	45.28	1.94
盘龙区	0.52	0.52	0.48	0.04				
五华区	0.134	0.13	0.10	0.03				
官渡区	0.38	0.38	0.02	0.36				
西山区	0.066	0.07		0.07				
东川区	36.73	20.9	6.60	14.30		15.83	15.75	0.08
呈贡区	0.40	0.40	0.20	0.20				
安宁市	0.40	0.40	0.20	0.20				
富民县	5.60	2.50	0.70	1.30	0.50	3.10	3.00	0.10
晋宁区	0.88	0.70	0.20	0.20	0.30	0.18	0.18	
宜良县	9.16	5.00	0.90	3.10	1.00	4.16	4.10	0.06
石林彝族自治县	8.78	8.30	2.70	4.60	1.00	0.48	0.48	
禄劝彝族苗族自治县	24.70	9.80	4.50	5.30		14.90	13.30	1.60
寻甸回族彝族自治县	29.97	21.70	7.30	14.4		8.27	8.17	0.10
嵩明县	7.30	7.00	2.40	2.60	2.00	0.30	0.30	

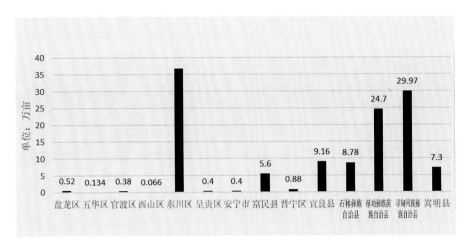

图 11-1 昆明市各县（市、区）退耕还林工程实施面积对比图

二、昆明市各县（市、区）退耕还林工程中央资金补助统计

昆明市退耕还林工程自 2002 年全面启动，截至 2020 年，国家累计下达昆明市退耕还林补助资金 12.07 亿元，前一轮下达补助资金 4.75 亿元，其中，现金补助 0.41 亿元，粮食折算现金补助 4.34 亿元；新一轮退耕还林补助资金 7.32 亿元，其中，退耕还林补助资金 7.12 亿元，退耕还草补助资金 0.20 亿元。昆明市各县（市、区）国家下达退耕还林工程补助资金统计详见表 11-2 和图 11-2。

表 11-2　昆明市各县（市、区）国家下达退耕还林工程补助资金统计表

单位：亿元

实施单位	合计	前一轮省退耕还林			新一轮退耕还林		
		小计	现金	粮食折算现金	计	退耕还林	退耕还草
昆明市	12.07	4.75	0.41	4.34	7.32	7.12	0.20
盘龙区	0.09	0.09	0.01	0.08			
五华区	0.02	0.02		0.02			
东川区	3.69	1.20	0.10	1.09	2.49	2.48	0.01
呈贡区	0.04	0.04		0.03			
安宁市	0.04	0.04		0.03			
富民县	0.61	0.13	0.01	0.11	0.48	0.47	0.01
晋宁区	0.07	0.04		0.03	0.03	0.03	
宜良县	0.81	0.16	0.01	0.15	0.65	0.64	0.01
石林彝族自治县	0.57	0.49	0.04	0.44	0.08	0.08	
禄劝彝族苗族自治县	3.06	0.82	0.07	0.75	2.24	2.08	0.16
寻甸回族彝族自治县	2.60	1.30	0.11	1.19	1.30	1.29	0.01
嵩明县	0.48	0.43	0.04	0.40	0.05	0.05	

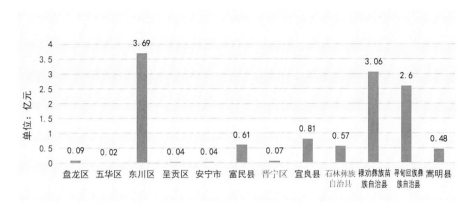

图11-2　昆明市各县（市、区）国家下达退耕还林工程补助资金对比图

第三节　绿美昆明之典型

一、典型之一

昆明退耕还林让绿水青山变"金山银山"

春城昆明地处长江上游，是长江水源的重要涵养地和生态屏障，也是长江经济带和"一带一路"建设的交汇点。在2000—2019年的20年，昆明市共完成退耕还林250.6万亩，累计投资26.3亿元，直接受益121.2万人。

退耕还林不但绘美了绿水青山，筑牢了长江上游绿色屏障，还促进了人与自然和谐共生，做大了福泽百姓的"金山银山"。

2000年，东川区被列为云南省9个退耕还林试点示范县区之一，截至2020年，东川区共实施国家退耕还林还草及省级坡耕地治理任务22.51万亩，其中：

（一）前一轮国家退耕还林还草

2000—2006年，全区共实施退耕还林（草）6.6万亩（退耕地还生态林6.47万亩，退耕地还经济林0.03万亩，退耕地还草0.1万亩），涉及8个乡镇（街道办）、1个国营林场、148个行政村19450户退耕农户69870人，其中建档立卡贫困户2034户7526人。

6.6万亩退耕还林还（草）均通过了前期国家阶段性验收，国家退耕还林工程前8年每年每亩补助260元，后8年每年每亩补助125元，截至2020年，只剩2006年度实施的4699.5亩，每亩补助125元（105元生活补助，20元管护费），前期两轮补助到期的已陆续纳入国家生态公益林的补助范围。

（二）市级退耕还林

2012—2014年，共实施市级退耕还林工程14.23万亩，其中实施核桃还林13.9万亩，花椒还林0.33万亩。共涉及5镇1个街道办事处80个村委会41862户退耕还林。

（三）省级坡耕地治理

2012—2019年，退耕还林工程共实施3.2万亩，其中，2012年实施1万亩，2013年实施1.5万亩，2018年实施0.4万亩，2019年实施0.3万亩，前后期补助标准不一等同。

（四）新一轮退耕还林还草

2014—2020年，共实施国家新一轮退耕还林还草15.83万亩（2014年1万亩，2016年2.5万亩，2017年1.8万亩，2018年5.71万亩，2019年3.58万亩，2020年1.24万亩），占全市总任务的34.6%（全市新一轮退耕还林还草任务45.52万亩）。国家补助标准为每亩补助1600元（含每亩400元种苗造林费），分5年3次兑现，第一年900元（含每亩400元种苗造林费），第三年300元，第五年400元。全区实施的新一轮退耕共涉及退耕农户25834户97641人，其中建档立卡户9900户37660人。2014年，新一轮退耕还林已通过国家阶段验收，2016—2019年的退耕还林任务已全部竣工。

（五）数字之变——森林覆盖率大幅提升

昆明市林草局退耕办相关负责人介绍，昆明市国家级退耕还林经历了四个阶段：2000—2001年，在东川区和寻甸回族彝族自治县开展试点工作；2002—2007年，在全市范围内全面铺开；2008—2015年，从全面推进转向成果巩固；2014年起实施国家新一轮退耕还林工程。

从全市来看，2000—2013年，昆明市完成国家前一轮退耕还林26.3万亩，配套荒山荒地造林46.7万亩，封山育林4.8万亩；2012—2014年，昆明市实施市级退耕还林60.16万亩；2014—2020年，昆明市实施国家新一轮退耕还林还草和省级退耕还林54.02万亩。全市森林覆盖率从2008年的45.05%上升至2020年的52.62%。

（六）乡村振兴有"致富果"

绿水青山不仅改变了昆明的生态环境，还改变了村民"面朝黄土背朝天，广种薄收难温饱"的生活状况。

在脱贫攻坚中，退耕还林是重要的持续增收项目，全市3个脱贫县区建档立卡贫困户每年均从退耕还林项目中获得直接经济收入。全市2014—2020年实施国家新一轮退耕还林45.28万亩，其中东川区15.75万亩，禄劝彝族苗族自治县13.3万亩，寻甸回族彝族自治县8.17万亩；实施云南省退耕还林6.8万亩，其中，东川区0.4万亩，禄劝彝族苗族自治县1.5万亩，寻甸回族彝族自治县0.3万亩。全市退耕还林精准扶贫面积13.24万亩，惠及贫困户23560户90662人。

退耕群众在享受国家退耕还林政策补助的同时，还因地制宜发展了核桃、板栗、花椒、苹果、甜柿、枇杷等一大批经济林果，从单一的粮食种植逐渐发展为以林粮、林果、林菌、林药、林菜、林花种植多管齐下，林下养殖、生态旅游、观光农业等同步推进，有效促进了农业产业结构调整，培植了新的经济增长点，夯实了乡村振兴的基础。

随着退耕还林深入推进，昆明市每亩耕地的产量、产值大幅提高，设施农业、优质高效农业发展迅速，经营大户、专业合作社、新型经营主体不断涌现，大量农村劳动力实现就近就业或外出务工，增收致富渠道不断拓宽。"实践证明，退耕还林已成为昆明林业投资最大、涉及面最广、受益群众最多、周期最长、与'三农'发展、脱贫攻坚、乡村振兴结合最紧密的生态建设工程。"昆明市林草局相关负责人说，生态优先、绿色发展充分激活了农业农村发展的动力，不断释放的生态"红利"正给老百姓带来更多盼头、甜头。

（七）生态之变，筑牢长江上游绿色屏障

实施退耕还林工程前，在有着长期开采铜矿历史的东川，水土流失面积一度高达1309平方千米，占全区总面积的70%。纵横分布着107条泥石流沟渠的小江，每年向长江输送的泥沙曾经高达1900万吨，

严重威胁着区域和长江流域的生态安全。如今，全区生态环境持续向好，一个个绿意盎然的村庄，如同一枚枚镶嵌在大山里的绿宝石。

与东川很多地方情况类似，寻甸回族彝族自治县金源乡沙湾大沟片区在退耕还林工程实施前，泥石流等自然灾害频发，大面积农田和道路被冲毁，严重影响群众生产生活。通过在上游实施退耕还林和天保工程，冲毁的农田逐渐复垦，当地又恢复了昔日欣欣向荣的农耕景象。金源乡有关负责人表示，近年来，当地的水土流失已得到有效遏制，生态环境有效恢复，生物多样性愈发凸显，金源乡已发展成为寻甸最大的粮仓。

二、典型之二

寻甸与禄劝，山绿了，水清了

寻甸回族彝族自治县和东川区一样是全省首批退耕还林试点示范县（区），早在 2000 年就启动实施了国家退耕还林工程。"截至 2018 年，全县共完成退耕还林（草）工程 46.6 万亩，成林后森林覆盖率将提高 8.7 个百分点，年增蓄水 1165.02 万立方米，保持水土 186.4 万吨。"寻甸县林草局副局长陈明科介绍，全县退耕还林地块树木长势喜人，工程区山绿了，水清了，风沙危害逐步减少，特别是清水海水源区、黑颈鹤自然保护区和县城周围生态环境大为改善，生态效益充分显现。

位于金沙江流域的禄劝彝族苗族自治县，与东川、寻甸一样都是昆明的城市生态涵养区，同样承担着筑牢长江上游生态安全屏障的重要使命。禄劝彝族苗族自治县林业和草原局退耕还林还草工程办公室主任刘华介绍，自 2002 年以来，全县累计实施各级退耕还林 42.38 万亩，生态环境明显改善。每年到了赏花季节，无论是看轿子山杜鹃，还是观马鹿塘花海，所经过的公路沿线到处是华山松和旱冬瓜的混交林，给人以赏心悦目的旅游体验。云龙水库径流区大量实施退耕还林后，水源涵养功能显著加强，有效保障了昆明城市的用水安全。

昔日荒山岭，今朝绿成荫。通过实施退耕还林工程，全市陡坡耕地减少，林地面积显著增加。"十三五"末，全市森林面积达 1660.37 万亩，较"十二五"末增长 8%；森林蓄积量达 6057 万立方米，较"十二五"末增加 557 万立方米。曾经的"童山濯濯，荒夷凄凉"，如今已满目苍翠，"莽莽群山抱古城"成为美丽春城最亮丽的底色。

三、典型之三

东川区退耕还林典型模式

由于东川区的地理环境及气候原因，造林成本及难度较大，为切实做好及有序推进退耕还林工作，东川区主要采取以下措施及技术模式：

（一）加强领导，明确责任

成立了由分管林业的副区长担任组长，区属有关部门主要领导任副组长，相关职能部门负责人为成员的退耕还林工程实施领导小组，负责协调各项工作推进实施。明确各成员单位的职责，按照各自的职能分工，各司其职，各负其责，密切配合，协同推进退耕还林工程的实施。

（二）强化宣传，调动群众退耕积极性

充分利用会议、广播、电视、宣传手册、标语等各种形式，广泛宣传实施退耕还林对生态建设、增加农民收入、实现可持续发展的重大意义，使各级领导干部和群众充分认识到退耕还林的重要性和紧迫性，正确处理近期与长远、全局与局部的利益关系，积极支持、参与退耕还林工作。

（三）打造样板，加强示范带动

为让群众看到发展前景，从退耕还林中切实得到实惠，坚定退耕还林信心和决心。在集中连片的地方打造样板，积极引导退耕农户采取"林农（药）套种、以耕代抚、以短养长、综合开发、提升效益"模式实施。

（四）精心组织实施，强化项目管理

严格按照退耕还林各项目的管理规范组织实施。以作业设计为依据，从地块落实、预整地、苗木质量、栽植、成活率等各个环节上严格把关。

（五）加强督查，确保工作落实到位

从区目督办、区监察局、区林草局抽调人员组成督查组，对实施退耕还林项目的乡镇（街道）办进行专项督查，重点对合同签订、资金兑现、档案整理等情况进行检查，并把检查结果定期进行全区通报，对工作不力的乡镇（街道）进行项目调整，下年度不再安排退耕指标，对弄虚作假、玩忽职守的将进行严厉问责。

（六）政策倾斜，助力扶贫，推进产业转型发展

退耕还林在脱贫攻坚中是一个重要的持续增收项目，被誉为"德政工程""民心工程"和"扶贫工程"。一是近年来在计划安排上优先扶贫村扶贫户。二是为贫困村发展产业奠定基础。在树种选择上本着因地制宜、适地适树、农户自愿的原则，积极引导发展经济林产业（花椒），为稳固脱贫打牢基础。三是通过退耕还林，增加劳务输出，获得打工经济收入。据统计，自 2014 年实施国家新一轮退耕还林工程以来，累计已发放退耕还林农户补助资金 2.02 亿元，完成中央预算内投资 5454 万元，覆盖全区贫困人口近 9900 户 32660 人，贫困人口人均退耕 0.8 亩，贫困村每年群众人均增收 107 元。国家退耕还林对农村贫困人口的总体覆盖面超过 10%，新一轮退耕还林对建档立卡贫困户的覆盖面达 40%。退耕还林工程扶贫作用显著，进一步实现了生态改善与减轻贫困的双赢。

1. 东川区取得的经验与成效

通过退耕还林的实施，使东川区生态环境得到有效改善，林业产业迅速发展，带动了群众增收致富，其生态效益、经济效益和社会效益十分显著，被群众誉为"德政工程""民心工程"。实施退耕还林不仅具有十分重要的现实意义，而且具有深远的历史意义。

（1）生态效益凸显，生态环境显著改善。通过近 20 年来退耕还林工程的实施，全民生态意识普遍提高，全区干部群众的生态环境意识、生态保护意识普遍增强。全社会关心支持和投入生态环境建设的积极性高涨。在退耕还林工程实施过程中，我们始终突出生态效益，并按照生态优先的总体要求，强化水土保持措施，坚持科学设计，按设计施工，按标准验收，做到了"建一片，成一片"，生态环境和生产生活环境得到明显改善，工程区内的野生动植物种群数量增加，丰富了生物多样性；局部地区的水土流失和土地石漠化状况得到有效治理，水源区内水质明显改善、来水量明显增加，自然灾害发生的频

率呈逐年下降趋势。通过退耕还林巩固退耕还林成果基本口粮田建设，耕地质量明显提高；太阳能、沼气池、节柴灶等农村能源项目的实施，既改善了农村能源消耗结构，又有效解决了部分退耕农户的生活用能问题，提升了农户的生活质量。近 5 年来，东川的生态环境明显改善，2019 年全区森林覆盖率达 38.47%。

（2）社会和经济效益显著，促进地方产业结构调整。通过实施退耕还林，促进了农村产业结构的调整优化，农业生态环境得到改善，增加了退耕农户的收入，促进农村剩余劳动力转移。通过合理选择树种、优化造林技术模式，退耕还林既发挥了生态效益，又调整了农业结构，培植了后续产业发展，核桃、杜果、花椒、刺脑包、石榴、柑橘、樱桃等一大批经济林果基地建立起来，农村群众从单一的粮食种植发展为林粮、林果、林菌、林药、林菜、林花等种植和发展林下养殖、发展生态旅游和观光农业；调整了农业产业结构，培植了新的经济增长点，加快了山区发展。特别是在阿旺镇长岭子村 5000 亩核桃通过"公司＋农户＋基地"的模式，保证了退耕农户近期及远期的增收致富。

（3）农村生产方式发生变革，拓宽农户致富增收点。通过实施退耕还林，种植业已由广种薄收向精耕细作转变，土地利用结构更加合理，每亩耕地上的产量、产值大幅提高，设施农业、优质高效农业增长迅速，经营大户、专业合作社、新型经营主体等不断涌现，大量农村劳动力实现了就近就业，从事二、三产业或外出务工，增收致富渠道拓宽。走出山区的农村群众开阔了眼界、增长了见识、解放了思想，更加迫切地希望改变生活方式和提高生活质量，对土地的依赖程度逐步减弱。

（4）生态环保意识加强，投身到生态建设的积极性高涨。通过多渠道、多形式的退耕还林宣传，和工程建设展现给社会广大群众的实效，大家深刻认识到实施退耕还林对改善生态环境、产业发展的重要性，参与项目建设的积极性高涨；生态保护意识深入人心，护绿爱绿的行动随处可见，蔚然成风；社会资本踊跃向生态建设、林产业发展等方面投资，涌现出一大批林业种植养殖投资企业。

2. 东川退耕还林造出"致富林"

（1）拖布卡镇新店房村。初冬时节，在东川区拖布卡镇新店房村，漫山遍野的绿树枝头上，挂满了黄澄澄的果实，在夕阳的照射下显得格外诱人。"今年又是一个丰收年，自从实施退耕还林工程后，我们在这里种植了脐橙和柑橘，生态环境好了，收入也增加了，生活也越来越好了。"新店房村脐橙种植户张金平脸上溢满了丰收的喜悦。近年来，东川区紧密结合脱贫攻坚，实施国家新一轮退耕还林工程，不断发展特色优势产业，种植经济林果，退耕还林还出一片片"致富林"，真正实现绿了山川，也富了乡民。

拖布卡镇——昔日荒地结出"金果果"。脐橙挂满枝头——走进拖布卡镇新店房村，映入眼帘的是漫山遍野的果树。在拖布卡镇新店房村村委会主任胡金平的带领下，记者走进已是硕果累累的脐橙园，一颗颗黄澄澄的脐橙挂满了枝头，在冬日的暖阳照射下，显得格外诱人，农户们正忙着采摘脐橙，脸上洋溢着丰收的喜悦。"你们看，这些脐橙个头真大，一个就有半千克重，尝一口，果汁别提有多甜了。"胡金平说，"今年是实施退耕还林后第四年挂果，现在已进入丰果期，预计有 60 ~ 70 吨的产量，每千克卖价 15 元，今年又有一个好收成。"

此前，由于土壤贫瘠，当地很多粮食作物种不出来，村里的大部分土地都变成了荒地，当地村民除了外出务工，基本没有其他收入。2015 年，胡金平和拖布卡镇农科所的工作人员多次外出探访后，找到了适合新店房村自然环境种植的脐橙品种。他自筹资金流转了村民的 400 亩土地，开始试种脐橙，成为新店房村脐橙的种植大户。

如今，在他的带动下，新店房村种植的脐橙经济林已达 700 余亩，昔日贫瘠荒凉的土地上，长满了一颗颗脱贫致富的"金果果"，当地村民靠脐橙走上了脱贫致富路。新店房村村民韩克芬家中的 2 亩土地通过流转种上了脐橙，每亩土地除了可以拿到 300 元的租金，她还能领到 2000 元的退耕还林补贴，再加上平时在脐橙园里打工，收入比以前增加了不少。"在脐橙园里打工，一天能挣到 80 元钱，一个月下来有 2000 多元，一年大概能挣 2 万多元呢。"韩克芬说。

多年来，在基层林业工作站工作人员的努力下，东川区拖布卡镇通过推进实施退耕还林工程，坡耕地种上了核桃、橘子、石榴、花椒、杧果等经济林木后，释放出巨大的生态红利。越来越多的山绿了，村美了，村民富了。到今年，拖布卡镇共实施国家新一轮退耕还林工程项目 36806.7 亩，涉及 18 个村民委员会。

在实施退耕还林过程中，拖布卡镇引进企业和本地大户承包农户土地种植经济林果，让农户既有土地租金，又能享受国家退耕还林补贴，还解决了部分不能外出农户就近就地务工的问题，大幅提高了退耕还林土地的经济效益。

作为东川区拖布卡镇退耕还林工程的示范基地之一，新店房村 2018 年实施退耕还林 2425.9 亩，涉及 8 个村民小组 377 户农户。通过实施退耕还林，带动当地农户 264 户脱贫致富，农户可获得每亩土地租金 150 ~ 800 元；每亩土地农户还能领取退耕还林管护补贴 2000 元；每年带动当地农户 103 人务工，其中常住务工 26 人，零散务工 77 人，务工收入平均每年 29200 元。

拖布卡镇位于昆明市东川区最北部，距区政府所在地 64 千米，为云南、四川的交界处。红军长征途经金沙江畔的拖布卡镇。

拖布卡源于彝语，意为"森林环绕的村庄"，但这里的植被一度遭到严重破坏，经过近年来的大力修复，目前森林覆盖率为 32%。

拖布卡镇辖 20 个村 3 万多人，虽然国土面积不足 200 平方千米，但海拔落差大，最低处海拔 695 米，是昆明市最低点，因白鹤滩水电站建设已被淹没，最高海拔 3032 米，高差达 2300 米以上。

拖布卡镇共实施退耕还林 3.68 万亩，涉及 18 个村委会，其间共建设示范基地 2 个，分别位于树桔村及新店房村。

退耕还林在脱贫攻坚战中，是一个重要的持续增收项目。东川区在实施退耕还林工程中，优先安排贫困村贫困户。通过退耕还林，增加劳务输出，获得打工经济收入。据统计，自 2014 年实施国家新一轮退耕还林工程以来，东川累计发放退耕还林农户补助资金 2.02 亿元，完成中央预算内投资 5454 万元，覆盖全区贫困人口 9900 余户 32660 人，贫困人口人均退耕 0.8 亩，贫困村群众每年人均增收 107 元。国家退耕还林对农村贫困人口的总体覆盖面超过 10%，新一轮退耕还林对建档立卡贫困户的覆盖面达 40%，进一步实现了生态改善与减轻贫困的双赢目标。

阿旺镇，种下冬桃农户收入翻了好几倍，农户采摘冬桃——眼下，在东川区阿旺镇岩头村，一颗颗白里透红的冬桃挂满了枝头。海拔 2000 米的东川区阿旺镇岩头村，土壤以红壤为主，气温适宜，最适宜发展冬桃产业。2018 年，阿旺镇实施退耕还林政策，在外跑运输的邵星文瞄准时机，回乡创业，通过流转土地，成立"茂盛冬桃"种植企业，带领村民种植冬桃。目前，岩头村通过流转土地方式建成茂盛冬桃基地 860 亩，涉及农户 180 户，形成了"公司＋基地＋合作社＋农户"的运作模式。

"今年每亩产量在 1 吨左右，每千克冬桃售价 15 ~ 30 元，每亩产值约在 1.5 万 ~ 2 万元。"邵星文介绍，茂盛冬桃第一年种植种苗，四年以后进入正常收获期，目前，860 亩茂盛冬桃已陆续实现创收，惠及当地数百名农户。在种植冬桃的基础上，他还利用冬桃树旁种草、生态环境无污染的优势，发展了养牛和养羊项目，同时解决种植冬桃农家肥紧张的问题。2018—2020年养牛200头、养羊1000只，实现了种养结合，发展生态循环之路。岩头村村民赵菜花的土地通过流转种植上冬桃后，她便就近在冬桃基地打工。"以前我们在地里种洋芋、苞谷，一年到头也挣不了多少钱。后来村里搞了退耕还林，每亩地有500元的租金，在家门口就能打工挣钱，每月还有2000多元的务工收入，一年下来收入有2万多元，比以前的收入翻了好几倍，相信以后的日子会越过越好的。"赵菜花说。阿旺镇林业工作站站长李华介绍，截至2020年，阿旺镇共实施退耕还林22932.7亩，涉及16个村民委员会。其中，阿旺镇退耕还林建设示范基地岩头村，实施退耕还林2640.6亩，涉及12个村民小组452户农户。通过实施退耕还林，种植经济林果，在改善生态环境的同时，也鼓起了村民的腰包。

退耕还林20年，东川荒滩变绿洲，东川区林业和草原局生态保护修复科副科长张顺平介绍，东川区的地质构造处于小江深断裂两侧，是强烈的地震带区。境内主要河流，北部有金沙江，西北与禄劝接壤的边界有普渡河。境内小江由南向北流经区内注入金沙江。一方面，由于东川悠久的铜矿历史，但是，过度开采造成了东川特殊的脆弱生态区位；另一方面，由于东川属干热河谷区，特殊的立体气候及"十里不同天"的气候，在生态建设过程中，造林季节单一，造林难度大，造林成本高。

2000年，东川区被列为云南省9个退耕还林试点示范县区之一，截至2019年，东川区共实施国家退耕还林及省级坡耕地治理任务21.81万亩。其中，2000—2006年，全区共实施退耕还林工程20.9万亩，涉及8个乡镇（街道）办、1个国有林场、148个行政村19450户退耕农户69870人，其中建档立卡贫困户2034户7526人。2014—2019年，共实施国家新一轮退耕还林还草14.59万亩，共涉及退耕农户25834户97641人，其中建档立卡户9900户37660人。"通过退耕还林的实施，使东川区生态环境得到有效改善，林业产业迅速发展，其生态、经济和社会效益十分明显。"张顺平表示，近5年来，东川的生态环境明显改善，2019年全区森林覆盖率达38.47%，水土流失的情况已大大减少，过去频发的泥石流、滑坡也得到了遏制，很多荒滩都变成了绿洲，往日干涸的小溪又开始淌水。昆明市东川区阿旺镇岩头村杀马小组返乡创业青年邵星文在退耕还林地上栽种冬桃和苹果。

（2）生态环境改善。退耕还林工程的实施，对东川区的生态建设有着深远的影响。这里是强烈地震带区。金沙江、普渡河分别从它的北部和西北部流过，小江则由南向北注入金沙江。

东川水土流失面积一度高达1309平方千米，占全区总面积的70%。纵横分布着107条泥石流沟渠的小江，每年向长江输送的泥沙曾经高达1900万吨，严重威胁着长江流域的生态安全。

2000年以来，东川区共实施国家退耕还林及省级坡耕地治理任务22.43万亩，其中，新一轮退耕还林还草14.59万亩，占全市总任务42.53万亩的34.3%，2.58万农户近10万人从中受益，包括建档立卡户9900户3.77万人。近5年来，东川的生态环境明显改善，2020年全区森林覆盖率达40.55%。

"春城昆明地处长江上游，是长江水源的重要涵养地和生态屏障，也是长江经济带和'一带一路'建设的交汇点。"昆明市林草局退耕办主任段飒飒介绍说。

2000—2019年的20年，昆明市共完成退耕还林250.6万亩，累计投资26.3亿元，直接受益121.2万人。全市森林覆盖率从2008年的45.05%上升至2020年的52.62%。曾经的"童山濯濯，荒夷凄凉"如今已满目苍翠，"莽莽群山抱古城"成为美丽春城最亮丽的底色。

四、典型之四

退耕还林工程改变了昆明

从 2000—2019 年，云南省昆明市 20 年间退耕还林 250.6 万亩，累计投资 26.3 亿元，121.2 万农户直接参与工程建设。退耕还林改变了昆明的山水，也筑牢了长江上游的绿色屏障。

位于云南省东北部的东川区，铜矿开采历史悠久，因过度开采，生态脆弱。2000 年、2001 年，昆明市连续两年在东川区、寻甸回族彝族自治县开展退耕还林试点，2002 年起在全市范围全面实施。通过 20 年的退耕还林工作，东川区森林覆盖率从 2001 年的约 13% 上升到 2018 年的 33.7%。寻甸回族彝族自治县金所街道森林覆盖率从 1995 年的 18.6% 上升到目前的 36.56%。昆明市森林覆盖率从 2008 年的 45.05% 上升至 2019 年的 51.42%。

2000—2013 年，昆明市完成国家前一轮退耕还林 26.3 万亩、荒山荒地造林 46.7 万亩、封山育林 4.8 万亩，涉及全市 14 个县（市、区）134 个乡镇 1078 个行政村。国家和省级累计投资 8.48 亿元，7.85 万户 28.94 万人直接受益。2012—2014 年，昆明市实施市级退耕还林 60.16 万亩，市级投资 8.92 亿元，县级投资 0.65 亿元，16.63 万户 62.23 万人直接受益。2014—2020 年，昆明市规划实施新一轮退耕还林 56.15 万亩，全市退耕还林补助统一为每亩 2800 元。2014—2019 年，昆明下达退耕还林任务 42.29 万亩，市级配套补助资金 0.91 亿元，涉及全市 8 个县（市、区）137 个乡镇（街道）2738 个行政村，国家投资 4.17 亿元，8.07 万户 30 余万人直接受益。

退耕给昆明带来的生态变化越来越明显，乡村、城市面山，交通沿线、江河两岸、湖库周围、水源涵养区更绿更美。

（一）松华坝水源区实施退耕还林

松华坝水库，是昆明主城区工业及城市生活用水的主要供水水库。2009—2014 年，盘龙区在松华坝水源区实施退耕还林工程，完成农改林 5.7 万亩，进一步提高了水源区森林覆盖率，水源区生态环境得到持续改善。退耕还林后，为调整松华坝水源保护区农户的产业结构，盘龙区在交通主干道 200 米范围内和 25° 以上坡耕地，建设以金银花、核桃等为主的经济林基地。

松华坝水库是昆明主城的重要水源地之一。"十二五"期间，盘龙区多措并举加大松华坝水源保护区生态建设力度，通过在水源区内退耕还林改种植经果林和水源涵养林，构筑"生态修复、生态治理、生态保护"三道防线，累计退耕还林 48654.18 亩。在沿冷水河、牧羊河两岸 100 米及支流两岸 50 米范围内建设永久性生态林带 24152 亩，通过荒山造林、苗木基地建设、封山育林等措施建设林业生态林带 76370 亩。

同时，松华坝水源保护还坚持以小流域为单元，以水源保护为中心，溯源治污，统一规划，实施污水、垃圾、河道、环境同步治理，实施了阿子营铁冲、滇源周达、老坝、松华双玉共 4 个生态清洁小流域建设，治理水土流失面积 63.4 平方千米。

此外，还通过推进松华坝水源保护区二、三级区"一池三改"和太阳能建设工程，累计完成"一池三改"700 户，安装太阳能 840 台，切实加强了松华坝水源保护区水生态文明建设。

第十二章
绿美楚雄

第一节　楚雄彝族自治州概况

一、位置

楚雄彝族自治州地处云贵高原西部、滇中高原的主体部位，有"滇中福地""滇西门户"之称，是滇中经济圈的重要组成部分，是通往滇西7州（市）及东南亚的必经之地。其东靠昆明市，南连普洱市和玉溪市，西接大理白族自治州，西北隔金沙江与丽江市相望，北临四川省木棉市和凉山彝族自治州。地处东经100°43′～102°32′，北纬24°13′～26°30′，东西最大横距175千米，南北最大纵距247.5千米。全州总面积284.85万公顷。

楚雄彝族自治州辖楚雄市、大姚县、双柏县、禄丰市、武定县、南华县、永仁县、元谋县、姚安县、牟定县2个县级市、8个县，共10个县（市）。

二、地形、山脉与河流

楚雄彝族自治州地处滇中红土高原，东北、西北山地均为南北走向，西北为西北东南走向，中、南一带为金沙江与红河的分水岭。中部以丘状高原地貌为主；南北两侧受金沙江、礼社江切割，起伏较大。高原上散布着楚雄、元谋、姚安等较大的坝子。

主要山脉有哀牢山、白草岭和三台山；河流除金沙江支流外，还有石羊江、马龙江、龙川江等。

三、交通

楚雄彝族自治州是通向缅甸的重要通道，成昆、广大、罗茨铁路，杭瑞高速、京昆高速、昆大高速，高铁，108国道、320国道，216省道、221省道、213省道、316省道、214省道、317省道、313省道、217省道、218省道、219省道、322省道及县乡公路形成完整的交通网络。

四、风景名胜

楚雄彝族自治州的风景名胜主要有紫溪山国家森林公园、昙华山、元谋土林、化佛山、方山、禄丰省级风景区、哀牢山国家自然保护区等。

第二节 楚雄彝族自治州实施退耕还林工程情况

一、楚雄彝族自治州各县（市）退耕还林工程实施面积情况

云南省楚雄彝族自治州退耕还林工程自 2002 年全面启动，截至 2020 年，全州累计完成退耕还林工程建设任务 164.22 万亩，前一轮完成 108.70 万亩，其中，退耕还林 40.80 万亩，荒山荒地还林 66.40 万亩，封山育林 1.50 万亩；新一轮退耕还林工程完成 55.52 万亩，其中，退耕还林 51.26 万亩，退耕还草 4.26 万亩，使全州森林覆盖率提高了 3.71 个百分点。全州退耕还林工程实施成效显著，林草生态系统呈现健康状况向好、质量逐步提升、功能稳步增强的发展态势。楚雄彝族自治州各县（市）退耕还林工程实施面积统计详见表 12-1 和图 12-1。

表 12-1 楚雄彝族自治州各县（市）退耕还林工程实施面积统计表

单位：万亩

实施单位	合计	前一轮退耕还林				新一轮退耕还林		
		计	退耕地造林	荒山荒地还林	封山育林	计	退耕还林	退耕还草
楚雄彝族自治州	164.22	108.70	40.80	66.40	1.50	55.52	51.26	4.26
楚雄市	9.88	8.80	5.10	3.70		1.08	0.63	0.45
双柏县	20.97	11.50	4.20	7.30		9.47	8.52	0.95
牟定县	12.74	10.60	3.60	6.00	1.00	2.14	2.14	
南华县	15.42	6.70	2.90	3.80		8.72	8.72	
姚安县	16.47	11.70	3.50	7.70	0.50	4.77	4.71	0.06
大姚县	20.37	7.30	3.50	3.80		13.07	10.97	2.10
永仁县	6.83	5.60	3.10	2.50		1.23	1.23	
元谋县	29.17	27.40	6.70	20.70		1.77	1.77	
武定县	21.87	12.50	5.60	6.90		9.37	9.37	
禄丰市	10.50	6.60	2.60	4.00		3.90	3.20	0.70

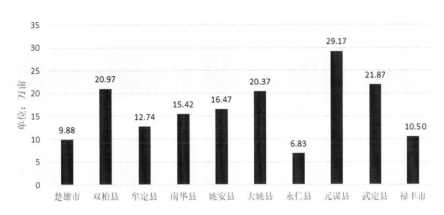

图 12-1　楚雄彝族自治州各县（市）退耕还林工程实施面积对比图

二、楚雄彝族自治州各县（市）退耕还林工程中央资金补助统计

楚雄彝族自治州退耕还林工程自 2002 年全面启动，截至 2020 年，国家累计下达楚雄彝族自治州退耕还林补助资金 15.81 亿元，前一轮下达补助资金 7.32 亿元，其中，现金补助 0.64 亿元，粮食折算现金补助 6.68 亿元；新一轮退耕还林补助资金 8.49 亿元，其中，退耕还林补助资金 8.06 亿元，退耕还草补助资金 0.43 亿元。楚雄彝族自治州各县（市）国家下达退耕还林工程补助资金统计详见表12-2 和图 12-2。

表 12-2　楚雄彝族自治州各县（市）国家下达退耕还林工程补助资金统计表

单位：亿元

实施单位	合计	前一轮省退耕还林			新一轮退耕还林		
		小计	现金	粮食折算现金	计	退耕还林	退耕还草
楚雄彝族自治州	15.81	7.32	0.64	6.68	8.49	8.06	0.43
楚雄市	1.07	0.92	0.08	0.84	0.15	0.10	0.05
双柏县	2.20	0.75	0.06	0.68	1.45	1.35	0.10
牟定县	0.99	0.66	0.06	0.6	0.33	0.33	
南华县	1.90	0.53	0.05	0.48	1.37	1.37	
姚安县	1.38	0.63	0.06	0.58	0.75	0.74	0.01
大姚县	2.58	0.64	0.06	0.59	1.94	1.74	0.20
永仁县	0.75	0.56	0.05	0.52	0.19	0.19	
元谋县	1.43	1.17	0.10	1.07	0.26	0.26	
武定县	2.45	0.98	0.08	0.89	1.47	1.47	
禄丰市	1.06	0.48	0.04	0.43	0.58	0.51	0.07

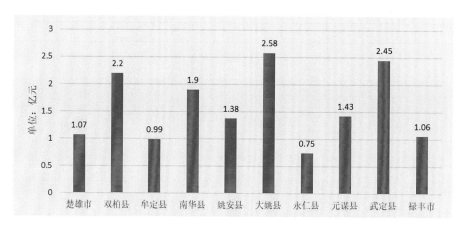

图12-1 楚雄彝族自治州各县（市）国家下达退耕还林工程补助资金对比图

第三节 绿美楚雄之典型

20年来，楚雄彝族自治州认真落实"退得下，还得上，稳得住，不反弹"的要求，切实加强领导，强化措施，狠抓落实，全州退耕还林工程取得明显成效。

全州在退耕还林工程实施过程中，一是加强领导，狠抓落实。州、县（市）、乡镇层层签订责任状，实行行政一把手负责制，形成一级抓一级，一级对一级负责的格局，把任务、责任落实到村到户，建立指导、管理和监督机制，确保任务完成率、面积核实率、保存合格率达到国家标准。二是科学布局，重点突出。把退耕还林和生态治理、林业产业发展相结合，把交通沿线、江河两岸、库坝周围、水土流失严重、生态脆弱区以及村庄周围的坡耕地段作为退耕还林的重点。三是强化宣传，提高认识。充分利用广播、电视、报刊等新闻媒体，加大对退耕还林重大意义、方针政策、实施成效、措施和经验的宣传力度。四是典型示范，样板引路。退耕还林工程实施以来，建设州级退耕还林样板林6697亩，县级样板林6756亩，乡级样板林15999亩，村级样板林49806亩。五是明晰产权，巩固成果。全州退耕还林林权证发放面积40.8万亩，发证率达100%。

目前，工程覆盖楚雄彝族自治州10个县（市）103个乡镇971个村民委员会，涉及15.04万户退耕农户57.9万人。2000—2012年，全州完成退耕还林任务107.2万亩，其中，退耕还林40.8万亩，荒山荒地造林64.9万亩，封山育林1.5万亩。实施巩固退耕还林成果专项规划种植业70.64万亩，退耕还林5.5万亩，开展技术技能培训27600人，完成补植补造140308亩，国家及省级累计投入退耕还林项目资金11.79亿元，直接用于群众造林及政策补助。

一、典型之一

姚安县新一轮退耕还林还草工程

实施退耕还林还草是党中央、国务院从中华民族生存和发展的战略高度，着眼经济社会可持续发展全局作出的重大决策。退耕还林还草工程的实施，不仅增加了林草植被，减少了水土流失和风沙危害，还促进了农业结构调整，增加了农民收入，是一项深受老百姓欢迎的民生工程。实施退耕还林还草，是贯彻落实科学发展观、推进生态文明建设的战略举措，也是贫困地区农民脱贫致富、加快全面小康社会建设的有效途径。

姚安县于 2015—2020 年实施了新一轮退耕还林还草工程，按照"总结经验、完善政策、巩固成果、促收经济"的总体要求，以工程实施为基础，以农民增收为目标，解放思想，攻坚克难，6 年来累计实施完成计划任务 4.77 万亩，其中，2015 年 1 万亩，2016 年 1 万亩，2017 年 1.91 万亩，2019 年 0.56 万亩（还林 0.5 万亩，还草 0.06 万亩），2020 年 0.3 万亩。工程涉及全县 9 个乡镇、62 个村民委员会、268 个村民小组 7704 个小班（还林 7677 个小班，还草 27 个小班）14904 户农户（14825 户，还草 79 户）45792 人。涉及建档立卡贫困户面积 13537.9 亩（还林 13291.9 亩，还草 246 亩）、贫困户 2439 户（还林 2413 户，还草 26 户）、贫困人口 9504 人（还林 9399 人，还草 105 人），兑现建档立卡贫困户建设资金 2095.034 万元（还林 2070.434 万元，还草 24.6 万元）。目前，已经实现了退耕还林还草工程"退得下，造得上，稳得住，不反弹，能致富"的预期目标。

（一）建设成效

6 年来，姚安县新一轮退耕还林还草工程进展顺利，成效显著，得到了国家、省、州有关部门的高度评价，也得到了群众的一致拥护和支持。通过退耕还林还草工程在姚安县的实施，生态环境得到有效修复的同时，生态系统也得以逐步平衡，退耕农户的生产条件和人居环境明显改善。

1. 生态环境显著改善

荒坡披绿装，涓水汇溪流。姚安县在新一轮退耕还林还草工程的实施后，水土流失减少，土壤得到改良，生态环境自主修复能力逐步增强，林草植被明显增多，全县生态环境显著改善：林地草地面积增加 4.77 万亩；森林草覆盖率提高 1.87%；每年减少水土流失 5.91 万吨；25°以上陡坡耕地营造乔木树种的地块与退耕前相比，其径流量、泥沙含量分别下降了 82%、93%；土壤肥力增加，有机质含量提高了 1.44 个百分点，氮、磷、钾含量均有所增加。

曾经的姚安，坝子面山，城镇面山，零星分布着的荒坡荒地，一度被称为姚安绿地中的"秃出问题"。通过新一轮退耕还林工程的实施，彻底改变了这一现象，现在的姚安，天愈蓝，水愈清，以"天然氧吧"、野生动物的"天堂"闻名遐迩，姚安县也成为了全州退耕还林建设生态成效的典范。比如高峰寺大片的荒地，曾经是村民们广种薄收的劳作地，如今，荒地变林海，也变成了退耕户的"绿色银行"。

2. 林业后续产业发展

姚安县切实贯彻"生态建设产业化，产业发展生态化"的发展思路，坚持因地制宜、分类指导的原则，区分不同地域类型，有针对性地开展工作：在高山高海拔地区，营造具有综合效能的生态防护林，重点治理江河源头地区生态脆弱的问题；在低海拔及水源条件好的地方，坚持面向市场需求，大力发展核桃后续产业，推行特色经济林果产业，实现生态与经济的良性互动。自实施新一轮退耕还林工程以来，县内陡坡耕地、低收入农地逐年减少，林地面积逐年增加，农民的耕作方式开始由传统的广种薄收向集约化经营转变，优化了土地利用结构，也同时调整了农村产业结构，二、三产业得到了相应发展。生态产业得以发展壮大，全县共营造核桃 33624.7 亩，云南松、华山松等生态林 9944.9 亩，花椒、红梨、软籽石榴等特色经济林 3530.4 亩，为退耕户后续林业产业发展奠定了坚实的基础。

3. 退耕还林助力脱贫攻坚

自 2015 年实施新一轮退耕还林还草工程以来，姚安县始终把项目建设与当前正在开展的脱贫攻坚工作紧密联系起来，按照"退得下，稳得住，助脱贫，能致富"的要求组织实施，助力全县的脱贫攻坚工作。6年来，全县贫困户共实施退耕还林还草工程13537.9亩，涉及农户2439户9504人，兑现贫困户补助资金2095.034万元。部分边远山区的贫困户靠退耕还林还草补助就退出贫困户行列，如大河口乡蒿子箐村，退耕面积最多的肖家组张祥户20.5亩，最少的白石头箐二组的罗平户2.1亩，全村68户建档立卡贫困户都享受了新一轮退耕还林政策，户均实施退耕还林11.9亩，较好地助推了蒿子箐村脱贫攻坚工作。

4. 群众生态意识增强

姚安县那一片片茂盛的人工林，你不妨去问一问，老百姓都会自豪地告诉你："那都是我们退耕还林的功劳啊！现在我们山变绿了，农民也富了，大家都明白青山绿水的好处喽！"通过退耕还林工程的实施和广泛宣传，群众已经觉悟到，生态环境恶劣是连年自然灾害的根源，也是贫困的根源，农民群众进一步认识到了国家提出的与其"年年救灾，前赴后继"，不如"扩大退耕还林，以钱换生态"这一发展思路的重要性，逐步由"要我退"变为"我要退"，真正成为退耕还林的实施主体，广大农民群众和社会各界力量参与退耕还林和其他生态工程建设的积极性大大提高，退耕还林工程在全县群众的眼中，已经变成了保持水土、涵养水源、增加收入的重要渠道，加强生态环境保护与建设已逐步成为了全县人民的共识。

（二）经验做法

姚安县始终坚持把新一轮退耕还林还草作为改善生态的重要抓手，结合农村产业结构调整和促进农民增收，统筹兼顾退耕还林还草生态效益、经济效益、社会效益的有机统一，在保障工程顺利实施的基础上，取得了丰硕成果，现将经验做法总结如下：

1. 提高政治站位，抓实工作责任

姚安县委、县政府历来重视退耕还林工作，把退耕还林工程建设、巩固退耕还林成果作为一件大事来抓，强化政治担当，逐级落实责任，形成主要领导统筹规划、分管领导具体落实的工作方法。采取签订责任状、订立目标责任合同等多种切实可行的措施明确工作责任。同时，相关部门密切协作，各自发挥职能作用，合力推进工程建设，保证了退耕还林工程的顺利开展。

2. 完善规章制度，规范建档管理

姚安县在退耕还林实施之初，就把工程管理放在了首要位置。本着"严管林、慎用钱、质为先"的原则，相继制定和完善了退耕还林工程建设、资金管理、种苗供应、检查验收办法、档案管理等一系列管理措施和办法，健全了政策保障机制，把事后检查转变为过程监督、检查和指导，及时解决了存在问题，提高了工程建设质量，确保退耕还林工程实施有制可依，有章可循。自工程实施至今，退耕还林相关图、表、卡等资料详细齐全，共建立新一轮退耕还林永久档案47盒520件，长期档案4盒123件，短期档案5盒152件，做到了档案分类归档，装订成册，专人负责，专人管理，集中保管，规范有序；乡镇退耕还林资料保存完整，并有专人管理，为工程管理提供了可靠依据。

3. 坚持科学规划，重点实施推进

姚安县在新一轮退耕还林工程实施及成果巩固规划中，坚持"科学规划、因地制宜、适地适树（草）"的原则，充分尊重自然规律，大力提倡乡土树种，推行林草（药、菜）、乔灌结合等多种造林模式以提高林草覆盖率；坚持生态修复与农民增收相结合，进一步深化退耕还林与产业结构调整、扶贫开发相结合的重要认识，实现"近期靠政策补助，远期靠产业增收"的发展目标。注重实效，尊重群众意愿。结

合实际，综合规划；坚持"重点实施、稳步推进"，优先安排生态环境脆弱、农民增收困难的地方退耕，打造退耕还林重点地区、重点乡镇。

4. 创新造林模式，培植特色产业

为认真贯彻省委、省人民政府提出的"生态建设产业化，产业发展生态化"的要求，姚安县始终坚持在确保生态效益优先的前提下，突出地方特色，引导群众发展核桃、石榴、红梨等生态效益、经济效益都能兼顾的树种，再通过优化造林技术模式，采取林农复合经营模式对退耕地进行后续抚育管理。姚安是典型的农业县，也是楚雄彝族自治州粮食、烤烟、蔬果等作物的主要产区，许多农户对农作物和经济林果经营颇有经验，在年度工程实施时间紧、任务重的情况下，依然努力探索造林模式，积累了充分的造林经验：一是落实"铁筐精神"，使退耕还林预整地达到了高标准、高质量。二是采取个体承包、退耕户参与的造林模式，保证工程实施进度和质量。三是引进工程队造林，使造林质量和造林技术得到了进一步提高。通过造林创新模式激发林业发展的活力，形成投资主体多元化、植树造林专业化、苗木供应市场化、经营管理规范化的良好局面，提高造林质量和成效，并用以耕促管、以短养长的方式，使大部分退耕户在林下种植魔芋、百合、山药、中药材等本地特色经济作物的同时，让退耕地中林木得到良好的抚育，最大程度发挥了土地的生产力和创造的经济价值，既保证了退耕还林生态目标的实现，又培植了当地后续产业，促使工程建设综合效益得到强化和凸显，为保障退耕农户的长远利益及巩固退耕还林成果奠定了基础。

5. 制定管护措施，维护退耕成果

姚安县采取因地制宜的管护措施：面积零星分散、村庄附近的地块，由退耕户自己退耕，自己管理；面积相对集中的退耕地，按村、按地块纳入天保管护人员的管护责任范围，签订管护责任合同，由天保人员管护，年终兑现奖惩；具有一定规模、面积较大的退耕地，由村民小组组织，以村民小组为单位，制定管护措施，划定管护区域，每户轮流管护，或者在退耕户自愿的前提下，按照退耕面积，提取一定的资金，作为管护经费聘请专人管护。

6. 丰富宣传手段，营造良好氛围

姚安县把退耕还林政策宣传作为工程实施的重要措施。自新一轮工程实施以来，共计发放《退耕还林还草知识问答》《退耕还林政策宣传单》等1.5万余份，制作永久及临时性标语2000余条，同时，利用广播、电视、板报、网络新媒体等多种媒体开展新一轮退耕还林政策及法律法规宣传，把国家退耕还林政策宣传到村、入户，使群众及时了解、掌握退耕还林政策，做政策明白人、退耕贴心人，增强了群众对退耕还林工程的支持和信任度，退耕还林工程建设得到了有力保障。

7. 资金严格兑现，保障退耕户利益

姚安县严格按《退耕还林还草补助资金财政、财务管理暂行办法》《完善退耕还林政策补助资金管理办法》的规定，本着"依法依规，维护退耕户利益"的原则，对工程项目资金进行全程监督管理，实行专户专储、专款专用、单独建账、单独核算、封闭运行。在资金使用中，严格执行报账制，并建立退耕还林举报制度，向社会公布举报电话，设立举报箱，坚持"群众利益无小事"的原则；在资金兑现过程中，完善退耕还林还草政策兑现措施，为退耕户办理"农民补贴管理一折通"，确保资金兑现及时、准确，使退耕户领取更为方便，资金管理更为安全可靠。工程实施几年来，从未发生过漏兑、挤占或挪用退耕还林还草资金的现象，对每一个退耕还林工程问题的来信来访，都认真处理答复，实现了"政策符合，群众满意"的目标。

二、典型之二

永仁县引领群众走绿色发展之路

金秋时节，天空湛蓝，阳光灿烂。永仁县广大田野里，林果飘香，处处是一幅幅森林与果树相互掩映的美丽乡村新画卷。在杧果地、板栗园和核桃林采收果子的农民们，脸上都浮现着自豪和幸福的笑容，共享着丰收的喜悦。

永仁县认真践行习近平总书记"绿水青山就是金山银山"的重要思想，加大超坡度地退耕还林、低产低效林改造、荒滩治理、荒山绿化、水土保持等生态工程建设力度，通过扶贫开发、高原特色农业开发、招商引资等项目，引领带动广大群众大力发展杧果、板栗、核桃等经济林果种植，实现大地增绿、产业增效、农民增收。

走进永仁哲林杧果实业有限公司4万亩杧果基地，片片金灿灿的杧果，令人垂涎。员工们正在将采收的杧果装箱外运。永定镇云龙村委会麦拉务村村民小组长秦兴华说："我们村在哲林公司的带动和帮助下，杧果种植从无到有，面积从开始种植时的80.6亩发展到现在620多亩。2022年，全组27户农户种植的杧果已全部进入盛果期，预计收入可达240多万元。"

永仁县坚持"公司＋基地＋农户"发展模式，从海南引进"哲林杧果集团"，以产业化、规模化、标准化、精品化的思路统领杧果产业发展，杧果产业已成为县域经济发展、农民增收致富、企业提高效益的新引擎。

维的乡把发展种植板栗作为推动各族群众脱贫致富的重点产业来培植，现在全乡板栗面积达3.84万亩，预计总产量可达8800吨，产值达6800万元，板栗产业已经成为当地群众增收致富的主要渠道。

9月以来，中和镇的核桃种植户早出晚归采收核桃，争取在价格较好的时段把核桃采摘完。"我们合理调节收割庄稼与采摘核桃的时间，保证在采摘完核桃的同时又不耽误庄稼收割。"中和村委会绿拉乍村民小组村民李会元的妻子说道。据了解，中和镇地处高海拔地区，适宜核桃生长，且坐果好、果粒饱满。近年来，该镇党委、政府引领群众走绿色生态发展之路，拓宽核桃种植思路，引进优质核桃品种，使核桃种植面积不断扩大，全镇核桃种植面积达8.9万余亩，占全县核桃种植总面积的70%。2022年，全镇核桃产量预计可达583吨。

通过多年的政策扶持、经济补助、项目拉动，永仁县经济林果产业得到长足发展。目前，全县各类经济林果种植面积达53万亩。其中，杧果、板栗、核桃"三大"林果面积均在10万亩以上，成为全县"巩固拓展脱贫攻坚成果，接续推进乡村振兴"的重点产业。

第十三章
绿美玉溪

第一节　玉溪市概况

一、位置

　　玉溪市地处滇中腹地，地理位置位于东经 101° 16′ ~ 103° 09′，北纬 23° 19′ ~ 24° 58′，区域最大横距 172 千米，最大纵距 163.5 千米。其北邻昆明市，东南部与红河哈尼族彝族自治州接壤，南部与红河哈尼族彝族自治州及普洱市相连，西部与楚雄彝族自治州毗邻。全市总面积 149.67 万公顷。

　　玉溪市辖红塔区、江川区、澄江市、通海县、华宁县、易门县、峨山彝族自治县、新平彝族傣族自治县、元江哈尼族彝族傣族自治县等 2 区、1 市、6 县，共 9 个县（市、区）。

二、地形、山脉、河流（湖泊）

　　玉溪市地处滇中湖盆高原与哀牢山的连接地带。地势西北部高，东南部低。主要山脉有哀牢山，最高峰在新平，海拔 3185 米；河流有漠沙江、绿汁江、元江等，湖泊有抚仙湖、星云湖、杞麓湖等。

三、交通

　　玉溪市为云南省会的南大门，昆玉铁路、昆河窄轨铁路、昆磨高速、高铁和 213 国道、323 国道纵横境内。

四、风景名胜

　　玉溪市的风景名胜主要有抚仙湖风景区、澄江动物化石群、易门龙泉国家森林公园、新平磨盘山国家森林公园、哀牢山国家自然保护区、峨山竹海、通海秀山公园等。

第二节 玉溪市实施退耕还林工程情况

一、玉溪市各县（市、区）退耕还林工程实施面积情况

云南省玉溪市退耕还林工程自 2002 年全面启动，截至 2020 年，玉溪市累计完成退耕还林工程建设任务 130.82 万亩，前一轮完成 95.10 万亩，其中，退耕还林 25.50 万亩，荒山荒地还林 43.60 万亩，封山育林 26.00 万亩；新一轮退耕还林工程完成 35.72 万亩，其中，退耕还林 34.98 万亩，退耕还草 0.74 万亩，使全市森林覆盖率提高了 4.64 个百分点。玉溪市退耕还林工程实施成效显著，林草生态系统呈现健康状况向好、质量逐步提升、功能稳步增强的发展态势。玉溪市各县（市、区）退耕还林工程实施面积统计详见表 13-1 和图 13-1。

表 13-1 玉溪市各县（市、区）退耕还林工程实施面积统计表

单位：万亩

实施单位	合计	前一轮退耕还林				新一轮退耕还林		
		计	退耕地造林	荒山荒地还林	封山育林	计	退耕还林	退耕还草
玉溪市	130.82	95.10	25.50	43.60	26.00	35.72	34.98	0.74
红塔区	1.68	1.20	0.10	0.10	1.00	0.48	0.48	
江川区	9.78	9.40	3.30	3.10	3.00	0.38	0.38	
澄江市	9.85	8.50	3.40	3.10	2.00	1.35	1.35	
通海县	5.98	5.60	1.15	1.45	3.00	0.38	0.38	
华宁县	16.50	10.40	2.70	3.70	4.00	6.10	5.95	0.15
易门县	18.17	14.50	3.30	8.70	2.50	3.67	3.60	0.07
峨山彝族自治县	9.63	8.60	1.70	2.40	4.50	1.03	0.91	0.12
新平彝族傣族自治县	31.27	19.40	6.55	12.85		11.87	11.57	0.30
元江哈尼族彝族傣族自治县	27.96	17.50	3.30	8.20	6.00	10.46	10.36	0.10

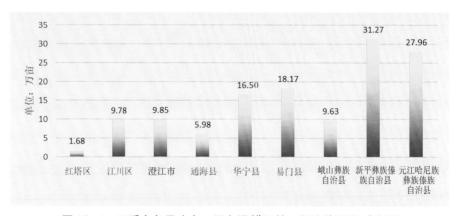

图 13-1 玉溪市各县（市、区）退耕还林工程实施面积对比图

二、玉溪市各县（市、区）退耕还林工程中央资金补助统计

玉溪市退耕还林工程自 2002 年全面启动，截至 2020 年，国家累计下达玉溪市退耕还林补助资金

10.19 亿元，前一轮下达补助资金 4.62 亿元，其中，现金补助 0.40 亿元，粮食折算现金补助 4.22 亿元；新一轮退耕还林补助资金 5.57 亿元，其中，退耕还林补助资金 5.49 亿元，退耕还草补助资金 0.08 亿元。玉溪市各县（市、区）国家下达退耕还林工程补助资金统计详见表 13-2 和图 13-2。

表 13-2　玉溪市各县（市、区）国家下达退耕还林工程补助资金统计表

单位：亿元

实施单位	合计	前一轮省退耕还林			新一轮退耕还林		
		小计	现金	粮食折算现金	计	退耕还林	退耕还草
玉溪市	10.19	4.62	0.40	4.22	5.57	5.49	0.08
红塔区	0.10	0.02		0.02	0.08	0.08	
江川区	0.66	0.60	0.05	0.55	0.06	0.06	
澄江市	0.83	0.61	0.05	0.56	0.22	0.22	
通海县	0.25	0.20	0.02	0.19	0.05	0.05	
华宁县	1.43	0.49	0.04	0.45	0.94	0.92	0.02
易门县	1.16	0.60	0.05	0.55	0.56	0.55	0.01
峨山彝族自治县	0.46	0.30	0.03	0.28	0.16	0.15	0.01
新平彝族傣族自治县	3.06	1.20	0.10	1.09	1.86	1.83	0.03
元江哈尼族彝族傣族自治县	2.24	0.60	0.05	0.54	1.64	1.63	0.01

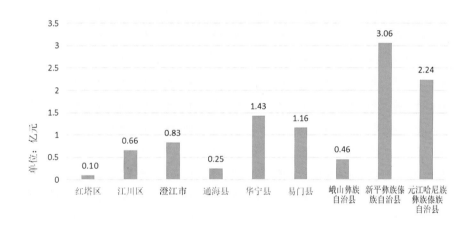

图 13-2　玉溪市各县（市、区）国家下达退耕还林工程补助资金对比图

第三节　绿美玉溪之典型

一、典型之一

新平彝族傣族自治县塘镇花椒红满枝，奏响山村"椒"响曲

眼下正是花椒成熟丰收的季节。云南省玉溪市新平彝族傣族自治县水塘镇的花椒也陆续成熟进入采摘期，山野田间椒香四溢，一派丰收忙碌景象。

走进位于水塘镇金厂村后的洋芋山中，只见漫山遍野的花椒树蔚然成林，一棵棵花椒树青翠碧绿，一串串饱满圆润的大红花椒缀满枝头，空气中弥漫着浓郁的椒香，农户们穿梭林中，忙着采摘成熟的花椒。

金厂村党总支委员、村委会委员周兴维介绍，花椒是金厂村委会洋芋山的传统种植产业，每年花椒成熟都可以为老百姓带来一笔不小的收入。村委会也一直在推广发展老百姓种植，拓宽群众的增收路子。"成熟的花椒一年才可以采摘一次。收购价格一般是十八九元一斤。这个花椒非常难采，只能用手采，我们每年采一次。价格好的时候一年能卖1万块左右。"正在采收花椒的村民方寿琼介绍，当地主要栽种的花椒品种为大红袍，这种花椒成熟期短，采摘期为1个月左右，为保证花椒品质，必须靠手工完成采摘，因此一到花椒成熟季，村里每天都会有农户忙着采收花椒。

金厂村是水塘镇花椒的主要产区，花椒种植历史悠久。这里光照充足，昼夜温差大，非常适宜栽培大红袍这种优良花椒品种。所产出的大红袍品种花椒颜色鲜红发亮，气味香浓，麻味醇正，广受市场欢迎。"花椒产业是我们洋芋山的特色产业，也是我们祖祖辈辈传下来的产业。好的花椒一般是零售，每斤价格二十元以上。一般的花椒成吨地卖，每斤价格在十六七元左右。栽得多的收入能够上万，少一点的话，也有几千元收入。"金厂村中沟小组组长胡志雄介绍。

花椒产业的红火让村民尝到了甜头，鼓起了干劲，大家对花椒树的管理也越来越重视。为了有效提高花椒树的管理水平，金厂村引导农户在花椒林下种植农作物，通过以耕代管的循环轮作模式，促进农业增效、农民增收。

胡志雄说："平时如果有人管理着花椒树，花椒就会长得更好一点，如果没人管理，品质也就不太好，花椒树也采摘不了几年就会死亡了。如果一边种着地，一边管理着花椒，花椒结果会更多，采摘下来的收入也就更高。"

花椒种植不仅给村民们带来了可观的经济收入，也照亮了乡村振兴发展的道路。接下来，金厂村还将继续依靠得天独厚的自然条件，因地制宜引导村民发展特色花椒种植，进一步加强花椒树的科学管理，不断提高花椒产量，让花椒成为群众稳定增收致富的"摇钱树"，奏响山村"椒"响曲。

二、典型之二

新平老厂乡竹笋带来甜蜜生活

竹子是新平彝族傣族自治县老厂乡罗柴冲村村民的主要经济来源之一。近年来，老厂乡坚持以"竹海彝乡、果蔬飘香"为理念，发展"一村一品"特色农业，形成新的经济增长点，让村民过上了由竹笋带来的甜蜜生活。

时下正是竹笋收获的季节，在罗柴冲村万亩竹海里，村民普燕红一大早就到竹林里采收竹笋。据了解，罗柴冲村下辖10个村民小组，竹子种植面积达11000多亩。过去，由于竹笋的产量大，除收购商收购外，每年积压下来的竹笋还有很多。为破解这一难题，老厂乡积极探索，不断拓宽竹笋销售渠道。"为了提高罗柴冲村竹产品的附加值和壮大村集体经济，结合乡村振兴契机，今年8月建成了鲜笋加工厂。目前，已加工鲜笋80吨，研发出了5种竹笋食品。"罗柴冲村党总支书记、村委会主任普值说。种竹、卖竹、竹产品深加工已逐渐在罗柴冲村形成产业链，成为当地群众增收致富的主要渠道之一。"以前我们都是自产自销，鲜笋最高每千克只能卖1.6元，现在加入合作社后，最低都是每千克2元，我们的收入增加了。"普燕红高兴地说。

近年来，新平彝族傣族自治县老厂乡依托得天独厚的万亩竹海资源，成立竹产业合作社，创办竹笋加工厂，发展"竹旅游"，多措并举做好"竹文章"，让山乡竹海变成群众增收致富财源。

　　近日，老厂乡罗柴冲村委会滇中苦笋合作社创立的村办企业——云南乡小竹商贸有限公司正式挂牌成立，公司拥有集清洗、蒸煮、脱水、烘干、精加工于一体的生产线，可规模化对鲜笋进行深加工，进一步提升竹笋的商品价值。

　　老厂乡域范围内可利用竹子覆盖面积达 4.78 万亩，竹材年产量 3423.5 万千克，竹笋年产量 206.7 万千克，干笋年产量最高可达 12.4 万千克。竹产业是当地的传统产业，但由于产品更新换代慢，村民加工好的成品数量少、档次低、销路难和产业发展水平滞后，满山的竹笋并没有给村民们带来良好的收益。如今，村办企业的成立，解决了村民竹笋加工和销售难题。公司以"合作社＋农户"的生产经营模式，带动村民融入鲜笋商业化生产，村民只要把刚采挖出来的竹笋经过简单加工后，就可以卖给公司进行精加工，既提升了竹笋附加值，又解决了销路难题。

　　近年来，老厂乡加快培育康养休闲"竹旅游"步伐，围绕万亩竹海和横山水库风光，不断完善区域内的通信、道路及水循环设施等基础设施建设，进一步挖掘、开发当地的竹文化、竹饮食与竹工艺，整合各类资源，积极融入红河谷旅游线、新平旅游大环线和哀牢山生态旅游环线。

第十四章
绿美德宏

第一节　德宏傣族景颇族自治州概况

一、位置

德宏傣族景颇族自治州地处云南省西南部，地理位置介于东经 97°31′～98°43′，北纬 23°50′～25°20′。其东和东北与保山市的龙陵、腾冲相邻，南、西和西北三面与缅甸联邦接壤，全州除梁河县外其他县市都有国境线，国境线长达 503.8 千米。全州东西最大横距为 122 千米，南北最大纵距为 170 千米。全州总面积 111.72 万公顷。

德宏傣族景颇族自治州辖芒市、瑞丽市、梁河县、盈江县、陇川县等 2 个县级市、3 个县，共 5 个县（市）。

二、地形、山脉、河流

地处横断山脉南部，高黎贡山以西，地势东北高，西南低，岭谷相间，山河平行，河谷盆地较多。主要山脉为高黎贡山南延余脉，最高峰为石人山，海拔 2767 米。河流有槟榔江、大盈江、龙川江、瑞丽江等。

三、交通

320 国道和 232 省道、234 省道、318 省道、237 省道、320 省道穿越过境，德宏芒市机场有航班飞往昆明等地。

四、风景名胜

风景名胜主要有德宏民族风情园、莫里热带雨林、铜壁关国家自然保护区、亚洲第一独树成林等。

第二节 德宏傣族景颇族自治州实施退耕还林工程情况

一、德宏傣族景颇族自治州各县（市）退耕还林工程实施面积情况

云南省德宏傣族景颇族自治州退耕还林工程自 2002 年全面启动，截至 2020 年，全州累计完成退耕还林工程建设任务 72.01 万亩，前一轮完成 69.90 万亩，其中，退耕还林 16.80 万亩，荒山荒地还林 39.60 万亩，封山育林 13.50 万亩；新一轮退耕还林工程完成 2.11 万亩，其中，退耕还林 0.31 万亩，退耕还草 1.80 万亩，使全州森林覆盖率提高了 3.38 个百分点。全州退耕还林工程实施成效显著，林草生态系统呈现健康状况向好、质量逐步提升、功能稳步增强的发展态势。德宏傣族景颇族自治州各县（市）退耕还林工程实施面积统计详见表 14-1 和图 14-1。

表 14-1　德宏傣族景颇族自治州各县（市）退耕还林工程实施面积统计表

单位：万亩

实施单位	合计	前一轮退耕还林				新一轮退耕还林		
		计	退耕地造林	荒山荒地还林	封山育林	计	退耕还林	退耕还草
德宏傣族景颇族自治州	72.01	69.90	16.80	39.60	13.50	2.11	0.31	1.80
芒市	15.31	13.40	5.50	5.90	2.00	1.91	0.11	1.80
梁河县	10.40	10.30	1.70	5.10	3.50	0.10	0.10	
盈江县	20.30	20.20	3.00	13.70	3.50	0.10	0.10	
陇川县	15.60	15.60	4.10	10.00	1.50			
瑞丽市	10.40	10.40	2.50	4.90	3.00			

单位：万亩

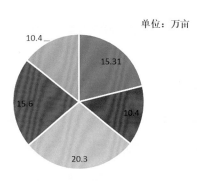

■芒市　■梁河县　■盈江县　■陇川县　■瑞丽市

图 14-1　德宏傣族景颇族自治州各县（市）退耕还林工程实施面积对比图

二、德宏傣族景颇族自治州各县（市）退耕还林工程中央资金补助统计

德宏傣族景颇族自治州退耕还林工程自 2002 年全面启动，截至 2020 年，国家累计下达德宏退耕还林补助资金 3.25 亿元，前一轮下达补助资 3.02 亿元，其中，现金补助 0.26 亿元，粮食折算现金补助 2.76 亿元；新一轮退耕还林补助资金 0.23 亿元，其中，退耕还林补助资金 0.05 亿元，退耕还草补助资金 0.18 亿元。德宏傣族景颇族自治州各县（市）国家下达退耕还林工程补助资金统计详见表 14-2 和图 14-2。

表 14-2 德宏傣族景颇族自治州各县（市）国家下达退耕还林工程补助资金统计表

单位：亿元

实施单位	合计	前一轮退耕还林			新一轮退耕还林		
		小计	现金	粮食折算现金	计	退耕还林	退耕还草
德宏傣族景颇族自治州	3.25	3.02	0.26	2.76	0.23	0.05	0.18
芒市	1.19	0.99	0.09	0.90	0.20	0.02	0.18
梁河县	0.32	0.31	0.03	0.29	0.01	0.01	
盈江县	0.57	0.55	0.05	0.50	0.02	0.02	
陇川县	0.74	0.74	0.06	0.67			
瑞丽市	0.43	0.43	0.04	0.39			

单位：亿元

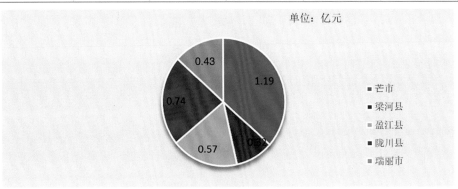

图 14-2 德宏傣族景颇族自治州各县（市）国家下达退耕还林工程补助资金对比图

第三节 绿美德宏之典型

一、典型之一

芒市退耕还林让绿水青山变"金山银山"

芒市地处云南省西部，芒市大河沿西而过，板过河、南秀河穿城而过，境内河流众多，水利资源丰富。芒市是云南省 88 个贫困县之一，脱贫攻坚任务繁重。为深入贯彻"绿水青山就是金山银山"发展理念，芒市自实施新一轮退耕还林政策以来，在坚持生态优先的前提下，充分考虑农民的经济收益，着力解决群众退耕还林前期的经济收入来源，在实施新一轮退耕还林中，创新举措，通过林间套种模式，有效增加群众收入，实现资源保护与脱贫攻坚双推进。

（一）自然社会经济条件

芒市隶属云南省德宏傣族景颇族自治州，地处云南省西部，高黎贡山南麓，滇西峡谷区，总面积 2987 平方千米，其中山区占 74%，坝区占 26%。东、东北接龙陵县，西南连瑞丽市，西、西北与梁河县、陇川县隔龙江（陇川江）相望，南与缅甸交界，国境线长 68.23 千米，全市有 33 个自然村与缅甸接壤，有 5 条通商通道。芒市是云南西边的窗口，也是德宏的政治、经济、文化中心和中缅文化交流的窗口，更是中缅经济效益的门户，素有"孔雀之乡"和"黎明之城"之称。

芒市属亚热带季风性气候，年平均气温 19.5℃，冬无严寒，夏无酷暑，土地肥沃，气候宜人，降水充沛，受气候和地理环境影响，非常适宜各类澳洲坚果等经济林木及林下野生药材、菌类生长，分布有林下药用植物 70 余种、森林蔬菜 215 种、森林花卉 100 余种、林下野生食用菌 30 余种，是野生石斛等中药材的重要产区。

（二）新一轮退耕还林情况

自 2014 年实施新一轮退耕还林工程以来，芒市市委、市政府敏锐抓住国家西部大开发及退耕还林工程等契机，按照省委、省政府提出的"特色经济强省"发展战略和德宏傣族景颇族自治州州委提出的"产业富州"发展理念，紧紧围绕"特色农业稳市"的发展思路，实施新一轮退耕还林工程 0.11 万亩。其中，2017 年新一轮退耕还林 0.1 万亩，涉及 9 个乡镇，村委会 22 个，小组 40 个，农户 292 户，农民人口 1314 人；2020 年，退耕还林 0.01 万亩，项目布局于三台山乡允欠村委会三组，共规划 2 个小班，涉及农户 30 户，农民人口 207 人。

（三）主要做法

1. 加强领导，落实工作责任

为确保退耕还林工程建设顺利推进，成立了以市长任组长，分管副市长任副组长，发改、农业、林草、财政等相关部门负责人为成员的项目建设领导小组，同时要求项目涉及乡镇和部门结合工作实际，组建领导班子，明确工作人员，切实抓好退耕还林建设工作，构建"主要领导亲自抓，分管领导直接抓，职能部门具体抓"的领导机制，形成了一级抓一级，层层抓落实的良好工作格局，为各项工作顺利开展提供了强有力的组织保障。

2. 结合实际，科学规划

严格按照国家和省、市关于退耕还林建设规划要求，坚持"因地制宜、突出重点、应退尽退"的原则，在造林树种配置上，按照适地适树原则，尊重农民意愿，采用"柑橘 + 豆类（矮秆作物）""澳洲坚果 + 西番莲"等种植模式，通过示范样板带动作用，引导退耕农户发展以澳洲坚果为主的特色经济林产业，多渠道助力农户增收致富。

3. 强化监管，保证质量

严格执行《退耕还林条例》和《云南省退耕还林专项资金使用和管理办法》的规定，切实加强项目资金管理，做到专款专用，财政、审计等部门对项目实施全过程进行跟踪监督，确保资金使用安全。市林草局每年组织技术人员深入乡镇、村开展造林技术指导和督促检查，发现问题，及时整改，确保项目达到工程建设标准。

4. 重点推进，生态扶贫

充分总结和借鉴前一轮退耕还林经验做法，用好新一轮"不限林种比例"这一政策，在充分尊重农民意愿的基础上，选择以经济效益和发展前景较好的以澳洲坚果为主的经济林经济树种发展特色优势产业，着力增强退耕农户"造血"功能。在工程规划上，优先将贫困乡、贫困村、贫困户纳入规划重点范围，实现生态扶贫脱贫一批的目标。

5. 健全档案，规范管理

为加强退耕还林工程项目管理，掌握项目建设情况，为评定退耕还林工程建设成效提供依据，按照退耕还林档案建设要求，责成专人负责档案管理，并请市档案馆专业人员对三台山乡退耕还林档案管理工作进行指导，使全乡退耕还林档案管理工作做到及时收集、整理、归档、资料整齐、完整。

（四）取得实效

1. 农民持续增收

通过实施退耕还林，在改变生态效益的同时，带来了较好的经济效益，农民实现了持续增收。退耕以前，大部分坡耕地种植经济作物，扣除种子和肥料后，每年每亩纯收入不足 200 元（不计劳务费），退耕后，退耕地每年每亩获得政策性补助达到 320 元。加之，通过发展林业产业，到目前，造林后的杉木、板栗和西南桦经济效益已经显现，为农户增加了经济收入。

2. 开辟了新的增收渠道

实施退耕还林后，凡是有退耕还林任务的农民，不仅有了可靠的粮食供给和现金补助，而且还能腾出富余劳动力从事其他经营、副业生产和外出务工，为群众增收开辟了新的渠道，较大幅度增加了收入。

3. 生态环境得到改善

通过实施退耕还林工程，较大地促进了环境改善和生态修复，确保森林资源及时恢复和持续增长，森林防护功能不断增强。

通过实施退耕还林工程，不仅实现了经济增收，还促进了土地资源的优化配置，使生态环境得到全面改善，产业结构得到进一步调整，带动了林产业的发展，有力地促进了农村经济社会发展。

二、典型之二

梁河县真抓实干见成效

梁河县位于云南省西部，德宏州东北部。东北与腾冲市接壤，东南与龙陵县交界，南与芒市、陇川县相连，西与盈江县为邻。地理坐标在东经 98°06′~98°31′，北纬 24°31′~24°58′，东西宽约 45 千米，南北长约 49 千米。全县总面积 1136.69 平方千米，辖 6 乡 3 镇，共 67 个村民委员会（社区），全县总人口 17 万人。有林地面积 85738.9448 公顷，森林面积 80060.5177 公顷，其中，天然林面积 48727.0436 公顷，人工林面积 31333.4741 公顷，森林覆盖率为 70.43%，森林蓄积量 8813040 立方米，其他林木蓄积 58346 立方米。划定草原面积有 4336.53 公顷，草原综合覆盖率为 76.76%。

（一）梁河县退耕还林基本情况

梁河县退耕还林工程是从 2002 年开始，2002—2005 年为前一轮退耕还林时期，退耕还林面积 1.7 万亩，补助期限为 16 年，到 2020 年前一轮退耕还林补助政策到期。为加强森林管护，对前一轮退耕还生态林补助政策到期的，从 2020 年起，国家再给予每年每亩 20 元的抚育补助。

2017 年，下达梁河县新一轮退耕还林任务面积 0.1 万亩，补助政策是每亩 1600 元。其中，种苗补助 400 元，现金补助 1200 元，分三次兑付给退耕农户，第一年兑付 900 元（其中，种苗费 400 元，现金 500 元），第三年兑付 300 元，第五年兑付 400 元。项目主要安排在遮岛镇、芒东镇、勐养镇、河西乡、九保乡、曩宋乡、平山乡等 7 个乡镇，共区划 135 个小班，惠及群众 433 户。主要设计种植坚果、皂荚、杉木、油茶等特色经济林，该项工程 2018 年已实施完毕，并已组织开展 2 次县级验收，地块合格率达 95%，项目资金已全部兑付给退耕户，资金兑付率为 100%。

（二）工程实施的主要做法

1. 坚持群众自愿原则

凡是开展新一轮的退耕地块，在国土部门提供的区划范围内，充分遵循群众的自愿种植原则，不愿意的群众不纳入退耕规划，确保项目实施的土地供给和权属无争议。

2. 科学选择树种

新一轮退耕还林项目的树种选择，在确保适地适树的前提下，首先选择乡土树种为主，同时结合市场经济发展方向，认真开展分析研判，在确保生态安全的同时要兼顾经济的收益问题，践行"绿水青山就是金山银山"的理念。

3. 精心组织实施

一是加强宣传。大力加强退耕还林政策的宣传力度，充分利用微信、电视及宣传手册等方式和渠道，大力加强退耕还林政策的宣传力度，提高新一轮退耕还林还草的知名度，充分发挥宣传的效能作用，积极营造新一轮退耕还林还草工程良好氛围。二是落实责任。落实工作管理机制，成立由分管副县长任组长，县人民政府督查室主任及相关单位联系领导为成员的领导小组。下设办公室，办公室主任由县林业局局长兼任，全权负责统筹协调推进退耕还林工程建设。2018 年，以县政府名义 5 次召开了乡镇主要领导的新一轮退耕还林工作推进会。县林业和草原局派出了 2 名副局长坐镇乡镇，全程陪同，并负责退耕还林外业踏勘、规划设计、组织实施、技术指导，全程开展技术服务，技术人员包片驻乡，落到地块，确保造林一片，成活一片，见效一片。落实监督检查机制，确保工程建设推进有力。三是狠抓建设。将新一轮退耕还林工程建设与产业建设、生态扶贫相结合，切实推进工程建设落地。在符合退耕条件的地块，优先考虑经济发展相对落后的村致富产业培育，主动为其项目对接、工程实施、技术服务等，让新一轮退耕还林发挥最大效力。将工程放在生态脆弱地实施，还乡村一片绿水青山。四是严格落实县级自查，对实施地块移位，苗木栽植密度不达标，成活率低于 85% 的，一律通报整改，对管护不到位，暂停补助资金，以停促改，争取项目达到验收标准。

（三）新一轮退耕还林工程产生的效益

1. 生态效益

将工程区划在生态脆弱和撂荒地块实施，既恢复了生态，又治理了环境，还产生了经济收益。比如，大多数杉木地块已经郁闭成林，平均郁闭度达 0.6，如期进入中龄期，实现了生态恢复的效果。

2. 经济效益

一是设计的经济林树种，坚果已经挂果，经现地核实 14.9 亩的 1 个小班，当年已采摘了 500 多千克，市场售价 1 千克 21 元，种植者收入可超过万元；设计的杉木树种地块进入中龄期（生长速度最快阶段），每亩平均蓄积量 5.5 立方米。若杉木售后允许继续养护 5 ~ 10 年，现在价值已超 5000 元 / 亩；设计的滇皂荚和油茶树种长势达到预期效果。二是将农地实施退耕后，腾出了部分农村劳动力发展其他经济，如到工业园区打零工，男、女平均每天可得 120 元，到硅场和建筑工地打零工，平均每天可得 150 元。

3. 社会效益

新一轮退耕还林项目的实施，有效促进了梁河县林业双增，增加了乡村绿化面积 1000 亩，加速了美丽乡村建设，为实现习近平生态文明思想贡献力量。

4. 助推脱贫攻坚

新一轮退耕还林项目区划地块惠及建档立卡贫困户 83 户，面积 276 亩，直接补助资金 44.16 万元，落实了"生态补偿一批、脱贫一批"的政策要求。

第十五章
绿美保山

第一节 保山市概况

一、位置

保山市地处云南省西部，地理位置介于东经 98° 25′ ~ 100° 02′，北纬 24° 08′ ~ 25° 51′。其东部与临沧市相连，北部与怒江傈僳族自治州为邻，东北部与大理白族自治州交界，西南部与德宏傣族景颇族自治州毗邻，正南部和西北部与缅甸接壤。全市总面积 190.67 万公顷。

保山市辖隆阳区、施甸县、腾冲市、龙陵县、昌宁县等 1 个市辖区、1 个县级市、3 个县，共 5 个县（市、区）。

二、地形、山脉、河流

地处横断山脉滇西纵谷南端，高黎贡山、怒山山脉与怒江峡谷平行贯穿全境。地势北部高，南部低，高低悬殊。境内主体山脉呈南北走向，是典型的帚形山地中山山原区。境内河流多沿断裂带强烈下切，大部分地区沟壑纵横，山川相间，连绵的群山之间镶嵌着若干大小不等的坝子。东南部喀斯特地貌发育，西北部腾冲火山群是全国著名的火山地貌。主体山脉是高黎贡山和怒山及余脉；河流有怒江、澜沧江及其支流。

三、交通

是内地通向邻邦缅甸大通道的必经之地，杭瑞高速公路和 320 国道由东北至西南斜贯穿越本市腹地过境，309 省道、229 省道、237 省道、231 省道、234 省道、312 省道、310 省道、235 省道、236 省道过境。保山机场有通往广州、昆明等地的航班。

四、风景名胜

腾冲地热火山风景名胜区、来凤山国家森林公园、腾冲火山国家地质公园、西山寺、北庙湖、罗密城、玉皇阁、城中瀑布等。

第二节 保山市实施退耕还林工程情况

一、保山市各县（市、区）退耕还林工程实施面积情况

云南省保山市退耕还林工程自 2002 年全面启动，截至 2020 年，保山市累计完成退耕还林工程建设任务 130.2 万亩，前一轮完成 87.00 万亩，其中，退耕还林 23.20 万亩，荒山荒地还林 38.80 万亩，封山育林 25.00 万亩；新一轮退耕还林工程完成 43.20 万亩，其中，退耕还林 38.80 万亩，退耕还草 4.40 万亩，使保山市森林覆盖率提高了 3.52 个百分点。保山市退耕还林工程实施成效显著，林草生态系统呈现健康状况向好、质量逐步提升、功能稳步增强的发展态势。保山市各县（市、区）退耕还林工程实施面积统计详见表 15-1 和图 15-1。

表 15-1 保山市各县（市、区）退耕还林工程实施面积统计表

单位：万亩

实施单位	合计	前一轮退耕还林				新一轮退耕还林		
		计	退耕地造林	荒山荒地还林	封山育林	计	退耕还林	退耕还草
保山市	130.20	87.00	23.20	38.80	25.00	43.20	38.80	4.40
隆阳区	36.72	22.20	8.10	11.10	3.00	14.52	14.02	0.50
施甸县	18.18	12.00	1.00	5.50	5.50	6.18	6.18	
腾冲市	22.90	22.90	4.60	12.30	6.00			
龙陵县	25.12	15.00	3.80	5.20	6.00	10.12	6.72	3.40
昌宁县	27.28	14.90	5.70	4.70	4.50	12.38	11.88	0.50

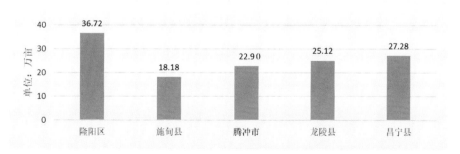

图 15-1 保山市各县（市、区）退耕还林工程实施面积对比图

二、保山市各县（市、区）退耕还林工程中央资金补助统计

保山市退耕还林工程自 2002 年全面启动，截至 2020 年，国家累计下达保山市退耕还林补助资金

10.78 亿元，前一轮下达补助资金 4.21 亿元，其中，现金补助 0.37 亿元，粮食折算现金补助 3.84 亿元；新一轮退耕还林国家补助资金 6.57 亿元，其中，退耕还林补助资金 6.16 亿元，退耕还草补助资金 0.41 亿元。保山市各县（市、区）国家下达退耕还林工程补助资金统计详见表 15-2 和图 15-2。

表 15-2　保山市各县（市、区）国家下达退耕还林工程补助资金统计表

单位：亿元

实施单位	合计	前一轮省退耕还林			新一轮省退耕还林		
		小计	现金	粮食折算现金	计	退耕还林	退耕还草
保山市	10.78	4.21	0.37	3.84	6.57	6.16	0.41
隆阳区	3.73	1.45	0.13	1.33	2.28	2.23	0.05
施甸县	1.15	0.18	0.02	0.17	0.97	0.97	
腾冲市	0.85	0.85	0.07	0.77			
龙陵县	2.09	0.70	0.06	0.64	1.39	1.07	0.32
昌宁县	2.96	1.03	0.09	0.94	1.93	1.89	0.04

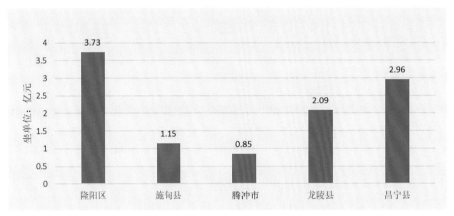

图 15-2　保山市各县（市、区）国家下达退耕还林工程补助统计图

第三节　绿美保山之典型

一、典型之一

施甸旧城澳洲坚果绿了山头，富了民

施甸县怒江及其支流枯柯河河谷地带生态脆弱，产业单一，广种薄收。对此，施甸县结合当地气候资源，在河谷区域发展杧果、坚果、石榴等经济林果业，当前部分林果已进入初产期，不仅恢复了河谷生态，还给当地村民带来了一笔收入。

在怒江支流勐波罗河谷，杧果已成为当地村民收入的主要来源。旧城乡新街村新街组村民、旧城乡念想勐杧果蔬种植专业合作社理事长李成华一家人忙着采收杧果。3 年前他家种了 100 多亩杧果，今年第一年采摘，收入 20 多万元。按目前情况，再过三四年进入盛果期后，收入可达 80 多万元。

在枯柯河流域，满山挂满枝头的石榴连片成园。摆榔彝族布朗族乡大中村村民李新照 2016 年种了 40 亩突尼斯软籽石榴，去年开始挂果，今年收入 6 万多元，到盛果期亩产值可达 2 万元。石榴种植不仅给村民增加了收入，还有效保护了河谷地带生态环境。

据了解，近年来施甸县怒江流域群众种植杧果、澳洲坚果、软籽石榴、花椒等经济林果 10 万亩左右。目前，大部分林果已进入初果期，今年果农的经济收入大概在 6000 万元。（来源：《保山日报》，2020-12-15）

二、典型之二

龙陵退耕还林绿了山坡，富了百姓

长期以来，龙陵县积极响应国家"退得下，还得上，稳得住，能致富"的号召，树牢"绿水青山就是金山银山"理念，认真落实"大力推进国土绿化"总要求，以生态修复和促农增收为突破口，念好"山字经"，做实"林文章"，在林下"淘金"，在土地上"掘金"，以绿色发展引领乡村振兴，用绿色助推脱贫攻坚，走出了一条"不砍树也能致富"的生态经济兼容发展新路子，让山区林农持续受益。

19 年来，全县累计向林农发放退耕还林还草补助资金 2.48 亿元，1 万多户 6 万多人从中获益，其中惠及建档立卡贫困户 2234 户 9665 人。

作为全县最早实施退耕还林项目之一的腊勐镇，2002 年以来，全镇共实施退耕还林面积 8220 亩，累计兑付补偿资金 922 万元，覆盖全镇 8 个村社 1450 多户，户均实现增收约 6000 元。大部分退耕群众已从耕地的束缚中解放出来，搞起了经销，跑起了运输，建起了加工厂，走上了脱贫致富奔小康的康庄大道。

"过去老百姓过的是'苦荞面果洋芋沙，半年杂粮半年差'的苦日子。实施退耕还林项目以来，部分退耕农户盖起了新房，买了车，还搞起了第三产业，过上了幸福生活。"腊勐镇林业站技术员朱鸿孝高兴地介绍。

勐糯镇于 2005 年启动实施退耕还林项目，目前，全镇共实施退耕还林 5151 亩，其中，核桃 912 亩，杧果 1239 亩，澳洲坚果 3000 亩，起到较好的示范带头作用。"我们的退耕还林项目以发展杧果等特色林果为主，目前已带动全镇 6 个村社新发展经济林 2 万多亩，2019 年仅澳洲坚果和杧果 2 项产业就实现产值 360 万元左右。"勐糯镇林业站负责人李家有介绍。

"自 2016 年以来，我把 5.4 亩退耕地都种上了杧果，去年刚挂果就卖了 1500 多元，3 年领到了补助资金 6400 元。"勐糯镇沟心寨村村民杨满招计划下一步还将在林下再养些鸡。

"既要金山银山，又要绿水青山。"自 2002 年以来，龙陵县共实施退耕还林还草工程面积 38.74 万亩，全县森林覆盖率已由 1978 年的 26.9% 提高到现在的 70.08%。至此，全县退耕还林项目工程已在龙陵乃至保山版图上涂上一抹抹浓浓的"中国绿"。

龙陵县林草局负责人介绍，19 年来，全县累计向林农发放退耕还林还草补助资金 2.48 亿元，惠及全县 10 个乡镇 1 万多户 6 万多人。其中，共向建档立卡贫困户兑付退耕还林补助资金 2058 万元，惠及建档立卡贫困户 2234 户 9665 人。2019 年，全县实现林业总产值 10.13 亿元。退耕还林工程把荒山变金山、活树变活钱，既绿了山坡，又富了百姓，正持续向贫困山区群众释放着生态红利。

为更好地推进退耕还林还草工程高质量发展，龙陵县积极推动退耕造林模式，由"蚂蚁造林"向"集中连片造林"转型，经营模式由单一的"木头经济"向林（间）下多种经营转型。通过一"退"一"还"，有力促进了农村产业结构调整和改变了林农的生产经营方式。目前，全县大部分退耕群众已从耕地的繁忙中解脱出来，就近就地跑起了运输，建起了林产品加工厂，做起了林下种植（养殖），搞起了经商和餐饮业，全县一批以"退 + 林果""退 + 林药""退 + 养殖"等为代表的生态经济兼容的长效林产业已初具雏形，老百姓的腰包也越来越鼓了。

第十六章
绿美临沧

第一节　临沧市概况

一、位置

临沧市地处云南省西南部，地理位置介于东经 98°40′～100°34′，北纬 23°05′～25°02′，东西最大横距 176.4 千米，南北最大纵距 200.4 千米。其东部与普洱市交界，西部与保山市相邻，北部与大理白族自治州相接，南部与邻国缅甸接壤。全市总面积 236.20 万公顷。

临沧市辖临翔区、凤庆县、云县、永德县、镇康县、双江拉祜族佤族布朗族傣族自治县、耿马傣族佤族自治县、沧源佤族自治县等 1 个市辖区、7 个县，共 8 个县（区）。

二、地形、山脉、河流

属横断山系怒山山脉的南延部分，山势高峻，为滇西纵谷地带，地势中间高，四周低，由东北向西南倾斜。主要山脉：老别山、邦马山；最高山峰：大雪山，海拔 3504 米。主要河流：澜沧江、怒江、南汀河、小黑江、永康河、罗扎河、漾濞江等。

三、交通

214 国道纵贯南北，323 国道穿越东部与 214 国道交会，231 省道、311 省道、218 省道、228 省道、321 省道、326 省道、232 省道、236 省道、229 省道、219 省道、319 省道与众多县乡公路相连，形成四通八达的公路网络。临沧机场有通往省会昆明及省外的航班。

四、风景名胜

风景名胜主要有五老山国家森林公园、永德大雪山、南滚河国家级自然保护区、小道河省级森林公园等。

第二节 临沧市实施退耕还林工程情况

一、临沧市各县（区）退耕还林工程实施面积情况

云南省临沧市退耕还林工程自 2002 年全面启动，截至 2020 年，临沧市累计完成退耕还林工程建设任务 363.02 万亩，前一轮完成 205.80 万亩，其中，退耕还林 55.30 万亩，荒山荒地还林 118.90 万亩，封山育林 31.60 万亩；新一轮退耕还林工程完成 157.22 万亩，其中，退耕还林 153.00 万亩，退耕还草 4.22 万亩，使临沧市森林覆盖率提高了 9.27 个百分点。临沧市退耕还林工程实施成效显著，林草生态系统呈现健康状况向好、质量逐步提升、功能稳步增强的发展态势。临沧市各县（区）退耕还林工程实施面积统计详见表 16-1 和图 16-1。

表 16-1 临沧市各县（区）退耕还林工程实施面积统计表

单位：万亩

实施单位	合计	前一轮退耕还林				新一轮退耕还林		
		计	退耕地造林	荒山荒地还林	封山育林	计	退耕还林	退耕还草
临沧市	363.02	205.80	55.30	118.90	31.60	157.22	153.00	4.22
临翔区	36.13	22.10	6.80	12.30	3.00	14.03	13.10	0.93
凤庆县	51.99	25.10	8.10	15.00	2.00	26.89	26.29	0.60
云县	74.99	33.50	9.00	20.50	4.00	41.49	40.99	0.50
永德县	47.21	27.20	6.20	17.00	4.00	20.01	19.91	0.10
镇康县	30.93	19.40	4.60	10.30	4.50	11.53	11.04	0.49
双江拉祜族佤族布朗族傣族自治县	45.15	24.50	5.70	14.30	4.50	20.65	19.55	1.10
耿马傣族佤族自治县	45.55	30.90	8.40	18.50	4.00	14.65	14.15	0.50
沧源佤族自治县	31.07	23.10	6.50	11.00	5.60	7.97	7.97	

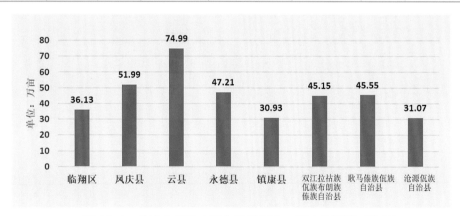

图 16-1 临沧市各县（区）退耕还林工程实施面积对比图

二、临沧市各县（区）退耕还林工程中央资金补助统计

临沧市退耕还林工程自 2002 年全面启动，截至 2020 年，国家累计下达临沧市退耕还林补助资金

34.4 亿元，前一轮下达补助资金 10.07 亿元，其中，现金补助 0.88 亿元，粮食折算现金补助 9.2 亿元；新一轮退耕还林国家补助资金 24.33 亿元，其中，退耕还林补助资金 23.91 亿元，退耕还草补助资金 0.42 亿元。临沧市各县（区）国家下达退耕还林工程补助资金统计详见表 16-2 和图 16-2。

表 16-2 临沧市各县（区）国家下达退耕还林工程补助资金统计表

单位：亿元

实施单位	合计	前一轮省退耕还林			新一轮退耕还林		
		小计	现金	粮食折算现金	计	退耕还林	退耕还草
临沧市	34.4	10.07	0.88	9.20	24.33	23.91	0.42
临翔区	3.37	1.23	0.11	1.12	2.14	2.05	0.09
凤庆县	5.64	1.46	0.13	1.33	4.18	4.12	0.06
云县	8.06	1.62	0.14	1.47	6.44	6.39	0.05
永德县	4.21	1.14	0.10	1.04	3.07	3.06	0.01
镇康县	2.62	0.84	0.07	0.77	1.78	1.73	0.05
双江拉祜族佤族布朗族傣族自治县	4.25	1.05	0.09	0.96	3.20	3.09	0.11
耿马傣族佤族自治县	3.84	1.54	0.13	1.41	2.30	2.25	0.05
沧源佤族自治县	2.42	1.20	0.10	1.09	1.22	1.22	

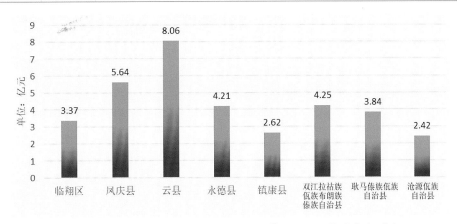

图 16-2 临沧市各县（区）国家下达退耕还林工程补助资金对比图

第三节 绿美临沧之典型

一、典型之一

临沧市新一轮退耕还林工程报告让荒山变绿洲

多年来，临沧市深入贯彻落实习近平生态文明思想，坚持生态富民、绿色发展的路子，扎实推进退耕还林工程，有效地改善了退耕群众的生产、生活条件，收到了显著的生态效益、经济效益和社会效益，真正把退耕还林还草建成了富民支柱工程。

自 2002 年以来，全市累计实施退耕还林 506.65 万亩，其中，前一轮退耕还林工程 208.8 万亩（退耕还林 55.3 万亩，荒山荒地造林 121.9 万亩，封山育林 31.6 万亩），巩固退耕还林成果造林项目 161.4 万亩（新造林 149.6 万亩，薪炭林 11.8 万亩）；新一轮退耕还林工程 136.45 万亩，工程建设覆盖全市所有的县、乡、村。在退耕还林还草工程的引领带动下，全市生态建设成效明显，森林覆盖率从"十五"初的 46.63% 提高到目前的 70.2%，境内水土流失等自然灾害得到有效遏制，切实把退耕还林还草建成了生态样板工程。

退耕还林还草极大地促进了产业结构调整，使大批农村富余劳动力从传统生产耕作中解放出来，让他们腾出双手发展劳务产业、设施农业等，催生了新兴产业的蓬勃发展，开辟了新的增收渠道。临沧市通过打造产业集群，累计建成高原特色农业产业化基地 2200 余万亩，昔日一个个水土流失的贫瘠山村变得山清水秀，一座座荒山变成了绿色经济长廊。

借助退耕还林还草的政策扶贫作用，临沧市积极探索生态脱贫新路子，将退耕还林项目指标优先满足贫困农户，做到符合退耕还林政策条件的耕地"应退尽退"，大力发展核桃、临沧坚果、茶叶、林下经济等增收致富产业。自 2002 年以来，全市实施耕地退耕 191.75 万亩，退耕农户 27.85 万户 108.54 万人，户均耕地退耕 6.9 亩，人均耕地退耕 1.8 亩。目前，临沧坚果种植已覆盖全市 8 县（区）71 个乡镇 564 个村 18 余万户种植户 51 万人，带动建档立卡贫困户 6 万多户 24 万人实现脱贫，种植户人均收入达 2941 元。

二、典型之二

"临沧成果"成为全国退耕还林高质量发展样板

2020 年 12 月 6—10 日，国家林业和草原局退耕中心主任李世东率调研组，到临沧市开展退耕还林调研督导工作。调研组指出，临沧市退耕还林通过多年实施，已取得重大成果，率先实现由规模数量型向质量效益型转变，为全国作出了示范，成为全国林草高质量发展的样板。

调研组先后到云县、凤庆、永德、双江、沧源、临翔等县（区）的村寨、社区和基地、公司了解临沧退耕还林实施情况。调研期间，临沧市召开退耕还林调研督导工作情况反馈会。在实地调研和听取全市工作情况汇报后，调研组对临沧市实施退耕还林工程取得的成效给予充分肯定。调研组指出，临沧市退耕还林工程在市委、市政府和各级各部门的高度重视下，退耕还林取得重大成果，成为全国高质量发展的样板。临沧退耕还林主要成效体现在规模大、措施实、模式新、效益好，"坚果＋咖啡＋林下养殖""坚果＋山稻谷""核桃＋茶叶""核桃＋魔芋"等发展模式值得推广，退耕还林工程实施实现"退得下，稳得住，能致富，不反弹"的目标。调研组指出，高质量发展是退耕还林事业的必然选择。退耕还林工程实施，要从传统的发展模式转变到高质量、高效益上，实现可持续发展。调研组要求，要进一步提高政治站位，把"绿水青山就是金山银山"的理念推向深入。要继续转变发展方式，推动高质量发展，推动退耕还林工程信息化发展，体现建设高质量、成果高效益、管理高水平。要采取有效措施，保质、保量完成年度任务。要不断提质增效，巩固退耕还林成果，继续深挖潜力，做好退耕地的坡改梯等工作；要推广好的发展模式，充分利用好空间，实现立体化发展；要加大科技推广力度，引进新树种、新技术，把发展推向极致；要抓改革创新，争当全国退耕还林工作的排头兵。

三、典型之三

临沧市六举措推进林业改革发展

临沧市深入贯彻落实云南省生态文明建设林业行动计划，探究临沧林业发展"瓶颈"，以改革创新的思路举措，以务实高效的作风，重点抓好六项创新工作，推动全市林业工作出亮点、见成效。

一是以效益为中心，创新改革造林模式。重点抓好责任约束机制、造林设计方案、造林投资机制、造林主体等四个方面的创新。二是以市场为导向，创新临沧市林业投资经营公司运营模式。积极参与中国—东盟自由贸易区建设，开展林地林木资源收储经营、东南亚林产品交易结算中心和交易市场建设、林业项目开发和项目咨询等经营活动，推动公司稳定增值和可持续发展。三是以从严管理和高效利用为目标，创新林木采伐监管方式。从设计、采伐直至更新造林，实行"一条龙"监管，逐步淘汰低效林业企业。四是以提高执法效率和执法质量为目标，探索林业综合执法机制创新。积极稳妥地推进相对集中林业行政处罚权工作，加快建立执法协作机制，推进林业法治化进程。五是以群防群治、有效防控为目标，建立健全森林火灾基层基础防控体系。确保森林火灾森林受害率控制在1‰以内、无重特大森林火灾发生和无扑火人员伤亡。六是以从严管理、加强监测为目标，建立健全自然保护区保护监测体系建设。积极建设综合展示厅，集中全市保护区的资源状况、物种状况进行信息化展示。

第十七章
绿美西双版纳

第一节　西双版纳傣族自治州概况

一、位置

西双版纳傣族自治州位于云南省西南部，地理位置在东经 99°56′~101°50′，北纬 21°09′~22°35′。其北接普洱市，东和东南与老挝接壤，西和西南与缅甸相连。全州总面积 191.16 万公顷。

西双版纳傣族自治州辖景洪市、勐腊县、勐海县等 1 个县级市、2 个县，共 3 个县（市）。西双版纳傣族自治州 1 市 2 县均为边境县，其中，景洪市与缅甸毗邻；勐腊县东部和南部与老挝接壤，西部与缅甸隔江相望；勐海县西南部与缅甸接壤。

二、地形、山脉、河流

属横断山系河谷的最南端、整个地势具有高度被切割的山区地貌形态，由北向南倾斜叠降，渐向东西两翼扩散，呈带状分布。最高山峰：滑竹梁子，海拔 2429 米。州内河流均属澜沧江水系。

三、交通

昆磨高速公路、高铁、213 国道由北向东南斜贯至磨憨。214 国道蜿蜒境内，214 省道、328 省道穿越过境，嘎洒机场有多条航线连通国内外。水上通道澜沧江—湄公河是连接我国与东南亚国家的纽带。

四、风景名胜

西双版纳国家级风景名胜区、西双版纳国家森林公园、西双版纳纳板河流域、西双版纳国家级自然保区、勐仑中国科学院热带植物园、野象谷、曼听公园、橄榄坝民族风情园等。

第二节　西双版纳傣族自治州实施退耕还林工程情况

一、西双版纳傣族自治州各县（市）退耕还林工程实施面积情况

云南省西双版纳傣族自治州退耕还林工程自 2002 年全面启动，截至 2020 年，西双版纳傣族自治州累计完成退耕还林工程建设任务 40.18 万亩，前一轮完成 27.70 万亩，其中，退耕还林 10.30 万亩，荒山荒地还林 17.40 万亩；新一轮退耕还林工程完成 12.48 万亩，其中，退耕还林 11.98 万亩，退耕还草 0.50 万亩，使全州森林覆盖率提高了 1.38 个百分点。西双版纳傣族自治州退耕还林工程实施成效显著，林草生态系统呈现健康状况向好、质量逐步提升、功能稳步增强的发展态势。西双版纳傣族自治州各县（市）退耕还林工程实施面积统计详见表 17-1 和图 17-1。

表 17-1　西双版纳傣族自治州各县（市）退耕还林工程实施面积统计表

单位：万亩

实施单位	合计	前一轮退耕还林				新一轮退耕还林		
		计	退耕地造林	荒山荒地还林	封山育林	计	退耕还林	退耕还草
西双版纳傣族自治州	40.18	27.70	10.30	17.40		12.48	11.98	0.50
景洪市	9.49	8.80	3.80	5.00		0.69	0.69	
勐海县	22.45	13.40	3.20	10.20		9.05	9.05	
勐腊县	8.24	5.50	3.30	2.20		2.74	2.24	0.50

单位：万亩

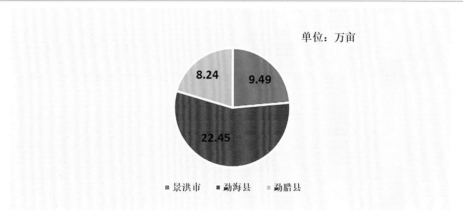

图 17-1　西双版纳傣族自治州各县（市）退耕还林工程实施面积对比图

二、西双版纳傣族自治州各县（市）退耕还林工程中央资金补助统计

西双版纳傣族自治州退耕还林工程自 2002 年全面启动，截至 2020 年，国家累计下达西双版纳傣族自治州退耕还林补助资金 3.78 亿元，前一轮下达补助资金 1.87 亿元，其中，现金补助 0.16 亿元，粮食折算现金补助 1.71 亿元；新一轮退耕还林国家补助资金 1.91 亿元，其中，退耕还林补助资金 1.86 亿元，退耕还草补助资金 0.05 亿元。西双版纳傣族自治州各县（市）国家下达退耕还林工程补助资金统计详见表 17-2 和图 17-2。

表 17-2　西双版纳傣族自治州各县（市）国家下达退耕还林工程补助资金统计表

单位：亿元

实施单位	合计	前一轮省退耕还林			新一轮退耕还林		
		小计	现金	粮食折算现金	计	退耕还林	退耕还草
西双版纳傣族自治州	3.78	1.87	0.16	1.71	1.91	1.86	0.05
景洪市	0.79	0.69	0.06	0.63	0.10	0.10	
勐海县	1.99	0.57	0.05	0.52	1.42	1.42	
勐腊县	1.00	0.61	0.05	0.56	0.39	0.34	0.05

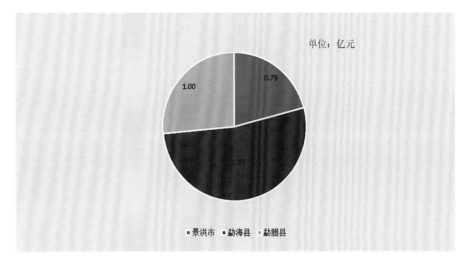

图 17-2　西双版纳傣族自治州各县（市）国家下达退耕还林工程补助统计图

第三节　绿美西双版纳之典型

一、典型之一

勐海不是海、茶香飘四海

勐海不是海，"勐海"为傣语地名，意为"勇敢者居住的地方"。茶香飘四海，勐海县虽被誉为"中国普洱茶第一县"，但其定位不只是"普洱茶现代产业示范县"，还有"康养旅居示范县""乡村振兴示范县"，勐海县林业和草原局积极推进林业生态建设、林业产业发展与精准脱贫相结合，在全县内开展新一轮退耕还林项目，坚持"创新、协调、绿色、开放、共享"和"生态建设产业化，产业发展生态化"的发展理念，有效推进全县林业精准脱贫工作的开展，为脱贫攻坚成果同乡村振兴有效衔接尽一份力。

（一）新一轮退耕还林政策

1. 补助标准

政策补助不再区分区域、分林种，新一轮退耕还林项目资金兑现补助标准为：

（1）2014 年、2015 年 1500 元／亩（种苗造林费补助 300 元／亩，现金补助 1200 元／亩），分别是：

①第一年补助：种苗造林费补助 300 元 / 亩，现金补助 500 元 / 亩，合计：800 元 / 亩。②第三年补助：现金补助 300 元 / 亩。③第五年补助：现金补助 400 元 / 亩。

（2）2017—2020 年 1600 元 / 亩（种苗造林费补助 400 元 / 亩，现金补助 1200 元 / 亩），分别是：①第一年补助：种苗造林费补助 400 元 / 亩，现金补助 500 元 / 亩，合计：900 元 / 亩。②第三年补助：现金补助 300 元 / 亩。③第五年补助：现金补助 400 元 / 亩。

2. 工程实施范围

（1）国土部门 2013 年度土地变更调查成果的县级土地利用现状图（数据库）上二调范围，具体地块分三类。

（2）公路沿线、江河源头、湖库周围、城镇面山、25° 以上非基本农田坡耕地、50 亩以上连片坡耕地。

（3）条件好的、相对集中优先进行项目，保证退耕一片，见效一片。

（4）退耕地块要与图上一致，不得擅自扩大规模，不得将基本农田、土地开发整理复垦耕地、坡改梯耕地纳入退耕范围。

（二）特色亮点案例

勐海县陡坡耕作、过度垦殖依然严重，水土流失，地质灾害频发，严重威胁人民群众生命财产安全，成为影响山区群众脱贫致富的重要因素，勐海县生态修复和治理任务十分紧迫。实施新一轮退耕还林还草工程，是党中央、国务院从中华民族生存和发展的战略调研高度作出的重大决策，是贯彻落实科学发展观、推进生态文明建设的战略举措，是贫困地区农民脱贫致富、加快全面小康社会建设的重要途径。为此，勐海县各级、各有关部门高度重视，明确责任，强化措施，狠抓落实，认真在全县范围内统筹组织实施新一轮退耕还林工程，积极响应国家"退得下，还得上，稳得住，能致富"的号召，树牢"绿水青山就是金山银山"的理念，以绿色发展引领乡村振兴，用绿色助脱贫攻坚，走出一条"不砍树也能致富"的新路线，由"要我退"转变为"我要退"的主体思想。现将勐海县布朗山乡新竜村委会曼新竜下寨和打洛镇曼轰村委会南板小组作为特色亮点案例分享：

1. 勐海县布朗山乡新竜村委会曼新竜下寨

（1）工程基本情况

①新竜村委会曼新竜下寨村民小组是一个纯布朗族村，属于山区。距离村委会 0.5 千米，距离乡 25 千米，土地面积 26.44 平方千米，海拔 803 米，年降水量 1374 毫米，森林覆盖率 85%，适宜种植水稻等农作物。有耕地 869 亩，其中人均耕地 4.20 亩，有林地 26305 亩，常住人口 52 户 220 人，其中建档立卡户 44 户 185 人，现已全部脱贫。

②2015—2020 年，退耕还林项目总面积 2923.1 亩，补助资金 407.535 万元，分别是：2015 年新一轮退耕还林项目面积 1102 亩，补助资金 165.3 万元（其中，种苗补助 33.06 万，工程管理费 132.24 万元，人均可支配收入 7513.6 元）。2015 年，陡坡地生态治理项目面积 553.1 亩，补助资金 82.965 万元（其中，种苗补助 16.593 万元，工程管理费 66.372 万元，人均可支配收入 3771.1 元）。2017 年，新一轮退耕还林项目面积 645 亩，补助资金 103.2 万元（种苗补助 25.8 万元，工程管理费 77.4 万元，人均可支配收入 4397.7 元）。2019 年，新一轮退耕还林项目（第一批）623 亩 42 户，补助资金 56.07 万元（种苗补助 24.92 万元，工程管理费 31.15 万元，人均可支配收入 4450 元）。

（2）主要做法

①建立健全工程管理机构设置，确保项目管理高效。自退耕还林项目实施以来，县、乡镇相继成立以政府主要领导任组长，发改、财政、林业等相关部门领导为成员的工程领导小组及工程项目管理办公室，签订目标管理责任状；配备专门的工程技术及财务人员共 7 人，县级财政每年安排 22 万元项目建设工作经费，保证各级工程管理部门正常的工作运行。

②加强质量管理，确保项目建设成效。工程质量是整个工程实施的"生命线"，各级工程管理部门从项目作业设计开始，狠抓工程质量，加大督促检查的力度。按照"质为先"的工程管理要求，加强对工程实施中"事前、事中、事后"每一个环节的督促检查和指导，各级工程管理人员深入施工地块调查研究，掌握、了解项目实施中出现的问题，集思广益，认真分析，及时解决，确保项目建设的质量和成效。

③项目实施与林业产业结合，加快产业基地培植。按照"生态建设产业化，产业发展生态化"的总体思路，在坚持生态优先、兼顾农户的近长远利益、增加农民的收入的原则下，突出地方特色，结合全县林业产业建设，将项目建设逐步纳入特色化、产业化轨道。目前，全村整个工程建设以茶树为主，因茶叶是曼新竜下寨的传统产业，又是所有村民的主要经济收入来源，建档立卡户生态收益能够平稳增加，真正意义上达到生态脱贫一批的目标，才能确保项目建设取得实效。

④完善项目建设档案及信息系统管理，提高项目管理能力。自项目实施以来，全县各级工程管理机构就严格按照国家及省工程管理的要求，配备专职的项目档案管理和统计报表人员，全县共有专职档案管理 1 人，统计报表 1 人，目前，全县项目档案管理已全部做到分门别类地建档立案。

（3）经济效益

2015 年新一轮退耕还林项目 1102 亩及 2015 年陡坡地生态治理项目 553.1 亩，共计 1655.1 亩，均种植茶叶。布朗山乡新竜村委会曼新竜下寨以村集体的形式，农户共同参与传统种植产业（苦茶）1655.1 亩，每户农户均受益。截至 2020 年，每亩年收益达 3000 元，1655.1 亩年产值达到 496.53 万元，真正达到山区农户的意愿，退耕还林项目获得了真正的经济效益、生态效益、社会效益等。

2. 打洛镇曼轰村委会南板小组

（1）工程基本情况

①打洛镇曼轰村委会南板小组属山区贫困村，距村委会 8 千米，距离镇政府 28 千米，土地面积 6.05 平方千米，平均海拔 1300 米，属南亚热带季风气候，年平均气温在 19℃，年降雨量 1225 毫米，森林覆盖率达 82%。南板村有耕地面积 286 亩，林业用地面积 5888.8 亩，主要以种植茶叶、香蕉、甘蔗、坚果等产业为主，以农产品等特色产业为辅助。常住人口 50 户 245 人，其中建档立卡户 28 户 138 人，现已全面脱贫。

② 2015—2020 年，退耕还林项目总面积 1565.1 亩，补助资金 193.367 万元，分别是：2015 年，新一轮退耕还林项目涉及 3 户 70.1 亩，补助资金 10.515 万元；2015 年，陡坡地生态治理项目涉及 4 户 96.4 亩，补助资金 14.46 万元；2018 年，新一轮退耕还林项目涉及 21 户 241.4 亩，补助资金 38.624 万元；2018 年，陡坡地生态治理项目涉及 26 户 398.2 亩，补助资金 59.73 万元；2019 年，新一轮退耕还林项目涉及 25 户 525.2 亩，补助资金 63.024 万元；2020 年，新一轮退耕还林项目涉及 14 户 233.8 亩，补助资金 7.014 万元。

③参加 2020 年新一轮退耕还林项目种植花椒面积共计 284.5 亩，村民充分受益，收入明显增加。

（2）主要做法

①通过走访了解农户收入较低不稳定，考虑方方面面原因后勐海县林业和草原局组织有关专家到现场勘查，按照"生态建设产业化，产业发展生态化"的总体思路，在坚持生态优先、兼顾农户的近长远利益、增加农民的收入的原则下，突出地方特色，结合全县林业产业建设，将项目建设逐步纳入特色化、产业化轨道。

②通过实施退耕还林等林业生态建设工程，大力发展林业产业，以座谈的方式向南板小组村民宣传项目未来前景及专业知识，充分了解村民意愿。

③通过西双版纳刀氏农业发展有限公司在当地牵头实施的林业生态建设工程，提供花椒种植技术指导，科学合理施肥，定点收购花椒。

（3）经济效益

2015—2019年，退耕还林项目总面积1331.3亩，其中种植茶叶873亩，目前，已经采摘，每亩每年可采70千克鲜叶，鲜叶市场价值为15～20元/千克，年产值约91.66万元。

2021年7月21日，勐海县林草局邀请县乡村振兴局、融媒体中心相关负责人到打洛镇曼轰村委会南板小组参加退耕还林花椒采收仪式，仪式上西双版纳刀氏农业发展有限公司以每千克18元的价格回收当地的花椒，基层林业和企业合作得到了充分发展，当地花椒种植户完全不愁销路，当天村民们的第一次采收卖了好价钱。村民们都纷纷表示："国家的惠农政策让我们过上了好日子，采摘的花椒有公司来村里收购，将会继续发展好花椒产业。"

总之，勐海县林业和草原局积极落实项目政策工作，实现农民"绿色增收"。以林业促进农民增收致富、促进贫困户脱贫为目标；以提升林业对脱贫攻坚的贡献份额为重点；以生态扶贫、产业扶贫为突破口，整合自身资源，发挥行业优势，加大政策扶贫，倾斜项目资金，全力推进乡村振兴工作。

二、典型之二

坚持绿色发展勐腊县林业生态扶贫显成效

勐腊县保存有优质的生态环境，全县森林面积910多万亩，其中，保存完好的原始森林400多万亩，国家级自然保护区202.2万亩，县级保护区22万多亩，森林覆盖率达88%。近年来，勐腊县积极推进林业生态扶贫工作，将"绿水青山"的优势转化为"金山银山"的效益，全面落实天然林保护、退耕还林、生物多样性保护等政策，把林业生态扶贫放在脱贫攻坚全局中谋划部署，紧紧围绕脱贫攻坚"两不愁三保障"总体目标，切实抓好扶贫政策措施的落实，积极推进生态护林员、退耕还林和林业产业等重要扶贫举措，把扶贫重点乡镇、保护区和森林集中区周边建档立卡贫困户纳入补偿范围，让贫困群众在生态保护和绿色发展中受益。

2016—2018年，勐腊县生态补偿帮扶共受益贫困人口3661户1.5万余人，享受生态补助资金2533.56万元，涉及10个乡镇52个村378个村小组。

勐腊县以退耕还林工程实施为契机，努力拓宽林业领域的就业和增收空间，多渠道增加贫困农户的涉林收入，助推林业精准扶贫见实效。在政策允许的前提下，本着自愿的原则，实施退耕还林项目，最大限度增加贫困群众收入。2016—2018年，完成退耕还林工程各项任务，覆盖退耕还林完善政策、巩固退耕还林、新一轮退耕还林3个项目，受益建档立卡贫困户共1157户4906人，补助资金达

1214.94 万元。开展公益林生态效益补偿扶贫。2016—2018 年，全县森林生态效益补偿受益建档立卡贫困户共 2009 户 8291 人，补偿资金 730.79 万元。

同时，根据全县森林资源分布情况，结合建档立卡贫困人口实际，积极安排项目资金，将贫困人口选聘为护林员，进行生态帮扶。2016—2018 年，先后在建档立卡贫困人口中选聘各类护林员 186 人次。其中，选聘生态护林员 144 人次，驻村护林员 42 人次，受益建档立卡贫困人口 186 户，兑现补助资金每户每年 9600 元。开展低效林改造增加收入。2016—2018 年，低效林改造项目实施中，受益建档立卡贫困户 46 户 192 人，帮扶补助资金 4.54 万元。

县里还实施农村清洁能源政策倾斜。2016—2018 年，全县推广液化石油气替代薪柴制茶杀青炉（机）3850 台。其中，在建档立卡户中推广液化石油气替代薪柴制茶杀青炉（机）1788 台，受益建档立卡贫困户 1622 户 6718 人，享受补助金额 112.4 万元。推广太阳能热水器 400 台，节柴改灶 600 台。其中，在建档立卡户中推广太阳能热水器 343 台，节柴改灶 521 台，受益建档立卡贫困户 827 户 3427 人，享受补助金额 49.93 万元。

生态精准扶贫项目的落地生根使全县贫困地区的经济发展、农民脱贫致富与当地生态环境改善相互促进、良性循环，实现了在保护生态中发展和在发展中保护生态的目标，促进了人与自然和谐发展，保护了绿水青山。

第十八章
绿美普洱

第一节　普洱市概况

一、位置

　　普洱市位于云南省西南部，地处云贵高原西南边缘，横断山脉南段，哀牢山、无量山及怒山（余脉）三大山脉由北向南纵贯全境。地理位置位于东经 99° 09′ ～ 102° 19′，北纬 22° 02′ ～ 24° 50′。北回归线横穿其境。其东接红河哈尼族彝族自治州和玉溪市，南连西双版纳傣族自治州，西北沿澜沧江为界与临沧市相望，东北接楚雄彝族自治州，北接大理白族自治州，东南边界与越南、老挝接壤，西南边界与缅甸接壤。全市总面积 442.96 万公顷。

　　普洱市辖思茅区、宁洱哈尼族彝族自治县、墨江哈尼族自治县、景东彝族自治县、景谷傣族彝族自治县、镇沅彝族哈尼族拉祜族自治县、江城哈尼族彝族自治县、孟连傣族拉祜族佤族自治县、澜沧拉祜族自治县、西盟佤族自治县等 1 个市辖区、9 个县，共 10 个县（区）。

二、地形、山脉、河流（湖泊、水库）

　　地处云贵高原西南边缘，横断山脉南段。地势北高南低。哀牢山、无量山、怒山三大山脉（余脉）由北向南纵贯全境。地形呈不规则的三角形，形似一把扫帚。境内河流纵横，分属李仙江、怒江、澜沧江流域。山脉和峡谷相间分布，构成中山、深谷地貌。主要山脉：哀牢山、无量山。最高山峰：猫头山，海拔 3306 米。

　　主要河流有澜沧江、李仙江、把边江、阿墨江、威远江、黑河、小黑江、曼老江、勐统河、普洱大河等。湖泊水库有新村水库、团结水库、昔木水库、多依林水库、长海水库、太平水库、腊福水库、徐家坝水库等。

三、交通

交通便利，公路四通八达。昆磨高速公路、高铁由东入境，经普洱市区向南达景洪市。有 213 国道、214 国道、323 国道纵横穿越境地，与 103 省道、214 省道、322 省道、230 省道、225 省道连接成网。昆曼公路是东南亚中南半岛国家从陆路进入中国的重要通道之一。思茅机场至各地有定期航空班机。

四、风景名胜

风景名胜主要有太阳河国家森林公园、哀牢山国家级自然保护区、威远江省级自然保护区、大石寺、佛殿山佛房遗址、孟连宣抚司署、翠云洞、五湖湿地国家公园、迁糯缅寺、天壁山等。

第二节　普洱市实施退耕还林工程情况

一、普洱市各县（区）退耕还林工程实施面积情况

云南省普洱市退耕还林工程自 2002 年全面启动，截至 2020 年，普洱市累计完成退耕还林工程建设任务 275.01 万亩，前一轮完成 175.70 万亩，其中，退耕还林 41.80 万亩，荒山荒地还林 109.40 万亩，封山育林 24.50 万亩；新一轮退耕还林工程完成 99.31 万亩，其中，退耕还林 81.99 万亩，退耕还草 17.32 万亩，使全市森林覆盖率提高了 3.51 个百分点。普洱市退耕还林工程实施成效显著，林草生态系统呈现健康状况向好、质量逐步提升、功能稳步增强的发展态势。普洱市各县（区）退耕还林工程实施面积统计详见表 18-1 和图 18-1。

表 18-1　普洱市各县（区）退耕还林工程实施面积统计表

单位：万亩

实施单位	合计	前一轮退耕还林				新一轮退耕还林		
		计	退耕地造林	荒山荒地还林	封山育林	计	退耕还林	退耕还草
普洱市	275.01	175.70	41.80	109.40	24.50	99.31	81.99	17.32
思茅区	13.45	12.50	3.10	8.40	1.00	0.95	0.15	0.80
宁洱哈尼族彝族自治县	16.51	12.20	4.10	5.10	3.00	4.31	2.86	1.45
墨江哈尼族自治县	30.70	9.60	5.10	4.50		21.10	19.02	2.08
景东彝族自治县	30.87	18.30	4.30	12.00	2.00	12.57	7.07	5.50
景谷傣族彝族自治县	20.75	16.00	5.10	10.90		4.75	4.05	0.70
镇沅彝族哈尼族拉祜族自治县	27.16	11.90	4.00	6.90	1.00	15.26	14.86	0.40
江城哈尼族彝族自治县	27.5	22.90	2.20	16.70	4.00	4.60	2.40	2.20
孟连傣族拉祜族佤族自治县	19.35	15.10	2.10	9.50	3.50	4.25	3.20	1.05
澜沧拉祜族自治县	67.48	38.10	9.40	25.20	3.50	29.38	27.48	1.90
西盟佤族自治县	21.24	19.10	2.40	10.20	6.50	2.14	0.90	1.24

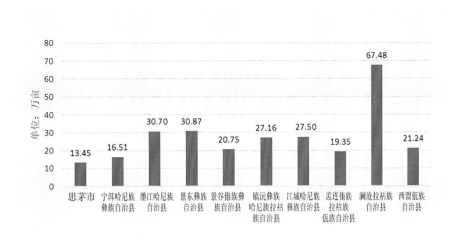

图 18-1　普洱市各县（区）退耕还林工程实施面积对比图

二、普洱市各县（区）退耕还林工程中央资金补助统计

普洱市退耕还林工程自 2002 年全面启动，截至 2020 年，国家累计下达普洱市退耕还林补助资金 22.3 亿元，前一轮下达补助资金 7.57 亿元，其中，现金补助 0.66 亿元，粮食折算现金补助 6.91 亿元；新一轮退耕还林国家补助资金 14.73 亿元，其中，退耕还林补助资金 12.98 亿元，退耕还草补助资金 1.75 亿元。普洱市各县（区）国家下达退耕还林工程补助资金统计详见表 18-2 和图 18-2。

表 18-2　普洱市各县（区）国家下达退耕还林工程补助资金统计表

单位：亿元

实施单位	合计	前一轮省退耕还林			新一轮退耕还林		
		小计	现金	粮食折算现金	计	退耕还林	退耕还草
普洱市	22.3	7.57	0.66	6.91	14.73	12.98	1.75
思茅区	0.63	0.53	0.05	0.49	0.10	0.02	0.08
宁洱哈尼族彝族自治县	1.36	0.75	0.06	0.68	0.61	0.46	0.15
墨江哈尼族自治县	4.14	0.93	0.08	0.85	3.21	3.00	0.21
景东彝族自治县	2.45	0.79	0.07	0.72	1.66	1.11	0.55
景谷傣族彝族自治县	1.64	0.92	0.08	0.84	0.72	0.65	0.07
镇沅彝族哈尼族拉祜族自治县	3.11	0.72	0.06	0.66	2.39	2.35	0.04
江城哈尼族彝族自治县	0.99	0.39	0.03	0.36	0.60	0.38	0.22
孟连傣族拉祜族佤族自治县	1.00	0.39	0.03	0.35	0.61	0.50	0.11
澜沧拉祜族自治县	6.27	1.72	0.15	1.57	4.55	4.36	0.19
西盟佤族自治县	0.72	0.44	0.04	0.40	0.28	0.15	0.13

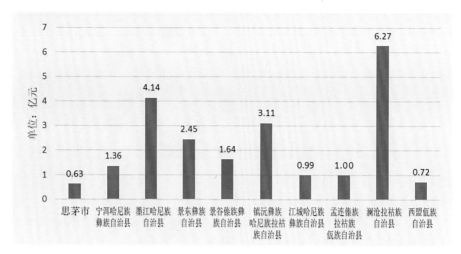

图 18-2　普洱市各县（区）国家下达退耕还林工程补助资金对比图

第三节　绿美普洱之典型

一、典型之一

云南普洱山绿了，水清了

"自党的十八大以来，普洱市累计完成退耕还林 72 万亩，森林覆盖率从 67% 提高到 74.59%。"2022 年 7 月 22 日，普洱市委书记李庆元在云南省人民政府新闻办举行的"云南这十年"系列新闻发布会上介绍。

普洱是北回归线上最大的生态绿洲，承担着维护区域、国家乃至国际生态安全的战略任务和重大职责。自党的十八大以来，普洱市深入践行"绿水青山就是金山银山"的发展理念，坚持生态立市、绿色发展，保护与发展齐头并进、相得益彰。

李庆元介绍，自党的十八大以来，普洱市生态环境持续优化，累计完成退耕还林 72 万亩，森林覆盖率从 67% 提高到 74.59%，中心城区环境空气优良率达 98.9%，全市地表水监测断面水质优良比例达 97%。

"我们始终把绿色产业发展作为立市之基、强市之本，持续推进特色生物、清洁能源、现代林产、休闲度假四大基地建设。"李庆元说，5000 余吨低氟普洱茶进藏，成为中国茶叶市场上的一个大事件；茶产业产值从 36.2 亿元增加到 338 亿元；建成运营云南国际咖啡交易中心和精品咖啡园区，咖啡产业产值增长 2.3 倍。

此外，普洱市还成为全国最大的云茯苓、白及主产区和林下有机三七种植示范区，生物医药综合产值年均增长 30.1%；全市电力总装机规模达 930 万千瓦，成为西电东送、云电外送重要清洁能源基地；林下经济、森林康养和"林浆纸·林板家居一体化"加快发展，林产业综合产值从 82.4 亿元增加至 368.3 亿元；建成 5 个 AAAA 级景区，景迈山古茶林文化景观被国务院批准为中国 2022 年正式申报世界文化遗产项目；全市旅游总收入增长 7.6 倍。

李庆元表示，10 年来，普洱市生态文明建设制度体系更加健全。制定实施古茶树资源保护条例、河道采砂管理条例、景迈山保护条例等系列地方性法规，建立绿色政绩考核、绿色金融、绿色检察等制度，发行全国首支绿色发展基金，成立全省首家绿色经济担保公司，在全省率先开展领导干部自然资源资产离任审计，提起全省首例生态环境领域民事公益诉讼。

"今天的普洱，开窗见绿，推门见景，绿色发展的理念更加牢固，绿色发展的动能更加充沛，绿色发展的活力更加彰显。"李庆元说。（来源：国家林业和草原局政府网）

二、典型之二

镇沅新一轮退耕还林造林 14 万亩生态经济效益凸显

云南省普洱市镇沅彝族哈尼族拉祜族自治县自 2014 年实施新一轮退耕还林以来，从保护和改善生态环境出发，将易造成水土流失的坡耕地有计划、有步骤地停止耕种，按照适地适树的原则，因地制宜地植树造林，恢复森林植被。

截至 2020 年，共完成退耕还林造林 14.86 万亩，省级退耕还林造林 0.5 万亩，巩固退耕还林成果新造林 0.5 万亩。森林覆盖率达到 74.8%，林木绿化率达 74.13%。新一轮退耕还林项目涉及 9 个乡镇 96 个行政村 1486 个村民小组 6210 个小班，涉及农户 12989 户，现已兑付补助资金 11846 余万元；2015 年、2018 年实施的省级退耕还林造林 0.5 万亩，项目涉及 7 个乡镇，含 27 个村民委员会 100 个村民小组 216 个小班，涉及农户 700 户 2960 人，现已完成补助资金兑付 540 万元；2015 年，实施巩固退耕还林成果完成新造林 0.5 万亩，涉及 6 个乡镇，兑付补助资金 60 万元。

同时，镇沅彝族哈尼族拉祜族自治县林业和草原局在尊重农户意愿的前提下，与地方区域经济发展相结合，在树种选择方面进行政策引导，在坚持生态优先的前提下，选择适宜的乡土树种和经济效益显著的树种，增加农户的经济收益，使项目成果得到切实巩固，做到经济效益和生态效益互相兼顾。

2015 年，为全面推进澳洲坚果产业发展进程，镇沅不断提高澳洲坚果种植管理水平和科技含量，在县政府产业主导下，引进江城中澳农业科技发展有限公司，把澳洲坚果产业培育成热区群众增收致富、具有地方特色的后续产业。

公司的引进，让镇沅在澳洲坚果产业中形成了"公司＋示范基地＋农户"的发展模式，并在恩乐镇、者东镇、和平镇、勐大镇、古城镇 5 个乡镇设立 6 个示范点，示范点面积 3000 亩，通过示范基地的带动，引进澳洲坚果良种嫁接苗 182.5 万株，投入种苗资金 3469 万元，新发展种植面积 9.2 万亩。至 2019 年末，全县共发展种植澳洲坚果面积累计 10.7 万亩，涉及种植农户 10450 户，种植面积已初具规模，产业框架基本形成。

据了解，镇沅林业建设经历了从起步与徘徊阶段到强调可持续发展再到以生态建设为主的发展历程，历届县委政府制定系列制度措施来推动林业的建设和发展，先后将林产业列为"全县五大支柱产业"及"4+5+1"战略体系。2018 年，林业产值实现 22.51 亿元，与 1990 年的 0.28 亿元相比增长 22.23 亿元，林业产业从简单的木材、松脂生产向林产化工、木本油料、林下经济等多元化发展。全县有林产、林化、干果、中药材种植、野生动物驯养繁殖企业 40 余家，核桃种植面积 39.4 万亩，坚果种植面积 10.7 万亩。

退耕还林项目的实施，不但扩大森林面积，改善生态环境，而且为生态文明建设和脱贫致富打下坚实的基础，既绿了山川，还富了百姓。

近年来，全县加大生态保护力度，实施二期天然林保护工程 90.9 万亩，划定公益林管护 120.48 万亩，开展非天保工程区天然林停伐保护 238.28 万亩，聘请森林资源管护人员 435 人，选聘生态护林员 624 人。在实施保护的同时，及时完善生态补偿机制，共向权属为集体和个人的山林兑现补偿（补助）资金 1.25 亿元。投入 1.44 亿元项目补助资金，通过实施退耕还林、坡耕地生态治、农村能源建设等生态修复项目建设，进一步巩固和提升全县生态环境和人居环境。（来源：中国网七彩云南）

三、典型之三

思茅莲花村种植甜龙竹种出甜日子

"芒种忙忙割，农家乐启镰。"芒种是收获的季节，也是农家最忙碌的时候。位于思茅区思茅街道的莲花村自 1992 年种植甜龙竹以来，随着市场需求不断扩大种植规模，从一开始的零散几户人家种植到现在的 200 多户，从种植几十亩到全村上千亩，甜龙竹已然成为全村"一村一品"特色发展产业，成为拓宽群众增收致富的"甜蜜事业"。

几场雨过后，思茅街道莲花村村民李春兰家的 30 多亩甜龙竹陆续出笋，她每隔三五天便要上山"打笋"。一株株甜龙竹生长茂盛，叶片宽大，枝条向外扩展，身形壮硕。凑近细看，每株甜龙竹的根部冒出三四根竹笋。李春兰小心翼翼地刨土，用锄头将笋整齐挖起，放进背篓，随后再将挖过的地方用土盖住。

李春兰在"打笋"。"这几天是甜龙竹笋最多的时候，我家每天都能'打'100 多千克笋。市场平均收购价是 12 元 / 千克，笋的品质也直接决定了笋的价格，我家每年卖甜龙竹笋有 5 万多元收入。"李春兰说，甜龙竹具有成本低、周期短、出笋期长、效益高的特点，比种其他农作物要简单，且长期收获不用翻种。经过优化的甜龙竹，从引种开始，通过科学管护，1 年就可以产出品质优良的鲜笋。

莲花村有 453 户人家，甜龙竹种植户就有 260 户。近年来，随着市场需求供不应求，甜龙笋价格持续走高，群众种植意愿较高，目前，全村甜龙竹种植面积达 4300 亩，平均亩产 345 千克。

为有效拓宽销售渠道，提高产品附加值，解决农户"产—供—销"的顾虑，莲花村在上级部门的大力支持下，争取到云南省 2019 年中央财政扶持壮大村级集体经济项目，获得省级资金支持 50 万元，自筹 20 万元，于 2019 年建立了一间 30 多平方米的冷库，通过冷库保鲜的技术手段延长甜笋保鲜期，销往昆明、广东、深圳、上海、北京等城市。2021 年 8 月，争取到思茅区 2022 年村民在"打笋"年村级集体经济发展扶持资金 20 万元，莲花村成立了普洱市思茅区普莲甜笼竹种植专业合作社，走出了一条"公司 + 合作社 + 村集体 + 农户"四位一体的合作模式，做到共建共享。冷库保鲜，运往各地。"今天卖了 80 多千克笋子，卖了 800 多元钱。我家种了 20 多亩，年收入有五六万元。现在很方便，笋子直接拿到合作社卖，而且都是现金支付，当天卖当天就能收钱，老百姓的日子是越来越好了。"莲花村村民李英边收钱边笑着说。

莲花村位于思茅区北边，距离中心城区 13 千米，良好的气候环境和地理优势为甜龙竹笋的生长和销售提供了可持续发展的广阔空间。近年来，随着乡村振兴战略的实施，全村 453 户 1850 人，人均纯收入达 1.5 万元，"一村一品"特色产业的形成，成为乡村振兴群众甜蜜生活的现实写照。

群众的生活越来越好，"莲花村甜龙竹笋种植面积 4000 多亩，每年的产量是 1000 多吨，产值 1700 多万元。村上成立了合作社以后，一方面，不断壮大村级集体经济；另一方面，村集体发展了，能更好地带动全村发展，这是一个良性的循环。下一步，要进一步扩大种植规模，2022 年计划在现有 4300 亩的基础上增加 500 亩种植示范基地，进一步完善合作社运营机制，引进企业进行竹笋保鲜配送、加工等，不断提高产品附加值。与此同时，进一步加快商标注册，申报地理标志和绿色食品。"思茅街道莲花村党委书记李志国对全村甜龙竹产业未来的发展信心满满。（来源：思茅区融媒体中心）

四、典型之四

孟连结合退耕还林种植牛油果成效显著

近年来，牛油果迅速走红，成为国内水果市场的一匹"黑马"。形似鸭梨，外皮粗糙，果肉绵密，牛油果总是与麦片、牛奶、沙拉同框出镜，成为营养健康、品质生活的代名词。然而，急剧扩张的牛油果市场却一直依赖进口。数据显示，2010 年，中国牛油果的进口量只有 1.9 吨，2019 年和 2020 年的进口量维持在 3 万吨左右。10 多年间，中国人对牛油果的需求爆发式增长。如今，在云南普洱市孟连傣族拉祜族佤族自治县这个边陲小城，漂洋过海的网红"洋水果"实现了身份转变，一个完全由进口垄断的市场正在被打破，"国产牛油果"以新的姿态走出大山，走向全国老百姓的餐桌。

金秋十月，走进孟连傣族拉祜族佤族自治县芒信镇芒信大寨牛油果基地，一颗颗成熟的牛油果紧密垂挂在绿叶丛中，个头饱满，果皮锃亮。基地之外，来自全国各地的采购商汇聚于此，他们中有生鲜电商平台的负责人，有餐厅和奶茶店的经营者，也有大大小小的物流商，他们的目的只有一个——找果。

曾几何时，为了让这种热带水果在中国落地生根，普洱绿银生物股份有限公司总经理祁家柱开始了长达 10 年的试种之路。"很多外国专家断定我们不具备种植条件，但是中国幅员辽阔，气候类型多样，我相信一定可以找到。"功夫不负有心人，祁家柱最终把眼光聚焦在云南。

"孟连傣族拉祜族佤族自治县独特的自然条件契合了牛油果的生物学特性，这是试种成功的关键。"孟连傣族拉祜族佤族自治县农业农村局和科学技术局局长赵原分析称，孟连傣族拉祜族佤族自治县属典型南亚热带气候类型，冬无严寒，夏无酷暑，土壤排水良好。独特的小气候环境，与具有"世界牛油果之都"的墨西哥米却肯州乌拉邦市非常类似。

2017 年，孟连芒信大寨牛油果基地实现了初投产。当年 9 月，绿银公司种植的首批 200 多吨牛油果刚一上市就被抢购一空，短短 3 个月卖出近 1000 万元。"国产牛油果最大的特点就是更新鲜。"祁家柱说，进口牛油果海运耗时 1 个月，为防止中途腐烂，一般在六到七成熟时即采摘，抵达国内再进行催熟。相比之下，枝头自然熟的国产牛油果从采摘到端上消费者的餐桌，最快只需要 3 天。截至 2022 年 9 月，孟连傣族拉祜族佤族自治县牛油果种植面积达 7.04 万亩，投产面积 1.5 万亩，鲜果产量预计突破 1 万吨，预计产值 3 亿元，填补了中国市场无国产牛油果的空白。

（一）反哺生态已成势

牛油果种植对当地的生态环境还形成反哺之势。牛油果是一种速生常绿阔叶乔木树种，树形多姿美观，叶片浓绿茂密，是生态绿化树的理想选择。由于每年换叶量大，牛油果树对改善生态环境有良好作用，特别是在荒山造林、保护水土流失方面有巨大生态效应。孟连傣族拉祜族佤族自治县政协主席、"一县一业"牛油果发展项目建设指挥部指挥长杨春华说，"我们既要利用好大自然赋予的生态优势，更要保护好这种优势，用实际行动践行'两山'理念"。

作为孟连的母亲河，南垒河的生态环境曾因热区资源开发遭到破坏，水量减少，水质恶化。为了让南垒河重新焕发生机，当地出台《南垒河流域保护条例》，提出优先发展生态农业、观光农业、林业和高附加值的农产品加工业，积极推动农业产业结构调整。作为南垒河绿色长廊建设的重要组成部分，牛油果产业为南垒河的治理注入了新的动力。

通过坡耕地治理、退耕还林、绿色产业开发，南垒河流域的生态得到有效改善，南垒河绿色长廊的森林覆盖率达 65.74%，娜允镇娜允村、富岩镇芒冒村等行政村还因生态风貌较好、森林功能效益显著、涉林产业发展良好入选"国家森林乡村"。如今的南垒河，水石明净，绿树成荫，再次焕发出新的活力。

牛油果的种植，让孟连傣族拉祜族佤族自治县的山更绿，水更清，经济更红火，也让当地老百姓的钱包鼓了起来。

2022 年 3 月 28 日，孟连傣族拉祜族佤族自治县芒信镇芒信村下回林小组迎来一个值得庆祝的日子。在当天举行的分红大会上，村民们身着民族服饰，脸上洋溢着笑容，一起分享种植牛油果的喜悦。"我家牛油果种植入股了 21.69 亩土地，今年初投产，虽然产量还不高，但也拿到了第一笔分红，我打算把闲置的 10 亩土地再入股种植牛油果。"村民岩谢除了领取到 1.9 万余元的分红，他们一家还拿到了 2 万多元的打工收入，尝到甜头的她畅想着下一步的美好生活。

2018 年，芒信镇回林鼎园牛油果种植农民专业合作社注册成立。29 户农户以土地入股，流转土地 400 余亩用于种植牛油果。2021 年，牛油果初产 64 吨，实现销售收入 126 万元，利润 70 余万元，分配给社员的红利达 19.6 万元，户均增收达 7000 多元，最高分红达 2 万多元。

这是孟连傣族拉祜族佤族自治县探索建立的"平台公司＋龙头企业＋合作社＋农户"发展模式的一个鲜活样本。在这套模式下，孟连傣族拉祜族佤族自治县成功让资源变资金，资金变股金，农民变股东，鼓励了各类市场主体的积极性。杨春华说，农户除通过流转土地获得租金外，还可以参与牛油果基地种植管理，每天获取 80 元至 150 元的劳务报酬。同时，农户以土地入股，进入丰产期后，预计每亩果园将获得 6000 元左右的分红。

2018 年，孟连县委、县政府把牛油果产业作为"一县一业"主导产业进行打造。一个产业从无到有的背后是政府、企业、群众的合力推动。如今，孟连傣族拉祜族佤族自治县已培育牛油果产业主体 33 个，其中有 9 家民营企业和 22 个专业合作社，覆盖全县 6 个乡镇 101 个村民小组 7009 户 25008 人，成为国内种植规模最大的牛油果基地。

（二）乡村振兴新动能

小小牛油果，正深刻影响着一个县的农业产业结构。在孟连傣族拉祜族佤族自治县南垒河流域的耕地中，坡度超过 25° 的坡耕地及轮歇地面积占比较大，面临退耕还林和复种的繁重任务。杨春华告诉记者，孟连的传统经济作物是橡胶、茶叶、咖啡和甘蔗。近年来，由于橡胶、茶叶的价格走低，农业收入在农民家庭收入中的占比逐年下降，种植业结构调整已成为当地农业产业升级发展的当务之急。"传统经济作物每亩地的年收入大约是 1000～3000 元，而一亩牛油果地的收入则可达 1 万～3 万元。"杨春华说，虽然牛油果种植要求严、管理精度高，但高投入也带来高回报，是孟连傣族拉祜族佤族自治县推动传统农业向现代农业升级的重要抓手。

小小牛油果不仅为产业转型提供助力，提高了农户收入，更引领村民从"靠天吃饭"向有文化、懂技术、擅管理、会经营的现代职业农民转变。

"牛油果太难'伺候'了！"祁家柱坦言，牛油果种植是典型的技术密集型农业，要求种植人员熟练掌握植物生长周期各个阶段的操作要领，并具备大田管理的丰富经验。

田间变课堂，农民变学员。除了牛油果栽种管护技术培训会，孟连傣族拉祜族佤族自治县还把课堂搬到了田间地头，邀请专业技术人员针对幼苗管护、水肥管理、拉枝修剪、病虫害防治等进行现场教学和实操指导。嫁接技术员、致富带头人、职业经理人变成了一批"土专家""田秀才"纷纷破"土"而出。

来自云南红河的哈尼族小伙大萌是这批新农人中比较特别的一位。2021年，身为旅行体验师的他在孟连租下200亩地，开始打造以牛油果为主题的田园综合体农场"牛油果星球"。不同的是，除了学习种植和管护技术，大萌还发挥摄影特长，把当地特色的自然风景和人文风情发布在社交平台。收集甘蔗花的少女、佤族老人的耳环、南垒河畔的村寨，一幕幕极具感染力的画面让很多粉丝发出感慨："好想去孟连看一看！""怎样才能买到这里的牛油果。""我希望更多人能吃到孟连的牛油果和咖啡，还能感受当地的生活方式和文化特色。"在大萌的设想中，除了农业本身，借助当地的民族文化，打造以牛油果为主题的文旅项目，也是未来要探索的方向。他说，希望更多年轻一代，能撸起袖子，在祖国乡村的田间地头奔忙畅想，为乡村振兴带来更多可能。

第十九章
绿美文山

第一节　文山壮族苗族自治州概况

一、位置

文山壮族苗族自治州位于云南省东南部，地理坐标介于东经 103°35′~106°12′，北纬 22°40′~24°28′，东部与广西壮族自治区为邻，南部与越南接壤，西部与红河哈尼族彝族自治州相连，北部与曲靖市连接。东西长 255 千米，南北宽 190 千米，全州总面积 314.11 万公顷。文山壮族苗族自治州辖文山市、砚山县、西畴县、麻栗坡县、马关县、丘北县、广南县、富宁县等 1 个县级市、7 个县，共 8 个县（市）。

二、地形、山脉、河流

地处滇东南喀斯特山原。地势西北高，东南低，境内属云岭山脉山系的余脉，有六诏山和结露山，六诏山纵横全州。最高山峰：薄竹山，海拔 2991 米。

境内地跨红河、珠江两大流域。河流湖泊有盘龙江、南盘江、清水江、南利河、谷拉河、红旗水库、听湖水库、老鸡海、差黑海等。

三、交通

昆河铁路过州西南边境，广昆高速、高铁、323 国道横贯中部，众多省道纵横境地。

四、风景名胜

风景名胜主要有普者黑国家级风景名胜区、文山老君山国家级自然保护区、罗汉山、鸡冠山森林公园等。

第二节 文山壮族苗族自治州实施退耕还林工程情况

一、文山壮族苗族自治州各县（市）退耕还林工程实施面积情况

云南省文山壮族苗族自治州退耕还林工程自2002年全面启动，截至2020年，文山壮族苗族自治州累计完成退耕还林工程建设任务327.29万亩，前一轮完成149.10万亩，其中，退耕还林38.20万亩，荒山荒地还林85.90万亩，封山育林25.00万亩；新一轮退耕还林工程完成178.19万亩，其中，退耕还林169.02万亩，退耕还草9.17万亩，使全州森林覆盖率提高了6.22个百分点。文山壮族苗族自治州退耕还林工程实施成效显著，林草生态系统呈现健康状况向好、质量逐步提升、功能稳步增强的发展态势。文山壮族苗族自治州各县（市）退耕还林工程实施面积统计详见表19-1和图19-1。

表19-1　文山壮族苗族自治州各县（市）退耕还林工程实施面积统计表

单位：万亩

实施单位	合计	前一轮退耕还林				新一轮退耕还林		
		计	退耕地造林	荒山荒地还林	封山育林	计	退耕还林	退耕还草
文山壮族苗族自治州	327.29	149.10	38.20	85.90	25.00	178.19	169.02	9.17
文山市	26.06	17.00	5.50	9.50	2.00	9.06	9.06	
砚山县	30.72	17.40	4.80	10.60	2.00	13.32	12.92	0.40
西畴县	29.51	14.70	3.60	4.10	7.00	14.81	14.71	0.10
麻栗坡县	31.44	10.30	3.30	3.00	4.00	21.14	19.94	1.20
马关县	31.61	14.50	3.00	5.00	6.50	17.11	17.01	0.10
丘北县	40.47	13.80	4.60	9.20		26.67	25.87	0.80
广南县	85.29	34.80	8.30	26.50		50.49	44.55	5.94
富宁县	52.19	26.60	5.10	18.00	3.50	25.59	24.96	0.63

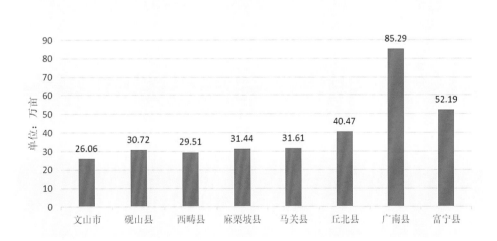

图19-1　文山壮族苗族自治州各县（市）退耕还林工程实施面积对比图

二、文山壮族苗族自治州各县（市）退耕还林工程中央资金补助统计

文山壮族苗族自治州退耕还林工程自 2002 年全面启动，截至 2020 年，国家累计下达文山壮族苗族自治州退耕还林补助资金 34.37 亿元，前一轮下达补助资金 6.82 亿元，其中，现金补助 0.59 亿元，粮食折算现金补助 6.23 亿元；新一轮退耕还林国家补助资金 27.55 亿元，其中，退耕还林补助资金 26.66 亿元，退耕还草补助资金 0.89 亿元。文山壮族苗族自治州各县（市）国家下达退耕还林工程补助资金统计详见表 19-2 和图 19-2。

表 19-2　文山壮族苗族自治州各县（市）国家下达退耕还林工程补助资金统计表

单位：亿元

实施单位	合计	前一轮省退耕还林			新一轮退耕还林		
		小计	现金	粮食折算现金	计	退耕还林	退耕还草
文山壮族苗族自治州	34.37	6.82	0.59	6.23	27.55	26.66	0.89
文山市	2.35	0.94	0.08	0.86	1.41	1.41	—
砚山县	2.90	0.87	0.08	0.80	2.03	1.99	0.04
西畴县	2.95	0.64	0.06	0.59	2.31	2.30	0.01
麻栗坡县	3.90	0.60	0.05	0.55	3.30	3.19	0.11
马关县	3.25	0.53	0.05	0.48	2.72	2.71	0.01
丘北县	4.96	0.82	0.07	0.75	4.14	4.06	0.08
广南县	9.11	1.48	0.13	1.35	7.63	7.05	0.58
富宁县	4.94	0.93	0.08	0.85	4.01	3.95	0.06

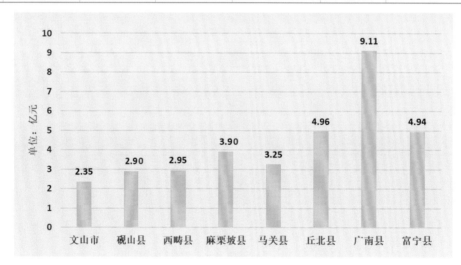

图 19-2　文山壮族苗族自治州各县（市）国家下达退耕还林工程补助统计图

第三节　绿美文山之典型

一、典型之一

文山壮族苗族自治州以生态优先、绿色发展为导向的高质量发展路子

国家新一轮退耕还林工程自 2014 年开始实施，项目为跨年度实施。2014—2019 年，国家下达文

山壮族苗族自治州新一轮退耕还林任务数为 141.76 万亩（其中，2014 年 5.9 万亩，2015 年 18.27 万亩，2016 年 15.5 万亩，2017 年 13.44 万亩，2018 年 44 万亩，2019 年 44.65 万亩）。至 2019 年底，全州已完成新一轮退耕还林任务 141.76 万亩，占下达任务的 100%。

2020 年，国家下达文山壮族苗族自治州 2020 年退耕还林还草任务 29.26 万亩，共涉及 7 个县（市），其中，文山市 3.15 万亩，砚山县 2.29 万亩，西畴县 0.99 万亩，麻栗坡县 5.01 万亩，丘北县 7.63 万亩，广南县 4.5 万亩（还草 0.5 万亩），富宁县 5.69 万亩。因上级对退耕还林还草工程地类要求政策发生变动，截至目前，完成年度任务中 25° 以上坡耕地类造林 13.699 万亩（15°~25° 重要水源地造林 0.519 万亩），占下达任务的 47.63%。对未完成的 2020 年任务，待全省空间规划完成后，结合文山壮族苗族自治州耕地实际情况，会同自然资源部门开展摸底调查，明确实际可退耕空间，实事求是完成全州 2020 年退耕任务。

（一）主要做法

1. 加强领导、明确职责

一是为确保退耕还林工程实施，州、县、乡人民政府成立了以分管领导或主要领导任组长的退耕还林工程领导小组，加强对退耕还工作的领导，研究和处理工程实施中遇到问题，协调各相关部门形成合力，保证了工程的顺利实施。二是设置有专门的工作机构。州、县（市）在林业局设置退耕还林工作机构，有专人负责退耕还林工作的开展，确保项目有序实施。三是由州人民政府组织召开全州退耕还林还草工作推进会，进一步明确各级各部门工作职责，加强协调，形成合力，促进项目的实施。

2. 早安排，早落实

为保证建设质量和项目任务的完成，在工程建设中狠抓了三个"早"，两个"扎实"。三个"早"，即及早着手落实造林地块、及早着手项目用苗准备、及早准备订苗和工程启动资金。两个"扎实"，即坚持做到技术服务扎实，林业部门从苗木质量、整地质量、造林质量、管理质量上加强指导，做好服务；坚持做到各项工作落实扎实，县林业局从规划、设计、苗木准备、施工作业每一个环节入手，环环相扣，紧抓落实，使造林的每一步都落到实处。

3. 狠抓各项具体工作的落实

一是做好宣传工作。充分利用广播、电视、报刊、网络和政务微博、微信等媒体，广泛宣传退耕还林还草政策、成效、经验和典型，提高群众的认识，自觉参与退耕还林还草工程建设，履行管护义务。二是认真开展作业设计。年度计划下达后，及时将任务落实到山头、地块、农户，认真组织编制好作业设计。优先安排群众积极性高、基础扎实、前期任务落实好的地方，突出重点，相对集中，确保退耕一片，治理一片，见效一片。三是加强实施管理。加强技术指导服务，严把苗木、整地、种植关，切实提高造林种草成活率。四是严格检查验收。建立、健全村级退耕还林还草公示制度，按照"先验收，再公示，后兑现"的程序，及时足额兑现政策补助资金，自觉接受社会各方和农民群众的监督。

4. 开展专项督查

为加快推进全州新一轮退耕还林工程建设，针对全州新一轮退耕还林工作进展缓慢等问题，抽调州退耕办相关单位人员组成督查组，由局班子领导带队，分别对全州 8 县（市）新一轮退耕还林建设工作进行专项督查。

5. 服务大局，积极展现林草作为

抓实生态扶贫，紧盯脱贫攻坚决策部署和"五个一批"要求，全力打好生态扶贫"政策""生态""致富"三张牌，累计投入林草生态扶贫资金 37 亿元，占全州林草资金的 92.5%，全州共有 7.84 万贫困家庭 29.82 万贫困人口享受了生态补偿资金 5.3 亿元，户均达 6761 元。共争取生态护林员指标 14223 名，实际选聘生态护林员 15560 名，带动 1.45 万贫困家庭 5.66 万贫困人口稳定增收，实现脱贫。

6. 强化林地要素保障

自觉增强"涉林项目定了干，林草部门马上办"的服务理念，主动服务，全力以赴推动项目落地建设，共受理审核上报永久性征占用林地 731 项，申请使用林地面积 5080.95 公顷，保障文麻高速、文马高速、德厚水库等一批全州重大项目、民生项目、基础设施项目顺利开工建设。

7. 狠抓林草项目建设

主动加强与上级林草主管部门的汇报对接，动态掌握林草项目和资金政策导向，切实做好项目储备和前期工作，共争取林草项目资金 70 多亿元，其中 2018—2020 年连续三年争取资金均超过 10 亿元，有效推动全州生态文明建设及林草事业健康发展。

8. 铁腕护绿，筑牢生态安全屏障

全面加强自然保护地管理，制定印发《文山壮族苗族自治州建立以国家公园为主体的自然保护地体系实施方案》，科学编制自然保护地规划，分类有序推进整合优化，全州自然保护地达 27 个，保护地批复总面积（含交叉重叠）累计 183636.91 公顷，占国土面积 3141174.48 公顷（国土三调数据）的 5.85%。

持续强化资源管护，深入开展森林督查、林草湿监测、非法侵占林地种茶毁林等专项行动，采取挂牌督办等形式，严厉打击破坏林草湿资源违法行为，执行森林采伐限额 578.7 万立方米，纳入天然林停伐森林管护面积 357.35 万亩，全州公益林面积达 1072.85 万亩，其中，国家级公益林 761.94 万亩，省级公益林 310.91 万亩，受理查处各类林草行政案件 5270 件。

强化野生动植物保护监测，持续加大珍稀濒危物种及其栖息地保护修复力度，优化野生动物公众责任保险，健全完善野生动物致害补偿机制，全州已掌握的野生植物种类共有 332 科 948 属 4504 种，野生动物种类兽纲 9 目 28 科 73 属 101 种，其中，国家一级保护动物 12 种，国家二级保护动物 64 种，重点野生动植物种数保护率达 90%。防灾应急能力逐步增强，全州建成专业扑火队 7 支 572 人，乡镇应急扑火队 190 支 6566 人，森林火灾受害率控制在 1‰ 以内。

9. 绿化增绿，抓好生态保护修复

稳步实施天然林保护、退耕还林还草、防护林体系建设、湿地保护与恢复、石漠化综合治理等一批重大林草生态保护与修复工程，加快推进国土绿化。全州共完成营造林 825 万亩，其中，人工造林 519 万亩，封山育林 224 万亩，森林经营 80 万亩；义务植树 8015 万株。完成新一轮退耕还林 155.27 万亩，实施退耕还草项目 7 万亩，退牧还草项目 9 万亩，退化草原生态修复项目 3 万亩。目前，全州森林面积 157.96 万公顷，森林蓄积量达 6497 万立方米，草原植被盖度达 87.3%，森林覆盖率由"十一五"末的 37.6% 提高到 50.29%，马关草果获批国家地理标志保护产品，西畴县被评选为"绿水青山就是金山银山"实践创新基地，丘北舍得国家石漠公园获批建设。

10. 兴林用绿，拓宽绿色惠民渠道

充分挖掘文山林草产业优势和潜力，以政策引导、示范引领、龙头带动为抓手，念好"山字经"，唱好"林草戏"，全力打通"绿水青山"向"金山银山"转化的通道，让资源优势转化为生态优势，

生态优势转化为发展优势，重点发展"油茶、八角、蒜头果"3大产业和8个特色林草产业。累计发展以油茶、核桃、八角、油桐等为主的特色经济林258.52万亩，其中，全州八角种植面积约88.47万亩，占全省的90%以上，油茶面积76.49万亩，全州野生蒜头果共计63208株，占全国野生蒜头果的70%以上，林果面积48.26万亩，林下经济利用林地面积143.53万亩，以杉木等乡土树种为主的速生丰产林基地226.7万亩，每年采伐量在100万立方米以上，产值15亿元左右。

11. 依法治绿，健全基层治理体系

全面推行"林长制"，按照国家、省的实施意见要求，全面总结西畴县先行先试经验，制定印发《文山壮族苗族自治州全面推行林长制实施方案》，建立各级林长责任区网格划定和林长制会议、巡林、考核、工作督查、述职评议等配套制度，全面构建起"一森林网格—林长—警长—检察官—技术员—护林员"工作格局，州、县、乡、村四级林长制责任体系全面建立。深入推进国有林场改革，11个国有林场落实了国有林场管理机构和编制，全州国有林场职工基本养老和基本医疗保险参保率达到100%，11个国有林场改革通过验收，并于今年出台了《文山壮族苗族自治州加快推进国有林场高质量发展实施方案》，全力确保改革后续发展稳定。

下一步，全州林草系统将坚持以"林长制"为抓手，坚定不移走生态优先、绿色发展之路，深入推进山水林田湖草沙一体化保护和系统治理，因地制宜，合理确定绿化空间，改进绿化方式，科学开展国土绿化行动，全力推进"绿美文山"建设。保持生态惠民、生态利民、生态为民的初心不改，积极探索"绿水青山转化为金山银山"的有效途径和生态产品价值实现机制，不断增添绿色福利和生态福祉，助推乡村全面振兴。

（二）工程建设取得的成效

1. 加快文山壮族苗族自治州生态建设步伐，改善生态环境

文山壮族苗族自治州退耕还林工程建设，按相关规定，严格控制在25°以上坡耕地及15°～25°重要水源地实施，重点布局在生态环境脆弱的地方。通过实施退耕还林工程，增加了森林覆盖，局部遏制了水土流失，生物多样性得到有效保护，有效地改善了生态环境，减少和控制了滑坡、泥石流等自然灾害。

2. 增加群众收入，助推乡村振兴

大部分农户用于退耕的地块都是一些粮食产量低的耕地，参与项目实施的退耕农户可享受到退耕还林的各种政策和资金补助，直接增加经济收入，解决了当前生活困难。退耕还林政策得到了广大农民群众的认可和拥护，称之为"德政工程""民心工程"，并积极参与项目的实施。

3. 促进当地农业产业结构调整

通过项目的实施，农民传统种植习惯得到改变，退耕户的生产方式逐渐步向林果种植业、畜牧养殖业以及二、三产业过渡，促进了农村产业结构的调整，生态脆弱、水土流失较严重的地区环境得到了改善，生态建设产业化，产业发展生态化的态势逐渐明显，对地方经济的发展起到了积极的推动和促进作用。

4. 提高群众保护生态的公众意识

随着社会的进步，生活水平的提高，人们对自己生存环境的要求也越来越高。逐步认识到了生态对自己生活产生的巨大影响，开始关注自己的生存和生活质量，对保护生态有了更深的理解，对退耕还林工程的管理逐渐变成自觉的行动，全社会已逐步形成爱护植被、保护环境的良好氛围。

目前，退耕还林项目已经凸显成效，下一步，文山壮族苗族自治州林业和草原局将加强项目后续管理，重点强化栽植、抚育管理、整形修剪等技术培训指导，让退耕还林项目充分发挥经济、社会、生态三大效益。真正践行"绿水青山就是金山银山"的新发展理念，筑牢巩固脱贫攻坚成果，以林产业助推乡村产业振兴。

自党的十八大以来，文山壮族苗族自治州林草系统牢固树立"绿水青山就是金山银山"理念，坚定不移走以生态优先、绿色发展为导向的高质量发展路子，切实把生态环境保护摆在更加突出的位置，在全力抓好林草资源保护与培育基础上，通过实施退耕还林还草、人工造林、封山育林、天然林保护等工程，大力发展油茶、八角、蒜头果等林草特色产业，文山绿色底蕴不断增强，滇东南生态安全屏障更加稳固。

第二十章
绿美红河

第一节 红河哈尼族彝族自治州概况

一、位置

红河哈尼族彝族自治州地处云南省东南部，地理位置介于东经 104° 16′ ~ 110° 47′，北纬 22° 26′ ~ 24° 45′。其东部与文山壮族苗族自治州相接，西北部与玉溪市为邻，西南部与普洱市接壤，东北部与曲靖市相连，北部与昆明市相靠，南部与越南毗邻。境内东西最大横距 254.2 千米，南北最大纵距 221 千米。全州总面积 321.95 公顷。

红河哈尼族彝族自治州辖蒙自市、个旧市、开远市、弥勒市、屏边苗族自治县、建水县、石屏县、泸西县、元阳县、红河县、金平苗族瑶族傣族自治县、绿春县、河口瑶族自治县等 4 个县级市、9 个县，共 13 个县（市）。

二、地形、山脉、河流

全州地形复杂，高原绵延，山岭起伏，峰峦叠嶂，河谷深切。地势西北高、东南低，以红河为界，以北为滇东高原区，以南为横断山脉纵谷的哀牢山区，境内河流纵横交错，分属红河、珠江两大水系。红河发源于云南中部，由西北向东南奔流，在河口县城与南溪河汇流，流入越南境内，经河内注入南海北部湾。最高山峰：西隆山，海拔 3074 米。主要河流有元江、南盘江、南溪河、勐拉河、李仙江、甸溪河等。

三、交通

红河哈尼族彝族自治州是我国西南通往东南亚的主要通道。昆河铁路从河口县出境，还有蒙宝、个旧等支线铁路。广昆高速、开河高速、建水至通海的支线高速，323 国道、326 国道和众多省道，与县乡公路形成四通八达的交通网络。红河航道是云南出海的第一条水上国际航道。

四、风景名胜

风景名胜主要有哈尼梯田世界自然遗产、建水燕子洞、阿庐古洞国家级风景名胜区、花鱼洞国家森林公园、大围山、黄连山、金平分水岭国家级自然保护区和异龙湖、白龙洞、观音山、蔓耗热带雨林等风景区。

第二节 红河哈尼族彝族自治州实施退耕还林工程情况

一、红河哈尼族彝族自治州各县（市）退耕还林工程实施面积情况

云南省红河哈尼族彝族自治州退耕还林工程自 2002 年全面启动，截至 2020 年，全州累计完成退耕还林工程建设任务 374.4 万亩，前一轮完成 235.90 万亩，其中，退耕还林 55.20 万亩，荒山荒地还林 142.70 万亩，封山育林 38.00 万亩；新一轮退耕还林工程完成 138.50 万亩，其中，退耕还林 109.67 万亩，退耕还草 28.83 万亩，使全州森林覆盖率提高了 6.37 个百分点。全州退耕还林工程实施成效显著，林草生态系统呈现健康状况向好、质量逐步提升、功能稳步增强的发展态势。红河哈尼族彝族自治州各县（市）退耕还林工程实施面积统计详见表 20-1 和图 20-1。

表 20-1　红河州各县（市）退耕还林工程实施面积统计表

单位：万亩

实施单位	合计	前一轮退耕还林				新一轮退耕还林		
		计	退耕地造林	荒山荒地还林	封山育林	计	退耕还林	退耕还草
红河哈尼族彝族自治州	374.40	235.90	55.20	142.70	38.00	138.50	109.67	28.83
个旧市	15.60	11.10	3.30	6.80	1.00	4.50	2.20	2.30
开远市	10.23	7.60	3.10	4.50		2.63	1.73	0.90
蒙自市	22.81	16.90	3.70	10.20	3.00	5.91	4.71	1.20
屏边苗族自治县	39.98	20.30	4.90	11.40	4.00	19.68	15.08	4.60
建水县	16.29	12.90	3.20	7.70	2.00	3.39	2.29	1.10
石屏县	21.67	17.50	4.50	7.50	5.50	4.17	2.89	1.28
弥勒市	12.50	8.50	3.50	5.00		4.00	3.70	0.30
泸西县	15.15	13.50	5.50	5.00	3.00	1.65	1.45	0.20
元阳县	53.26	27.10	7.00	17.10	3.00	26.16	18.66	7.50
红河县	43.23	23.80	3.40	16.40	4.00	19.43	16.12	3.31
金平苗族瑶族傣族自治县	51.10	31.10	4.80	23.30	3.00	20.00	16.50	3.50
绿春县	59.58	36.70	7.10	22.60	7.00	22.88	20.24	2.64
河口瑶族自治县	13.00	8.90	1.20	5.20	2.50	4.10	4.10	

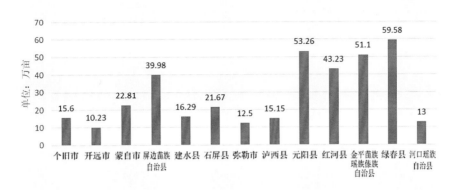

图 20-1　红河哈尼族彝族自治州各县（市）退耕还林工程实施面积对比图

二、红河哈尼族彝族自治州各县（市）退耕还林工程中央资金补助统计

红河哈尼族彝族自治州退耕还林工程自 2002 年全面启动，截至 2020 年，国家累计下达红河哈尼族彝族自治州退耕还林补助资金 29.99 亿元，前一轮下达补助资金 9.86 亿元，其中，现金补助 0.86 亿元，粮食折算现金补助 9.01 亿元；新一轮退耕还林国家补助资金 20.13 亿元，其中，退耕还林补助资金 17.25 亿元，退耕还草补助资金 2.88 亿元。红河哈尼族彝族自治州各县（市）国家下达退耕还林工程补助资金统计详见表 20-2 和图 20-2。

表 20-2　红河哈尼族彝族自治州各县（市、区）国家下达退耕还林工程补助资金统计表

单位：亿元

实施单位	合计	前一轮省退耕还林			新一轮退耕还林		
		小计	现金	粮食折算现金	计	退耕还林	退耕还草
红河哈尼族彝族自治州	29.99	9.86	0.86	9.01	20.13	17.25	2.88
个旧市	1.17	0.59	0.05	0.54	0.58	0.35	0.23
开远市	0.90	0.54	0.05	0.49	0.36	0.27	0.09
蒙自市	1.51	0.64	0.06	0.59	0.87	0.75	0.12
屏边苗族自治县	3.72	0.89	0.08	0.81	2.83	2.37	0.46
建水县	1.01	0.55	0.05	0.5	0.46	0.35	0.11
石屏县	1.37	0.78	0.07	0.71	0.59	0.46	0.13
弥勒市	1.23	0.63	0.05	0.57	0.6	0.57	0.03
泸西县	1.25	0.99	0.09	0.9	0.26	0.24	0.02
元阳县	4.99	1.29	0.11	1.18	3.7	2.95	0.75
红河县	3.46	0.59	0.05	0.54	2.87	2.54	0.33
金平苗族瑶族傣族自治县	3.81	0.87	0.08	0.80	2.94	2.59	0.35
绿春县	4.73	1.31	0.11	1.19	3.42	3.16	0.26
河口瑶族自治县	0.87	0.22	0.02	0.20	0.65	0.65	

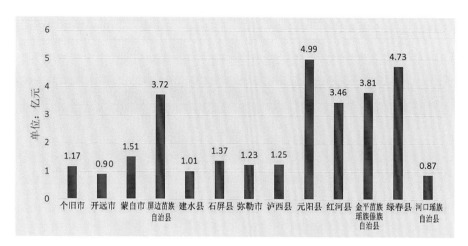

图 20-2　红河哈尼族彝族自治州各县（市）国家下达退耕还林工程补助资金对比图

第三节　绿美红河之典型

一、典型之一

红河哈尼族彝族自治州新一轮退耕还林助力脱贫攻坚

自党中央、国务院启动新一轮退耕还林以来，红河哈尼族彝族自治州州委、州政府抢抓机遇，结合改善生态环境，保障水质安全，发展富民产业，助推精准扶贫，促进乡村振兴，将新一轮退耕还林作为一项生态工程、民生工程、德政工程和脱贫攻坚富民工程，精心组织，扎实推进，取得良好工作成效。自 2014 年以来，累计完成新一轮退耕还林 95.86 万亩，下达资金 95228 万元（种苗造林费补助 35267 万元，现金补助 59961 万元），覆盖贫困户 11648 户 52329 人，实现 5.2 万多贫困人口稳定脱贫。红河哈尼族彝族自治州的主要做法和经验是：

（一）突出组织领导，确保责任落实

红河哈尼族彝族自治州委、州政府成立了以分管领导为组长，林业、发改、财政、农业、国土、水务、环保、扶贫办、畜牧等部门主要负责同志为成员的领导小组，确保各项工作顺利开展。明确各县（市）党委、政府对本地区退耕还林工程建设负总责，党政一把手为直接责任人，建立健全工程建设责任制，州政府与各县（市）签订工程建设目标管理责任状，将建设目标和任务纳入年度经济社会目标考核及县（市）主要领导绩效考核的重要内容。各县（市）作为工程建设责任主体，将目标任务落实到乡镇、村组、农户、地块，具体到时间、品种，做到目标明确、任务落实、责任到位。州直各部门密切配合，通力协作，各司其职，各负其责，确保工程建设稳步推进。

（二）突出规划布局，确保精准落细

因地制宜，统筹规划。以公路沿线、江河两岸、城镇面山和湖库周围等生态脆弱区作为新一轮退耕还林还草工程的实施重点，因地制宜，科学编制了《红河哈尼族彝族自治州 2014 年、2015 年新一轮退耕还林还草工作方案》《红河哈尼族彝族自治州"十三五"退耕还林还草工程规划》，结合脱贫攻坚、易地扶贫搬迁和"怒江花谷"生态建设的推进，促进农村产业结构调整，培育后续产业，建立起生态改善、农民增收和经济发展的长效机制，促进经济社会可持续发展。

（三）突出规划布局，确保精准落细

根据新一轮退耕还林工作要求，立足实际，因地制宜，在深入基层调查的基础上，科学编制《红河哈尼族彝族自治州新一轮退耕还林还草实施方案》和年度作业设计。在任务安排上，突出重点与规模推进相结合，优先安排生态区位重要、生态状况脆弱、贫困人口分布较集中的深度贫困地区，在树种和模式选择上，着重以乡土适生树种为主，首选涵养水土好的生态林、经济林，突出生态效益与经济效益兼优的核桃、板栗、杉木、中药材等特色经济林产业，实现改善生态与改善民生、绿水青山与金山银山的互利共赢。

（四）突出产业发展，确保增绿富民

始终坚持把"绿起来、活起来、富起来"作为新一轮退耕还林工程建设的最终目标和根本主旨，结合新一轮退耕还林工程，加快林产业发展。2014 年以来，全州依托新一轮退耕还林发展种植杉木 10.9 万亩，杧果 6.2 万亩，石榴 2.5 万亩，油茶 2.4 万亩，苹果 2.3 万亩，桃树 2.2 万亩，枇杷 2.1 万亩，核桃 1.3 万亩。目前，全州依托退耕还林工程，初步形成了州北部以核桃、桉树、油茶、林果为主，南部以桤木、杉木、橡胶、棕榈、八角、茶叶及林下资源等为主的多个产业带和产业群。其中，核桃、橡胶、林果等产业发展规模超过了 100 万亩，核桃、桉树、竹子、橡胶、草果、棕榈、石榴等产业的产值均超过了 1 亿元。以石榴、枇杷、杨梅、樱桃、棕榈等为主的经济果木林成为全省最大的林果产区；100 多万亩橡胶成为全省主要的橡胶产区；70 多万亩草果面积成为全国最大的草果产区；近 30 万亩棕榈面积成为全国主要的棕榈产区，加快了兴林富民步伐，农村经济得到不断繁荣，农民收入快速增加，2018 年末，全州森林覆盖率达 50.25%，比 2012 年增加了 5.25 个百分点；林业产值累计完成 186.7 亿元，比 2012 年增长了 1.3 倍；林业产业基地规模达 1206 万亩，有用材林 500 万亩，有经济林 520 万亩，实现农民人均 4 亩以上特色林，农民从林业获得的人均收入达 2500 多元。走出了一条绿山富民的双赢之路，林业精准扶贫迈出了成功第一步，为打赢脱贫攻坚战贡献了林业力量。

突出模式创新，确保示范带动全州林业生态扶贫通过实施新一轮退耕还林等林业重点工程项目，探索出了"公司＋基地＋合作社＋农户"等多种形式的合作模式，带动了一批林业产业的新兴和崛起，闯出了一条林业生态扶贫新路子，涌现出多个典型经验和做法，加快了深度贫困县和贫困户脱贫致富步伐。一是土地入股模式。二是大户承包模式。三是政府政策配套模式。四是专业合作社承包造林模式。

（五）突出培植管理，确保工程成效

坚持"成活是硬道理，成林是硬政绩"，把成活率、保存率贯穿工程建设始终，重点抓好取苗、栽植、管护三个关键环节，确保退耕一块，见效一块。在用苗上，推行就近采购，调运大苗壮苗，严禁不合格苗木上山造林，确保成活成林。在栽植上，推行大穴、大苗、大水、深栽造林法，确保一次造林，一次成活；在管护上，推行"谁栽植，谁管护，谁收益"的包保责任制，加强造林后的护林防火、抚育管理，确保造一片，活一片，成林一片，见效一片。

（六）突出监督检查，确保进度质量

自新一轮退耕还林工程启动以来，州委、州政府多次召开专题会、现场办公会、工作推进会，及时解决工程建设中存在的困难和问题，对工程进展缓慢的县（市）、乡镇进行集中约谈，确保完成任务。

州委督察室、州政府督察室根据时间节点，采取分片督导、巡回督办的方式，不间断地深入各县（市）、乡镇进行督查指导，发现问题责令限期整改，并督办落实到位，对行动迟缓、工作不力的在全州通报；州退耕还林领导小组办公室对新一轮退耕还林等林业重点工作实行"领导小组成员包片区，技术员驻县（市）、乡镇"的方式，常年驻点督办，破解难题，确保高标准高质量完成新一轮退耕还林建设任务。

二、典型之二

红河退耕还林下发展特色林下经济

穿行于云南省元阳县通往新街等 5 个乡镇的 100 多千米公路上，沿线两旁是翠绿的桤木林以及林下郁郁葱葱的草果、板蓝根等林下药材，这是元阳县推进哈尼梯田世界文化遗产核心区生态建设与林业经济实现"双赢"取得的成果。

近年来，云南省元阳县先后投入扶持资金 1700 余万元，在 5 个乡镇沿线的退耕还林区林下新植草果 6.8 万亩，草果种植面积累计 11.5 万亩，带动 1.1 万余户 4 万多名贫困群众实现增收。

元阳县是红河哈尼族彝族自治州发展林下经济的典型，却绝不是唯一。红河哈尼族彝族自治州森林覆盖率在 50% 以上，州委、州政府立足山区林业资源丰富的实际，近年来持续探索"林 +N"生态扶贫模式，采取"公司 + 合作社 + 基地 + 党支部 + 农户"的方式发展林药、林菌、林禽等特色林下经济产业。2018 年末，全州林业总产值 162.35 亿元，比 2012 年末的 70.3 亿元增长了 1.3 倍，农民从林业获得的人均收入达 2500 元。

中药材是红河哈尼族彝族自治州发展林下经济的重点之一。红河哈尼族彝族自治州通过政策支持、项目倾斜、资金扶持等方式，引导鼓励贫困山区采取"公司 + 基地 + 党支部 + 农户""合作社 + 基地 + 党支部 + 农户""党支部 + 大户 + 农户"等发展模式，优先发展中药材产业。产业发展依托龙头企业、农民合作社和家庭农场等新型经营主体示范带动，实行"统一品种、统一培训、统一管理、统一销售"的管理模式，由企业提供优质种苗、技术培训，贫困群众提供土地、劳动力，双方建立紧密的利益联结机制。

（一）金平苗族瑶族傣族自治县金水河镇以林下产业经济为突破

金水河镇以林下产业经济为突破，不断鼓励建档立卡贫困群众利用好现有丰富的林地资源，发展草果、板蓝根等林下种植产业。金水河镇以金平金岭生物瑶药开发有限公司、金平生态农业开发有限公司为龙头，农户开发经营林地相对集中，形成"产—供—销"一体的良好格局。金水河镇同时加大科技培训力度，广泛开展种植技术推广、林下药材植物疾病防疫等技术技能培训，并采用农民培训农民、农户间相互交流等方式，让农户全面掌握林下种植技术。2019 年，金水河镇已完成林下板蓝根种植 2100 亩，草果 1200 亩，带动周边 820 户贫困户增收，户均年增收 1.2 万元。

目前，全州共发展以草果、板蓝根为主的林下中药材种植 250 万亩，带动 4 万余户 16 万贫困群众增收致富。

在红河哈尼族彝族自治州，还有很多林农把食用菌和禽类作为发展林下经济的重点。

（二）泸西县三塘乡李子箐村羊肚菌

走进山水秀丽的泸西县三塘乡李子箐村，遮阴网下一丛丛褐色的羊肚菌破土而出。建档立卡贫困户严三图说："这菌子越瞧越让人爱，没想到第一次试种就获得成功，我们致富又有了新奔头。"李了箐村引进云南菌视界生物科技有限公司，与村农业合作社合作，采取"党总支 + 合作社 + 农户"模式，投资 70 余万元引进 70 亩羊肚菌种，每亩纯收入 8000 元，年均收入实现 56 万元。2018 年，全村人均纯收入 3960 元，退出贫困村行列。

（三）石屏野生菌采摘、交易、加工

位于石屏县北部的龙朋镇气候温和，光照充足，降雨量丰沛，加之以云南松为主的 33.5 万亩天然林和 62% 的森林覆盖率，为松茸、干巴菌等野生名贵菌种的生长繁殖提供了优越的自然条件。近年来，龙朋镇积极发展林下产业，逐步形成了野生菌采摘、交易、加工、销售产业化发展新局面，平均年交易量达 300 吨，产值 1200 多万元，带动 2000 余户贫困群众直接增收。

（四）绿春"林下养禽、禽粪哺林"

绿春县依托龙头企业和大户带动，在全县普及推广林下散养家禽，探索"林下养禽、禽粪哺林"的生态循环养殖模式。"我养的是生态鸡，全部放养在山地的树林里，鸡吃掉草果林中的杂草和害虫，鸡粪用作草果树的肥料。"绿春县大兴镇贫困户白永生是山地鸡养殖户，基地的年收入已超过 10 万元。

山地养鸡能致富，靠的是良好的生态环境。近年来，绿春县鼓励农户发展山地鸡养殖，将培育出来的鸡种苗交给合作社饲养，实行"统一种苗、统一防疫、统一饲养规程、统一产品质量、统一销售"的管理模式，带动大批农民走上了致富路。目前，全县已扶持发展 2 个养殖专业合作社，建立了标准化山地鸡养殖示范基地 30 多个，养殖示范户 106 户，年创收 300 多万元，带动 2 万余户 4 万多贫困群众直接增收。

后 记

　　退耕还林还草是党中央、国务院站在中华民族长远发展的战略高度，着眼于经济社会可持续发展大局，为修复国土生态、实现长治久安做出的重大决策。云南省通过 20 年的高位推进实施退耕还林工程，在生态效益、经济效益、社会效益方面取得了显著成效。

　　为顺应我国粮食供需变局，统筹耕地保护和生态安全，经国务院同意，自然资源部等五部门联合发文，明确暂缓安排新增退耕还林还草任务，进一步完善政策措施，巩固退耕还林还草成果，延长第二轮退耕还林还草补助期限，将工作重心转到巩固已有建设成果上来。2023 年中央一号文件再次重申"巩固退耕还林还草成果"，指明了"过渡期"退耕还林还草工作的方向和重点。高质量发展前路道阻且长，尚需我们继往开来，久久为功，持续做好退耕还林还草的巩固发展工作。

　　巩固退耕还林还草成果需要进一步完善退耕还林政策体系，这包括修订现有政策，解决政策执行过程中出现的问题，以及制定新的政策措施以适应新的形势和需求。同时，政府将加强政策宣传，通过各种渠道向农民普及退耕还林政策，提高农民对政策的认识和支持度。巩固退耕还林还草成果需要坚持生态优先、因地制宜、实事求是，以问题为导向，以全面提升质量效益为重点，科学布局，针对性采取提质增效措施，有效提升退耕还林还草综合效益，促进成果巩固。巩固退耕还林还草成果需要加强对工程的管理监督。这包括建立健全退耕还林工程的监测评估体系，定期对工程进行评估，为政策调整提供依据。此外，政府还将加强对工程实施过程中可能出现的问题的监管，以确保工程的顺利进行。要充分利用退耕还林地的资源，提高农民收入，大力发展林下经济。这包括鼓励农民发展林下种植、养殖、加工等多种经营模式，实现林业与农业、畜牧业、加工业的融合发展。政府还将为农民提供技术支持和资金扶持，以促进林下经济的发展。

　　只有进一步巩固退耕还林还草成果，云南的山才会更绿、水才会更清、天才会更蓝、景才会更美，绿美云南的建设成果才会厚植于云岭大地上，扎根在云南各族人民的幸福生活中。